“十三五”国家重点出版物出版规划项目

页岩气气藏工程动态分析方法

胡德高◎著

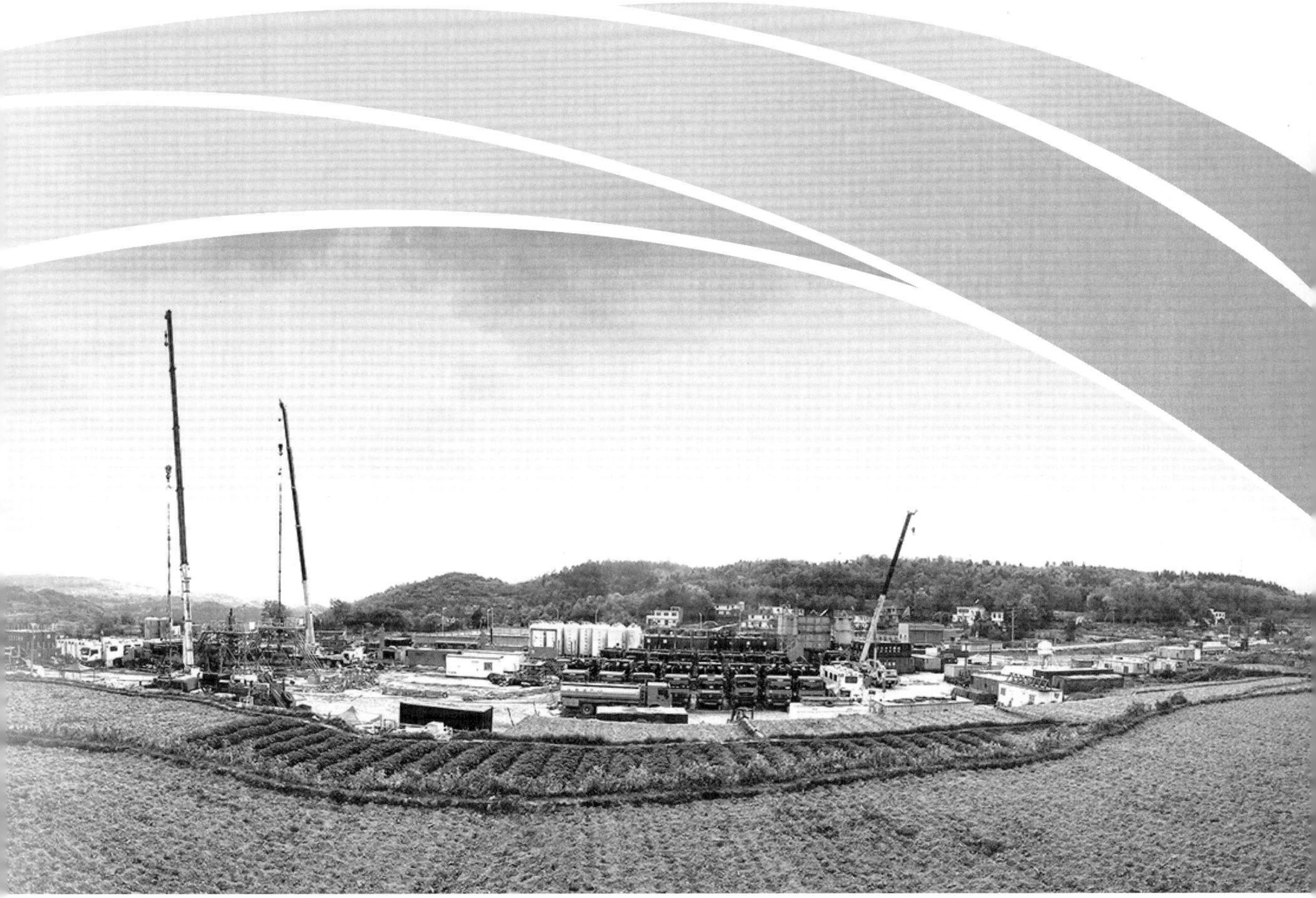

图书在版编目(CIP)数据

页岩气气藏工程动态分析方法 / 胡德高著. —北京:
中国石化出版社, 2020.12
ISBN 978-7-5114-6093-6

Ⅰ. ①页… Ⅱ. ①胡… Ⅲ. ①油页岩-气藏工程-
动态分析-研究 Ⅳ. ①P618.12

中国版本图书馆 CIP 数据核字(2020)第 249255 号

中国石化出版社出版发行
地址:北京市东城区安定门外大街 58 号
邮编:100011　电话:(010)57512500
发行部电话:(010)57512575
http://www.sinopec-press.com
E-mail:press@sinopec.com
北京富泰印刷有限责任公司印刷
全国各地新华书店经销
*
787×1092 毫米 16 开本 12 印张 264 千字
2020 年 12 月第 1 版　2020 年 12 月第 1 次印刷
定价:168.00 元

编 委 会

前　言

页岩气作为一种典型的非常规能源，其地质特征、成藏机理及开采技术有别于常规油气。据测算，全球页岩气资源量约为 $456\times10^{12}m^3$。在我国四川盆地、塔里木盆地、鄂尔多斯盆地、准噶尔盆地、吐哈盆地、松辽盆地等地，页岩气有着广泛的分布，全国海相页岩气资源量约为 $37.4\times10^{12}m^3$，其中，南方海相页岩气约为 $32\times10^{12}m^3$。与北美相比，我国南方海相页岩储层具有构造改造强、地应力复杂、埋藏较深、地表条件特殊等特征。

近年来，我国页岩气勘探开发力度不断加大，在涪陵、长宁-威远、昭通 3 个页岩气勘探开发区建成了国家页岩气开发示范区，在页岩气开发过程中获得了丰富的经验和认识，技术难题攻关取得了一系列重大突破。尤其是涪陵页岩气田，已成为我国首个发现并成功开发的大型页岩气田，在开发过程中，创新形成了南方海相页岩气富集规律理论、海相页岩气地球物理预测评价关键技术、页岩气开发设计与优化关键技术、页岩气水平井高效钻井及压裂关键工程技术、创新研制页岩气开发关键装备和工具等海相页岩气勘探理论和开发技术系列，为我国页岩气大规模勘探开发奠定了理论和技术基础。

本书阐述了页岩气气藏工程动态分析方法，全书共 8 章。第 1 章介绍了页岩气气藏工程技术国内外研究进展；第 2 章阐述了页岩气藏流体及岩石物理性质分析方法；第 3 章阐述了页岩气流动及渗吸分析方法；第 4 章总结了页岩气分段压裂水平井产能评价方法；第 5 章分析了页岩气井压力、产气量、产水量等关键生产参数预测方法；第 6 章阐述了基于页岩气生产特点的页岩气可采储量评价方法；第7章基于采气指示曲线法、不稳定产量分析法、稳产年限法制定了页岩气井合理配产制度；第8章建立了描述页岩气输运的数学模型和数值模型，为气田开发中各种技术方案的制定提供了理论依据。本书所述主要内容为近年来涪陵页岩气田开发所取得的成果，既有基础理论，又有实践案例，对我国页岩气藏开发具有重要指导作用。

本书撰写过程中得到了国家科技重大专项项目“涪陵页岩气开发示范工程”(编号2016ZX05060)的资助，西南石油大学油气藏地质及开发工程国家重点实验室郭肖教授对全书进行了审阅与校核，在此表示感谢。

限于编者水平，本书难免存在不足和疏漏之处，恳请广大读者批评指正，以便再版时修订完善。

目　录

1 绪　论

页岩气作为非常规天然气资源，其室内实验、储层评价、渗流理论、开发方式等均不同于常规油气。本章主要阐述页岩气开发难点和开发现状，涪陵页岩气田开发历程和开发方法，页岩气储存及运移机理研究现状，页岩气多级压裂水平井试井分析与产能评价研究进展，以及页岩气渗流理论与数值模拟研究现状。

1.1 页岩气开发难点和开发现状

页岩气作为一种典型的非常规能源，其储层地质特征、成藏机理及开发技术有别于常规油气藏。据测算，全球页岩气资源量约为 $456\times10^{12}m^3$。页岩气资源广泛分布于我国四川盆地、塔里木盆地、鄂尔多斯盆地、准噶尔盆地、吐哈盆地、松辽盆地等地，全国海相页岩气资源量约为 $37.4\times10^{12}m^3$，其中，南方海相页岩气约为 $32\times10^{12}m^3$。

页岩气以游离气和吸附气状态赋存于微米-纳米级孔隙及裂缝中，开发过程中存在吸附、滑脱、扩散等物理、化学现象，同时，由于压力场、温度场及地应力场的耦合作用，可引起一系列非线性渗流复杂问题。为实现页岩气高效开发，一般需要解决 4 项科学问题，即页岩气储层多尺度定量描述与表征，纳米级孔隙及微裂隙流体渗流规律分析，页岩气水平井井壁稳定机理分析，以及页岩气储层体积改造。

美国是世界上页岩气勘探开发时间最长、开发程度最高、研究工作开展最多的国家，开发历史长达百余年。美国页岩气富集区多集中在平原地区，地广人稀且远离经济发达及人口聚集地区，有利于修建公路和机动运输、打钻井等系列开发活动的实施，从而为商业化开发奠定了良好的基础。此外，美国拥有较为丰富的水资源，为页岩气开发技术的顺利应用提供了很大的便利。经过多年探索，美国研发出一套先进的页岩气开发技术，主要包括水平钻井技术和压裂技术，其中，压裂技术分为水力压裂、分段压裂、重复压裂和同步压裂。与常规压裂不同，水力压裂利用页岩较高的脆性，使用清水进行压裂，不加或仅加入少量的支撑剂，能够产生密集的裂缝网络，极大地提高了地层的渗流能力。这些技术能够有效提高单井产能，延长开发期限，叠加产量提高带来的规模效应，从而使页岩气开发成本得到控制。

我国从 2005 年开始页岩气的相关勘探工作，经历了从页岩气地质条件研究、“甜点区”优选与评价井钻探，到海相页岩气工业化开发试验、海陆过渡相与陆相页岩气勘探评价两大发展阶段，评价优选了四川盆地及邻区、鄂尔多斯盆地为中国页岩气勘探开发有利区，锁定了涪陵气田、长宁气田、威远气田、昭通气田、富顺气田-永川气田等一批页岩气开发优质气田。我国页岩气探明储量高达 $10455.67\times10^8m^3$，居全球首位。从地质条件来看，我国页岩气埋藏深度与美国差别较大。美国页岩气埋藏深度约为1000~2000m，而我们国家大多数地区页岩气埋深在3000m以上，平均井深3600m，威远-荣成页岩气田平均埋深为3750m，个别地区埋深达5000m，“一寸深，一寸难”，这一埋深特点无疑提高了页岩气开发成本和开发技术难度。涪陵页岩气田是我国首个发现并成功开发的页岩气田，开发过程中，创新形成了南方海相页岩气富集规律理论、海相页岩气地球物理预测评价关键技术、页岩气开发设计与优化关键技术、页岩气水平井高效钻井及压裂关键工程技术，以及创新研制页岩气开发关键装备等海相页岩气勘探理论和开发技术系列，为我国页岩气大规模勘探开发奠定了理论和技术基础。在国家增储上产政策的大力扶持和推动下，四川盆地页岩气勘探开发力度不断加大，产量不断攀升，2019年，我国页岩气产量约为$150 \times 10^8 m^3$，同比增长38.9%。页岩气勘探开发已成为中国油气资源的重要战略接替领域。

1.2 页岩气开发技术国内外研究现状

1.2.1 页岩气储存及运移机理研究现状

1）页岩气储存机理

部分学者按照气体的储存方式将页岩气分为游离气、吸附气和溶解气3种，但是大部分学者认为，页岩气主要由游离气和吸附气组成。张金川(2003)通过研究发现，页岩孔隙和微裂缝中存在大量游离态气体，而页岩固体颗粒(包括有机质颗粒、黏土矿物颗粒及干酪根等)表面和孔隙表面存在大量吸附态气体。Montgomery等认为，页岩气中吸附气的含量一般为20%~80%。Lu等则认为吸附气的含量通常可达50%以上。潘仁芳等也认为，大多数页岩储层中的气体以吸附态为主，并且有些页岩储层中的吸附态气体可达到80%以上。此外，许多学者还针对页岩吸附气含量的影响因素进行了研究，包括总有机碳含量、有机质类型、有机质成熟度、矿物组成、孔隙结构、含水量、温度和压力等。

然而，Hill和Nelson在2000年提出，页岩气不仅存储在孔隙和天然裂缝中，吸附在孔隙表面上，并且还溶解在固体有机质中。Curtis在2002年也提出，除了大部分气体以游离方式储存于孔隙及微裂缝中，以吸附状态储存于有机质和黏土矿物颗粒表面之外，还有少部分气体呈溶解状态存在于干酪根、沥青和结构水中。Chalmers和Bustin(2007)通过实验发现，富含煤素质的煤在微孔体积较小的情况下被测出的含气量较高，并得出了甲烷溶解在煤颗粒中是造成这种现象的原因这一结论。Ross和Bustin(2009)通过类似的实验发现，富含有机质的Jurassic页岩中也存在溶解气，并且压力和吸附气含量的线性关系表明，溶解过程符合亨利定律。Javadpour等(2007)也提出，部分气体以溶解态存储于液烃中，或吸附在干酪根中其他物质的表面(图1-2-1)，并且，他们从罐解气实验结果中观测到了气体从干酪根或黏土中向孔隙表面扩散的过程。

Swami和Settari(2012)根据前人的研究结果，提出了气体从干酪根向纳米孔隙扩散的数学模型。Shabro等(2012)也建立了考虑干酪根中的溶解气扩散、兰格缪尔解吸和纳米孔隙中的非达西流的数值模型，结果表明，干酪根表面的气体解吸和干酪根中的甲烷扩散是造成气井实际产量比预期高的主要原因。Moghanloo 等(2013)计算了溶解在干酪根中的甲烷气体对原始地质储量和气井产量的影响，并且研究了干酪根尺寸、有效扩散系数和 TOC 等因素对页岩中溶解气扩散量的影响。

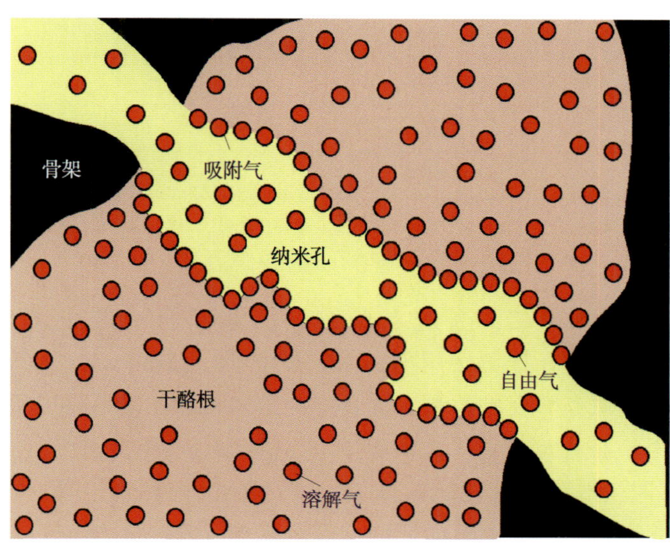

图 1-2-1 气体分子在页岩中的微观干酪根-骨架颗粒-孔隙系统示意图

然而，以上研究只是通过实验证实了溶解气存在于页岩的干酪根中，在数学模型上也仅仅是对单个孔隙中溶解气的扩散进行了研究，并没有建立一个涵盖页岩气微观尺度及宏观大尺度(人工裂缝和井筒)的综合模型来分析溶解气在干酪根中的扩散问题。

2) 页岩气渗流机理

通过调研国内外相关文献发现，页岩气在储层中的运移及产出是一个复杂的多尺度流动过程。Javadpour 等在 2007 年提出，非常规页岩气储层中，纳米孔隙的数量比常规储层多，页岩气储层中孔隙直径一般为几纳米到几微米。

页岩中的纳米孔隙具有两个重要特点：首先，在孔隙体积相等的情况下，纳米孔隙暴露的表面积大于微米孔隙，因此，从纳米孔隙的干酪根表面脱附的气量较多，使得干酪根中出现大量的气体质量传递；其次，纳米孔隙中的气体流动不符合达西定律。Swami 和 Settari 提出，溶解气在干酪根中的扩散可以用菲克定律来描述，并且建立了干酪根中溶解气扩散的物理模型和数学模型。然而，许多学者在用菲克定律来描述气体从页岩基质系统向裂缝系统的流动时，忽视了在压力差作用下产生的黏性流动，以及纳米孔隙中存在的扩散和滑脱效应。

目前，国内外学者普遍认为，页岩气在纳米孔隙中的流动包括黏性流、滑脱流和克努森扩散流。Klinkenberg 在 1941 年首次提出，利用修正系数来校正气测渗透率(K_a)的过程中存在气体滑脱效应，随后有许多学者对关系式中的气体滑脱因子(b_K)展开了实验及理论研究(表 1-2-1)。以上研究校正了岩样的气测渗透率。Brown 等在 1946 年还引入了一个理论无因次系数对管流中的滑脱速度进行了校正。

表 1-2-1 气体滑脱因子(b_K)的不同关系式

提出者	公　式	备　注
Klinkenberg(1941)	$b_K=4c\lambda\bar{p}/r$	$c\approx1$
Heid 等(1950)	$b_K=11.419(K_\infty)^{-0.39}$	—
Jones 和 Owens(1979)	$b_K=12.639(K_\infty)^{-0.33}$	—
Sampath 和 Keighin(1982)	$b_K=13.851(K_\infty/\phi)^{-0.53}$	氮气测量
Florence 等(2007)	$b_K=\beta(K_\infty/\phi)^{-0.5}$	氮气：β=43.345psi；空气：β=44.106psi
Civan(2010)	$b_K=0.0094(K_\infty/\phi)^{-0.5}$	氮气测量

注：b_K单位为 psi(1psi=6.89kPa)；K_∞单位为 $10^{-3}\mu m^2$；$\bar{p}$单位为 psi；r单位为 nm；β单位为 psi；λ单位为 nm；ϕ单位为%。

然而，Zhu 等(2007)提出，通过实验测得，低渗岩心的气测渗透率不再符合 Klinkenberg 的一阶近似方程，推荐使用更高阶近似方程。Javadpour(2009)在 Brown 等模型的基础上，推导出了考虑克努森扩散和滑脱效应的纳米孔隙质量通量方程，计算结果与 Roy 等的纳米管实验结果拟合程度较高。Beskok 和 Karniadakis(1999)则提出了一个适用于整个克努森数范围(连续流、滑脱流、过渡流和自由分子流)的方程来预测不同尺寸圆管的流量，并且通过其他理论方法及实验方法验证了模型的可靠性。Ziarani 和 Aguilera(2012)基于 Beskok-Karniadakis 模型对不同孔隙尺寸多孔介质的渗透率进行了校正，并通过 Mesaverde 致密气藏的砂岩数据对该模型进行了实例分析。

1.2.2 页岩气藏多级压裂水平井试井分析与产能评价研究现状

Kucuk(1980)首次提出了分析裂缝性储层参数的解吸模型，并指出常规试井分析方法不适用于裂缝性页岩气藏。此后，又有学者于 1987 年通过分析 898 口页岩气井生产数据，提出了用于生产数据分析的经验解吸模型。

Salamy 等(1991)对页岩气藏水平井增产前后的产量和压力进行了试井分析，研究表明，如不考虑页岩气藏吸附、解吸、扩散特征的影响，采用常规水平井特征曲线分析得出的泥盆系页岩储存能力比预期更低。Adam 等(2008)考虑页岩气藏吸附、解吸的影响，改进了物质平衡时间，运用平均产量数据方法，对 Barnett 页岩气田两口气井进行了试井评价。Brown 等(2009)在假设基质为条块状的基础上，建立了基质页岩气向裂缝运移的三线性流模型。Aboaba 等(2010)运用常规拟压力导数，以及拟压力与时间、时间平方关系曲线，对早期生产数据进行了参数估计，并运用压力非稳态分析技术准确估算了页岩气藏基质渗透率及裂缝半长。

段永刚(2011)研究了双重介质页岩气藏渗流机理，同时，分析了兰格缪尔体积、兰格缪尔压力、弹性储容比、窜流系数等因素对页岩气藏压裂井产能递减规律的影响。郭晶晶等(2012)以点源函数方法为基础，应用菲克扩散模型，利用半解析解的方法开展了页岩气无限导流垂直裂缝下的压裂水平井不稳定压力特征研究。王海涛(2013)考虑了裂缝与水平井井筒角度的影响，利用半解析法研究了页岩气压裂水平井试井特征，但忽略了压裂改造区的影响。赵玉龙(2013)将压裂改造区视为内区，利用三重介质模型研究了页岩气压裂水平井不稳定压力特征。

田冷和李晓平等(2014)分别建立了考虑吸附解吸和基质双扩散模型及两相流下的页岩气压裂水平井试井分析模型。郭肖等(2015)提出了一种同时考虑吸附解析、扩散、滑脱的新型双孔隙试井模型，该模型能准确描述页岩气从储层的形成到井筒的流动规律。张烈辉(2019)提出了一种新的圆柱状三重孔隙页岩基质模型，并与五线性渗流模型结合，建立了表征气体流动过程的多级压裂水平井线性耦合渗流模型；应用拉普拉斯变换、格林函数等方法得到模型的解，利用 Stehfest 数值反演算法计算并绘制了气井无因次拟压力响应曲线，在此基础上，进行了敏感性分析。胡德高(2019)在考虑了多尺度非达西渗流机理的基础上，建立了多种流态多尺度渗流模型，求得考虑有限裂缝流动的页岩气藏压裂井稳态产能方程，在该模型中充分考虑了孔隙尺寸对克努森扩散系数的影响，并探讨了滑脱现象、克努森扩散系数(D_K)、渗透率(K)、裂缝半长(L_f)、裂缝穿透比(L_f/R_e)与裂缝流动能力($K_f \cdot W_f$)对压裂井产能的影响规律。

1.2.3 页岩气渗流理论与数值模拟研究现状

页岩气渗流数学模型按赋存、运移特征大致可分为 3 类：经验模型、平衡吸附模型、非平衡吸附模型。

1) 经验模型

Lidine 模型、Aireg 模型及 McFall 模型等均为经验模型，这些模型主要是对可观察的物理现象进行简要的数学描述，在模型应用时输入的参数较少，但该类模型理论基础不足，精度较低。

2) 平衡吸附模型

Kissell 模型、Mckee 模型及 Bumb 模型等为平衡吸附模型，其中，最典型的为 Bumb 模型。该类模型假设储层介质为单孔隙介质，吸附气在页岩气藏数值模拟中不能被忽略，采用兰氏等温吸附方程对吸附页岩气进行描述，并假设气体扩散是瞬间完成的(即吸附气与游离气压力时刻保持平衡状态)。但该类模型由于忽略了吸附页岩气的解吸过程，所以不能反映客观存在的解吸时间，其预测的产量通常高于实际产量。

3) 非平衡吸附模型

页岩气的吸附解吸、扩散和渗流为一个相互影响、相互制约的整体过程，扩散模型中认为扩散不可忽略。非平衡模型又可分为基于菲克第一扩散定律的拟稳态模型(包括 Psu-1 模型、Psu-2 模型、Psu-3 模型及 Comet 模型等)，以及基于菲克第二扩散定律的非稳态模型(包括 Smith 模型、Sugarwat 模型、Chen 模型等)。

按多孔介质特征的不同，页岩气数值模拟模型可分为双重介质模型、多重介质模型和等效介质模型。其中，双重介质模型采用得最多，模型假设页岩由基岩和裂缝两种孔隙介质构成。气体在页岩中以游离态和吸附态两种形式存在，裂缝中仅存在游离态气，基岩中不仅存在游离态气，还有部分气体吸附于基岩孔隙表面。该类模型一般假设页岩气在裂缝中的流动是达西流动和高速非达西流动，在基岩孔隙中的运移机制是菲克扩散或考虑滑脱效应的非达西流动。

Watson 等(1990)采用理想双孔隙介质模型对 Devonian 页岩气田气井产能进行研究，预测了页岩气井累计产气量随时间的变化规律。Ozkan 等(2009)采用双重介质模型对页岩气运移规律进行了研究。Wu 等(2009)建立了考虑应力敏感和滑脱效应的致密裂缝性气藏多重介质模型，研究了滑脱效应对产能的影响，并比较了双重介质模型和多重介质模型的差别。Moridis 等(2010)建立了考虑多组分吸附的页岩气等效介质模型，模型中假设气体在介质中的流动是达西流或高速非达西流，且考虑了滑脱效应和扩散的影响。Freeman 等(2009、2010)基于 Tough+数值模拟器研究了超致密基岩渗透率、水力压裂水平井、多重孔隙和渗透率场等因素对气井生产的影响。张旭等(2009)利用 Eclipse 模拟器，在考虑多组分解吸和多孔隙系统的基础上，分析了油藏参数和水力压裂参数对页岩气井产能的影响。Cipolla 等(2009)用油藏数值模拟软件分析了裂缝导流能力、裂缝间距及解吸等压裂参数对页岩气产能的影响。郭肖等(2015)基于水力压裂后纳米孔中的解吸、扩散和滑脱规律提出了一种考虑解吸、扩散和滑脱的双孔隙模型，研究了页岩气天然裂缝储层中的气体运移规律。

近年来，学者们对于渗流机理模型的研究已经从早期的简单耦合兰格缪尔解吸方程，发展到在页岩的基质-裂缝系统中同时考虑解吸扩散作用，且基于此方法，分析了吸附系数、封闭边界半径、弹性储容系数等页岩气藏特征参数对产能曲线的影响程度。

1.3 涪陵页岩气田勘探开发历程

2009 年开始，中国石化紧跟国家能源战略步伐，开展了页岩气勘探评价、重点区块评价、产能评价、产能建设等方面的工作。涪陵国家级页岩气示范区勘探开发大体可以分为 3 个主要阶段：

第一阶段：勘探评价阶段(2009—2012 年)。

受美国页岩气快速发展和成功经验的影响，中国石化正式启动了页岩气勘探评价工作，将发展非常规资源列为重大发展战略，加快了页岩油气勘探步伐。通过与北美典型页岩气形成条件的对比，以页岩厚度、有机质丰度、热演化程度、埋藏深度和矿物含量为主要评价参数，开展勘探评价工作。

2012 年，中国石化勘探南方分公司在最有利的焦石坝区块目标区部署了第一口海相页岩气探井——焦页 1 井。焦页 1 井完钻后，迅速实施侧钻水平井——焦页 1HF 井。2012 年 11 月 28 日，焦页 1HF 井完钻测试获得 $20.3\times10^4m^3/d$ 高产工业气流，标志着涪陵页岩气田的发现。

第二阶段：一期产建阶段(2013—2015 年)。

2013 年，焦页 1HF 井投入试采，国家能源局设立国家级示范区，涪陵页岩气田正式启动了国家级示范区建设。同年，启动试验井组开发工作，实现当年开发、当年投产、当年见效，新建产能 $5\times10^8m^3$。

2014 年，国土资源部批准设立页岩气勘探开发示范基地，启动一期 $50\times10^8m^3$产能建设。

2015 年，3 年建成一期 $50\times10^8m^3$产能。涪陵国家级示范区、示范基地建设通过国家能源局、国土资源部验收。

第三阶段：二期产建阶段(2016 年至今)。

2016 年，涪陵页岩气田启动二期 $50\times10^8m^3$产能建设。至 2017 年年底，用 5 年时间建成 $100\times10^8m^3$产能，探明储量 $6008\times10^8m^3$。2018 年 10 月，累计生产页岩气超 $200\times10^8m^3$，在我国各页岩气田中产量居首位。

参 考 文 献

[1] 张金川，薛会张，德明，等. 页岩气及其成藏机理[J]. 现代地质，2003，17(4)：466.

[2] Montgomery S L，Jarvie D M，Bowker K A，et al. Mississippian barnett shale，Fort Worth basin，north-central Texas：gas-shale play with multi-trillion cubic foot potential[J]. AAPG bulletin，2005，89(2)：155-175.

[3] Lu X C，Li F C，Watson A T. Adsorption measurements in Devonian shales[J]. Fuel，1995，74(4)：599-603.

[4] 潘仁芳，陈亮，刘朋丞. 页岩气资源量分类评价方法探讨[J]. 石油天然气学报，2011，33(05)：172-174.

[5] 张雪芬，陆现彩，张林晔，等. 页岩气的赋存形式研究及其石油地质意义[J]. 地球科学进展，2010，25(6)：597-604.

[6] 于炳松. 页岩气储层的特殊性及其评价思路和内容[J]. 地学前缘，2012，19(3)：252-258.

[7] Pollastro R M，Hill R J，Jarvie D M，et al. Assessing undiscovered resources of the barnett-paleozoic total petroleum system，Bend Arch-Fort Worth Basin Province，Texas[C]. AAPG Southwest Section Convention，Fort Worth，Texas，2003.

[8] 李武广，杨胜来，陈峰，等. 温度对页岩吸附解吸的敏感性研究[J]. 矿物岩石，2012，2(2)：115-120.

[9] 聂海宽，张金川. 页岩气聚集条件及含气量计算——以四川盆地及其周缘下古生界为例[J]. 地质学报，2012，86(2)：349-361.

[10] 熊伟，郭为，刘洪林，等. 页岩的储层特征以及等温吸附特征[J]. 天然气工业，2012，32(1)：113-116.

[11] 宋叙，王思波，曹涛涛，等. 扬子地台寒武系泥页岩甲烷吸附特征[J]. 地质学报，2013，87(7)：1041-1048.

[12] Hill D G，Nelson C R. Gas productive fractured shales：an overview and update[J]. Gas Tips. 2000，6(3)：4-13.

[13] Curtis J B. Fractured shale-gas systems[J]. AAPG Bulletin，2002，86(11)：1921-1938.

[14] Chalmers G R L，Bustin R M. On the effects of petrographic composition on coalbed methane sorption[J]. International Journal of Coal Geology，69(4)：288-304.

[15] Ross D J K，Bustin R M. The importance of shale composition and pore structure upon gas storage potential of shale gas reservoirs[J]. Marine and Petroleum Geology，2009，26：916-927.

[16] Javadpour F，Fisher D，Unsworth M. Nanoscale gas flow in shale gas sediments[J]. Petroleum Technol，2007，46(10)：55-61.

[17] Javadpour F. Nanopores and apparent permeability of gas flow in mudrocks(shales and siltstone)[J]. Techn-

ol, 2009, 48(8): 16-21.

[18] Swami V, Settari A. A pore scale gas flow model for shale gas reservoir[C]. SPE 155756, presented at the Americas Unconventional Resources Conference, Pittsburgh, Pennsylvania, USA, 2012.

[19] Shabro V, Torres V C, Sepehrnoori K. Forecasting gas production in organic shale with the combined numerical simulation of gas diffusion in kerogen, langmuir desorption from kerogen surfaces, and advection in nanopores[C]. SPE 159250, presented at the Annual Technical Conference and Exhibition, San Antonio, Texas, USA, 2012.

[20] Moghanloo R G, Javadpour F, Davudov D. Contribution of methane molecular diffusion in kerogen to gas-in-place and production[C]. SPE 165376, presented at the SPE Western Regional & AAPG Pacific Section Meeting, Monterey, California, USA, 2013.

[21] Carlson E S, Mercer J C. Devonian shale gas production: mechanisms and simple models[J]. Journal of Petroleum technology, 1991, 43(04): 476-482.

[22] Guo J, Zhang L, Wang H, et al. Pressure transient analysis for multi-stage fractured horizontal wells in shale gas reservoirs[J]. Transport in Porous Media, 2012, 93(3): 635-653.

[23] Wang H T. Performance of multiple fractured horizontal wells in shale gas reservoirs with consideration of multiple mechanisms[J]. Journal of Hydrology, 2014, 510: 299-312.

[24] 段永刚，李建秋. 页岩气无限导流压裂井压力动态分析[J]. 天然气工业，2010，30(10)：26-29.

[25] 于荣泽，张晓伟，卞亚南，等. 页岩气藏流动机理与产能影响因素分析[J]. 天然气工业，2012，32(9)：10-15.

[26] 程远方，董丙响，时贤，等. 页岩气藏三孔双渗模型的渗流机理[J]. 天然气工业，2012，32(9)：44-47.

[27] Knudsen M. The law of the molecular flow and viscosity of gases moving through tubes[J]. Annals of Physics, 1909, 28(1): 75-130.

[28] Sandler S I. Temperature dependence of the Knudsen permeability[J]. Industrial & Engineering Chemistry Fundamentals, 1972, 11(3): 424-427.

[29] Roy S, Raju R. Modeling gas flow through microchannels and nanopores[J]. Phys, 2003, 93(8): 4870-4879.

[30] Alharthy N, Kobaisi M, Torcuk M A, et al. Physics and modeling of gas flow in shale reservoirs[C]. SPE 161893, presented at the Abu Dhabi International Petroleum Exhibition & Conference, Abu Dhabi, UAE, 2012.

[31] Brown G P, DiNardo A, Cheng G K, et al. The flow of gases in pipes at low pressures[J]. Journal of Applied Physics, 1946, 17(10): 802-813.

[32] Ziarani A S, Aguilera R. Knudsen's permeability correction for tight porous media[J]. Transport in Porous Media, 2012, 91(1): 239-260.

[33] Klinkenberg L J. The permeability of porous media to liquids and gases[C]. Drilling and Production Practice, American Petroleum Institute, 1941.

[34] Heid J G, McMahon J J, Nielsen R F, et al. Study of the permeability of rocks to homogeneous fluids[C]. Drilling and Production Practice, American Petroleum Institute, 1950.

[35] Jones F O, Owens W W. A laboratory study of low-permeability gas sands[J]. Journal of Petroleum Technology, 1980, 32(09): 1631-1640.

[36] Sampath K, Keighin C W. Factors affecting gas slippage in tight sandstones of cretaceous age in the Uinta basin[J]. Journal of Petroleum Technology, 1982, 34(11): 2715-2720.

[37] Florence F A, Rushing J, Newsham K E, et al. Improved permeability prediction relations for low permeability sands[C]. Rocky Mountain Oil & Gas Technology Symposium, Society of Petroleum Engineers, 2007.

[38] Civan F. Effective correlation of apparent gas permeability in tight porous media[J]. Transport in Porous Media, 2010, 82(2): 375-384.

[39] Zhu G Y, Liu L, Yang Z M, et al. Experiment and mathematical model of gas flow in low permeability porous media[M]. Berlin: Springer Berlin Heidelberg, 2007: 534-537.

[40] Tang G H, Tao W Q, He Y L. Gas slippage effect on microscale porous flow using the lattice Boltzmann method[J]. Physical Review E, 2005, 72(5): 056301.

[41] Beskok A, Karniadakis G E, Trimmer W. Rarefaction and compressibility effects in gas microflows[J]. Journal of Fluids Engineering, 1996, 118(3): 448-456.

[42] Kucuk F, Sawyer W K. Transient flow in naturally fractured reservoirs and its application to Devonian gas shales[C]. SPE, 1980, 9397: 21-24.

[43] Gatens J M, Lee W J, Lane H S, et al. Analysis of eastern Devonian gas shales production data[J]. Journal of Petroleum Technology, 1989, 41(5): 519-525.

[44] 段永刚，魏明强，李建秋，等. 页岩气藏渗流机理及压裂井产能评价[J]. 重庆大学学报，2011，34(4)：62-66.

[45] Guo J, Zhang L, Wang H, et al. Pressure transient analysis for multi-stage fractured horizontal wells in shale gas reservoirs[J]. Transport in Porous Media, 2012, 93(3): 635-653.

[46] Wang H T. Performance of multiple fractured horizontal wells in shale gas reservoirs with consideration of multiple mechanisms[J]. Journal of Hydrology, 2014, 510: 299-312.

[47] Zhao Y, Zhang L, Zhao J, et al. "Triple porosity" modeling of transient well test and rate decline analysis for multi-fractured horizontal well in shale gas reservoirs[J]. Journal of Petroleum Science and Engineering, 2013, 110: 253-262.

[48] Tian L, Xiao C, Liu M, et al. Well testing model for multi-fractured horizontal well for shale gas reservoirs with consideration of dual diffusion in matrix[J]. Journal of Natural Gas Science and Engineering, 2014, 21: 283-295.

[49] Xie W, Li X, Zhang L, et al. Two phase pressure transient analysis for multi-stage fractured horizontal well in shale gas reservoirs[J]. Journal of Natural Gas Science and Engineering, 2014, 21: 691-699.

[50] Huang T, Guo X, Chen F. Modeling transient flow behavior of a multiscale triple porosity model for shale gas reservoirs[J]. Journal of Natural Gas Science and Engineering, 2015, 23: 33-46.

[51] 孙海，姚军，孙致学，等. 页岩气数值模拟技术进展及展望[J]. 油气地质与采收率，2012，19(1)：46-49.

[52] Huang T, Guo X, Chen F. Modeling transient pressure behavior of a fractured well for shale gas reservoirs based on the properties of nanopores[J]. Journal of Natural Gas Science and Engineering, 2015, 23: 387-398.

[53] 段永刚，魏明强. 页岩气藏渗流机理及压裂井产能评价[J]. 重庆大学学报，2011，34(4)：62-65.

[54] 程远方，董丙响，时贤，等. 页岩气藏三孔双渗渗流机理[J]. 开发工程，2012，82(9)：1-4.

[55] 李亚洲，李勇明. 页岩气渗流机理与产能研究[J]. 断块油气田，2013，(2)：186-190.

[56] 张烈辉，崔乾晨，谢军. 页岩气藏压裂水平井线性耦合渗流模型研究[J]. 西南石油大学学报(自然科学版)，2019，41(6)：1-12.

[57] 胡德高，郭肖，郑爱维. 页岩气藏压裂井产能评价及分析[J]. 西南石油大学学报(自然科学版)，2019，41(6)：132-138.

页岩气藏流体及岩石物理性质分析方法

页岩气藏流体及岩石物理性质特征是页岩气藏开发的关键参数。页岩高压物性主要通过单次脱气实验和恒质膨胀实验来确定页岩气密度、黏度、压缩因子、压缩系数、体积系数、膨胀系数等。页岩岩石物理性质主要是通过氩离子抛光-扫描电镜分析、压汞-液氮吸附联测分析、核磁共振分析等多种技术手段在不同尺度下有效表征页岩气储层微观孔隙；通过氦气法、饱和流体法、GRI 法测定页岩储层孔隙度；采用压力衰减法、压力脉冲衰减法、稳态渗流法测试页岩渗透率。本章主要以涪陵页岩气田龙马溪组页岩气藏为例，阐述页岩气藏流体及岩石物理性质分析方法。

2.1　页岩气藏流体组成及高压物性

2.1.1　页岩气藏流体组成

1）页岩气化学组成

页岩气是指赋存于以富有机质页岩为主的储集岩系中的非常规天然气，是连续生成的生物化学成因气、热成因气或二者的混合气，可以以游离态存在于天然裂缝和孔隙中，以吸附态存在于干酪根、黏土颗粒表面，还有极少量以溶解状态储存于干酪根和沥青质中。

页岩气的主要成分是烷烃，其中，甲烷占绝大多数，另有少量的乙烷、丙烷和丁烷，此外，还含有硫化氢、二氧化碳、氮气、水蒸气及微量的惰性气体(如氦气和氩气等)。西南石油大学气藏工程实验室应用加拿大 DBR 公司相态分析仪按照《天然气藏流体物性分析方法》(SY/T 6434—2000)，分析了 2A 井页岩气成分，发现其中约 98.48%的气体是甲烷(表 2-1-1)。

表 2-1-1　2A 井页岩气成分分析数据

组　分	物质的量分数/%	质量分数/%
CO_2	0	0
N_2	0.8368	1.4435
C_1	98.4835	97.2841
C_2	0.6638	1.2293
C_3	0.0159	0.0432
iC_4	0	0
nC_4	0	0

续表

组　分	物质的量分数/%	质量分数/%
iC_5	0	0
nC_5	0	0
C_{6+}	0	0

注：井口取样，压力为16.0MPa，温度为25.7℃。

2）产出液化学组成与分类

按照《油田水分析方法》（SY/T 5523—2006），对页岩气井产出液化学组成进行分析。分析结果表明（表2-1-2），涪陵页岩气田产出液有氯化钙型、氯化镁型、碳酸氢钠型3种水型，总矿化度波动较大（5567~35449mg/L）。由于气藏中没有可流动水，产出液主要是压裂液滞留地层后随着页岩气开发而逐渐返排出的。

表2-1-2　页岩气井产出液化学组成

井号	pH值	阳离子浓度/(mg/L)			阴离子浓度/(mg/L)			总矿化度/(mg/L)	水　型	取样部位	分析日期
		K^++Na^+	Ca^{2+}	Mg^{2+}	Cl^-	SO_4^{2-}	HCO_3^-				
2A井	6.81	42	1241.5	376.5	2273.7	288.1	1502.3	5724	氯化钙型	分离器	2013/3/7
2A井	6.62	1896	69.7	55.9	2680.3	164.6	700.6	5567	碳酸氢钠型	分离器	2013/10/9
2A井	6.92	4864.9	171.7	59.5	7515.1	41.2	740.4	13393	氯化镁型	分离器	2014/3/25
2B井	6.49	3945.4	288.7	90.9	6319.1	123.5	769.7	11537	氯化镁型	放喷口	2013/10/28
2C井	7.04	5877.4	161.8	95.1	8666.1	123.5	1490.6	16414	碳酸氢钠型	排污口	2013/7/5
2C井	6.92	2081.6	49.1	44.6	2770.2	133.8	957.6	6037	碳酸氢钠型	分离器	2014/3/25
2D井	7.1	2204.4	282.1	7.4	3216.8	113.2	1063.7	6888	碳酸氢钠型	分离器	2014/3/25
2E井	6.66	13056.5	517.8	11.1	20863.5	37	854.9	35449	氯化钙型	分离器	2014/6/8
2E井	6.6	12555.4	444	83	19865.8	72	792.5	33813	氯化钙型	分离器	2014/6/2

2.1.2　页岩气高压物性

按照《油气藏流体物性分析方法》（GB/T 26981—2011），采用加拿大DBR公司相态分析仪开展天然气高压物性实验。

（1）单次脱气实验。实验原理是保持体系的总组成恒定不变，将处于地层条件下的单相地层流体瞬间闪蒸到大气条件，测量其体积变化。得到气藏流体的气体偏差系数、体积系数、密度等参数。

（2）恒质膨胀实验。该实验简称$p-V$关系实验，是指在一定温度下测定恒定质量的地层流体的压力与体积的关系。对于干气藏流体，可得到气藏在不同压力下流体的相对体积、压缩系数等参数。

天然气高压物性测量参数如下：

（1）密度。

天然气的密度是指单位体积天然气的质量，用符号ρ_g表示。

（2）黏度。

流体的黏度被定义为流体中任意一点处单位面积的剪应力与速度梯度的比值，它是流体(气体或液体)内摩擦而引起的阻力。气体的黏度取决于气体的组成、压力和温度。在高压和低压环境下，其变化规律不同。

（3）气体压缩因子。

在天然气的压缩状态方程中引入一个系数 Z，从而可得到天然气的压缩状态方程，即：

$$pV=ZnRT \tag{2-1-1}$$

式中，Z 通常称为气体压缩因子，或称偏差因子、偏差系数，其物理意义为，在相同温度、压力下，真实气体所占体积与相同量理想气体所占体积的比值。

（4）气体压缩系数。

天然气气体压缩系数是指在等温条件下，天然气体积随压力的变化率，其数学表达式为：

$$C_g=-\frac{1}{v}\left(\frac{\partial v}{\partial p}\right)T \tag{2-1-2}$$

式中，C_g一般称为压缩系数、弹性系数或压缩率。

（5）气体体积系数。

天然气的气体体积系数是指天然气在地层条件下的体积与其在地面条件下的体积之比。它描述了当其气体质量不变时，由于从地下到地面压力、温度的改变所引起的体积膨胀情况。以地面标准状态下[20℃，压力为1个大气压(约0.1MPa)]的天然气体积(V_{sc})作为标准量(分母)，以它在地下(某一压力、温度条件下)的体积(V)为比较量，来定义天然气的气体体积系数，天然气的地下体积系数(B_g)可定义为：

$$B_g=\frac{V}{V_{sc}} \tag{2-1-3}$$

（6）气体膨胀系数。

气体膨胀系数是指地层流体在地面标准条件下的体积与其在地层条件下的体积之比，是体积系数的倒数。

2.2 页岩岩石物理性质分析方法

2.2.1 页岩孔隙结构

页岩中的微孔隙、微裂隙是页岩气的重要储集空间，孔隙发育程度直接关系到页岩气的储量大小、气井产量高低。由于页岩储层以纳米孔隙为主，故用常规储层孔隙的表征方法难以表征其微观孔隙结构。通过氩离子抛光-扫描电镜法(图像分析技术)、压汞-液氮吸附联测法(流体注入技术)、核磁共振分析法等多种技术手段，可以在不同尺度下有效表征页岩气储层微观孔隙，从而正确评价页岩储集空间。

1）氩离子抛光-扫描电镜法

页岩孔隙通常以纳米级的孔隙为主，普遍采用高分辨率的扫描电镜观察法来研究页岩的孔隙结构特征。利用场发射扫描电镜(图 2-2-1)设备对氩离子抛光处理(图 2-2-2)的样品表面进行观察，从而可以更好地观察、分析页岩纳米级孔隙结构。

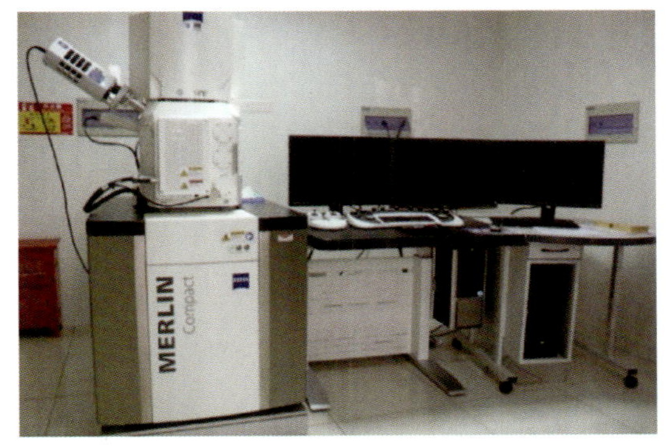

图 2-2-1　场发射扫描电镜(Merlin Compact)

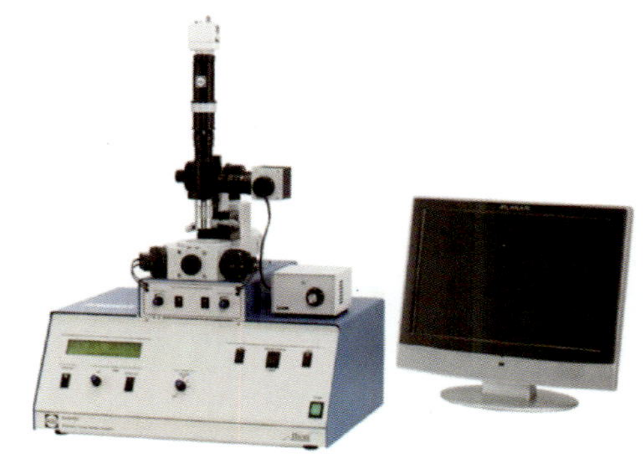

图 2-2-2　氩离子抛光仪

氩离子抛光仪的原理是利用高压电场使氩气电离产生离子态，高能氩离子束轰击样品，剥蚀样品表面凸出的物质，从而可以达到抛光的效果，使其形成高质量的平滑表面。该方法与机械抛光相比，能够得到更为平整的表面且不会产生机械擦痕；经过离子抛光后的样品，消除了表面不平整的干扰，可以清晰地从中观察到页岩中纳米级的孔隙特征(图 2-2-3)。

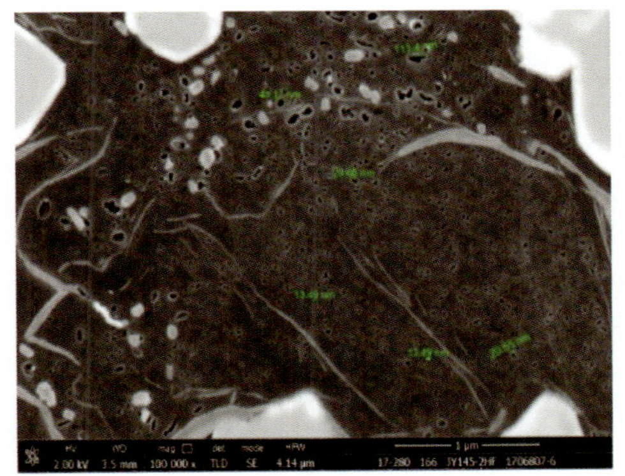

图 2-2-3　页岩新鲜断面(左)和氩离子抛光面(右)的扫描电镜分析效果对比

场发射扫描电镜采用场发射电子枪代替普通钨灯丝电子枪，从阴极发出的电子经电压加速和物镜缩小，形成很细的电子束聚焦于样品表面上，电子束在样品表面逐点扫描，引起二次电子发射。二次电子经探头形成二次电子信号，二次电子信号经预放大、比较放大器、多道脉冲高分析仪、数据处理机及场发射定量系统的数据同步处理，最终将样品图像显示在屏幕上。目前，场发射电镜的最高分辨率通常小于 1nm，但由于页岩成分复杂、导电性差，能观察到的孔隙直径最小一般为 5nm 左右。

氩离子抛光-扫描电镜方法的优点在于：样品制备简单便捷，观察视域广，图像景深大；能够快速、直观观察到岩石孔隙类型及主要孔隙孔径大小；可以获取不同放大倍数的优质图像照片。其缺点在于：无法对页岩孔隙结构进行定量化表征，只能半定量分析；氩离子抛光破坏了矿物自生形态，镜下矿物难以识别。

龙马溪组页岩以灰黑色–黑色泥质粉砂岩及粉砂质泥岩为主，脆性矿物含量整体大于40%。使用氩离子抛光–扫描电镜法观察，龙马溪组页岩储层段发育有机质孔隙、无机质孔隙、微裂缝3种孔隙类型(图2–2–4)。根据国际理论和应用化学协会(IUPAC)的孔隙分类，孔径小于2nm为微孔，孔径为2~50nm为中孔，孔径大于50nm为大孔。有机质孔隙是泥页岩中有机质在热演化生烃过程中形成的孔隙，主要发育于有机质间和有机质内，是页岩中最主要的孔隙类型，以微孔和中孔为主，少见大孔，连通性好，有机质面孔率为10%~50%，平均为30%；镜下观察主要呈近球形、椭球形、片麻状、凹坑状和狭缝形等[图2–2–4(b)(d)]。无机质孔隙可分为粒间孔、粒内孔、晶间孔、溶蚀孔等[图2–2–4(c)(e)(f)]，主要为矿物颗粒接触处矿物转化过程中晶体体积减小形成的矿物晶间孔隙，部分化学易溶蚀性矿物颗粒发生化学溶解形成的溶蚀孔，等等，以中孔和大孔为主，连通性好；镜下观察孔隙直径为几微米至几百纳米，面孔率较低，一般小于5%。微裂缝包括黏土矿物晶间缝、片状矿物解理缝及碎屑颗粒周缘的贴粒缝[图2–2–4(a)(e)]，缝宽多在50nm以上；扫描电镜观察到的孔隙或微裂缝尺寸有时很大，达到微米级，但数量极少，对页岩总孔隙的贡献极小(可忽略)。扫描电镜法观测到的页岩孔隙尺寸偏大，直径通常为几十纳米到几微米。

氩离子抛光–扫描电镜法观察结果表明，页岩储集空间主要为有机质孔隙，其次为层理缝和黏土矿物晶间孔；页岩中含有丰富的微孔隙、微裂隙，微孔隙主要是微孔和中孔，它们也是页岩气重要的储集空间。

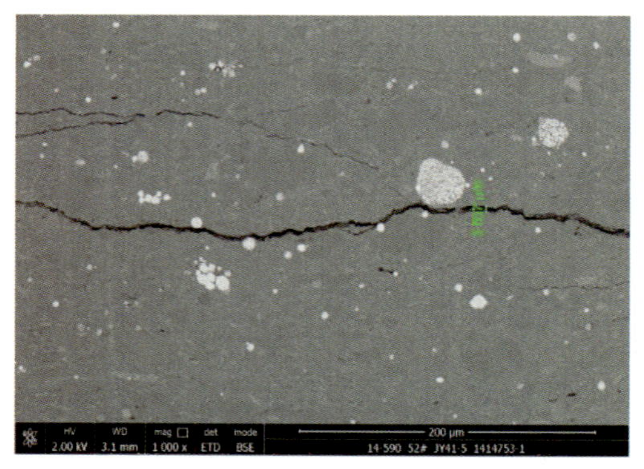

(a)页岩层理发育，见层间微裂隙，黄铁矿较丰富

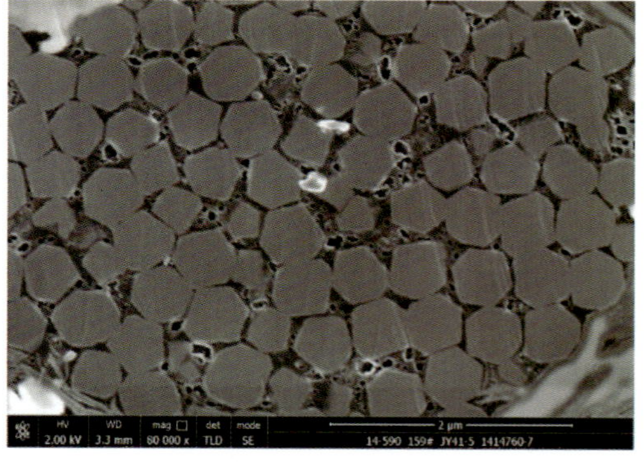

(b)黄铁矿莓球内有机质发育良好的纳米微孔隙

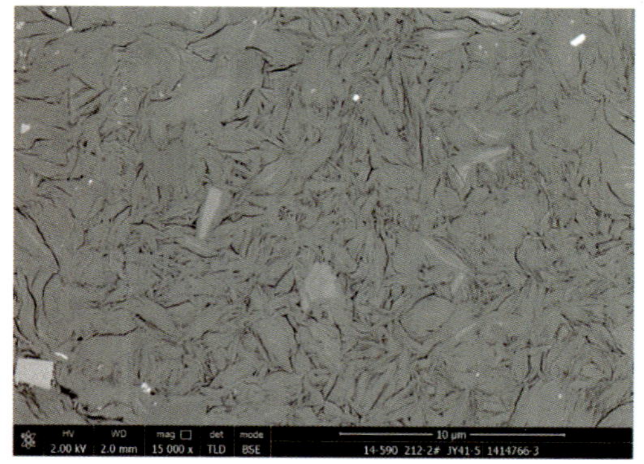

(c)黏土矿物片层间发育的线状微孔隙

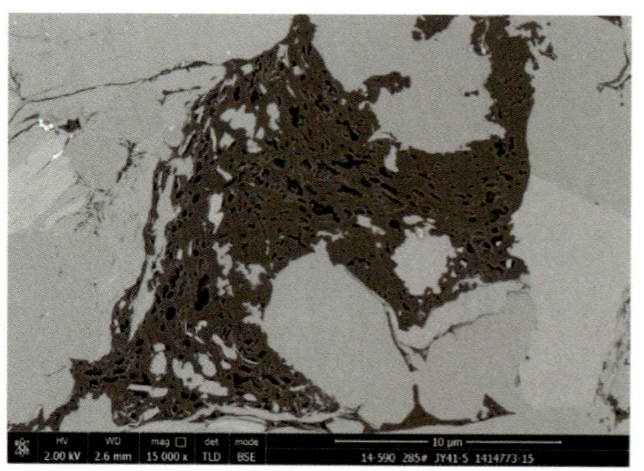

(d)填隙状分布的有机质内发育丰富的纳米微孔隙

图2–2–4 龙马溪组页岩氩离子抛光后扫描电镜观察孔隙

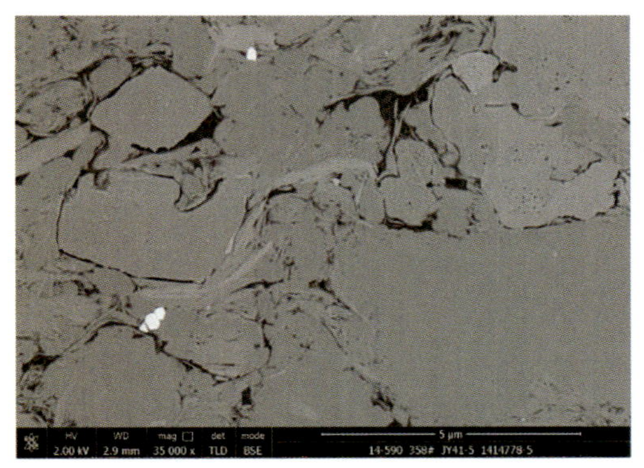
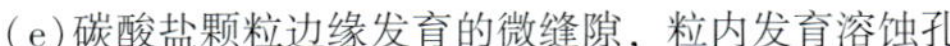

(e)碳酸盐颗粒边缘发育的微缝隙，粒内发育溶蚀孔

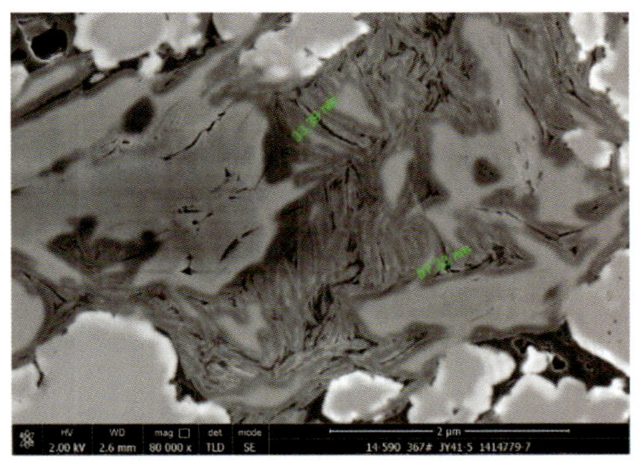

(f)黏土矿物片层间微孔隙中充填的有机质

图 2-2-4　龙马溪组页岩氩离子抛光后扫描电镜观察孔隙(续)

2）压汞-液氮吸附联测法

液氮吸附法的原理为：岩石表面分子存在剩余的表面自由场，气体分子与固体表面接触时，部分气体分子被吸附在固体表面上，当气体分子的热运动足以克服吸附剂表面自由场的位能时会发生脱附，吸附与脱附速度相等时达到吸附平衡；当温度恒定时，吸附量是相对压力(p/p_0)的函数，吸附量可根据波义耳-马略特定律计算；测量不同相对压力下的吸附量即可得到吸附等温线，由吸附等温线即可求得比表面积和孔径分布。

压汞-液氮吸附联测法是采用压汞法和吸附法分别对页岩不同范围的孔径分布进行测定，以总孔隙率参数为基准，将压汞法测得的孔隙半径为 6～10000nm 的孔径分布和吸附法测得的孔隙半径为 1～10nm 的孔径分布，以 6nm 为衔接点，进行归一化计算和衔接，得到孔隙半径为 1～10000nm 范围内孔隙的孔径分布。

压汞-液氮吸附联测法在表征微孔隙的孔径分布、比表面积等方面具有独特优势，可定量表征微孔、中孔(介孔)、大孔和微裂隙，该方法的缺点是不能对孔隙类型进行表征。进行液氮吸附实验时样品要经过粉碎，所用实验样品为 10g 左右，这也影响了孔径的统计分析结果。

涪陵页岩气田龙马溪组页岩测定分析结果显示，页岩孔径分布范围广(图 2-2-5)，主要孔径分布在 2～100nm 范围内，孔径为 2～6nm 时存在极强峰值，整体上以中孔为主，大孔相对不发育。从统计数据来看，孔径小于 2nm 的微孔、大于 50nm 的大孔所占比例都较小；而中孔占总孔隙的 80%以上，是主要的孔隙组成部分；从峰值对应的孔隙直径来看，随着埋藏深度增大，相应的孔隙直径略有增大。由于该方法要用二氧化碳吸附才能测试更小的微孔，因此微孔所占总孔隙比例略低。

3）核磁共振分析法

目前，核磁共振分析法(NMR)已成为研究岩石孔隙大小、岩石内流体分布特征的主要手段，该方法最大的优势是能够测定岩石在不同孔径下的孔隙含量。如今，核磁共振分析法在非常规油气藏中有非常广泛的应用。

核磁共振岩样分析技术是利用氢原子核在外加磁场作用下的核磁共振现象，测量同一样品在不同处理阶段的核磁共振信号，并对所获取的数据进行解释及分析的技术。氢原子在恒定磁场下，受一个短而强的射频磁场作用，原子核将会吸收高频磁场的能量，取向发生变化，实现由低能级向高能级的跃迁，这就称为核磁共振现象。氢核受磁脉冲激发以后，由于自身的弛豫机制和环境的差异，氢核可能以不同的弛豫形式释放多余的能量，回到平衡态。弛豫可以分为横向弛豫和纵向弛豫，目前主要利用横向弛豫研究孔隙结构。孔隙流体的横向弛豫过程主要会受到自由弛豫、表面弛豫及扩散弛豫 3 种机制的影响。

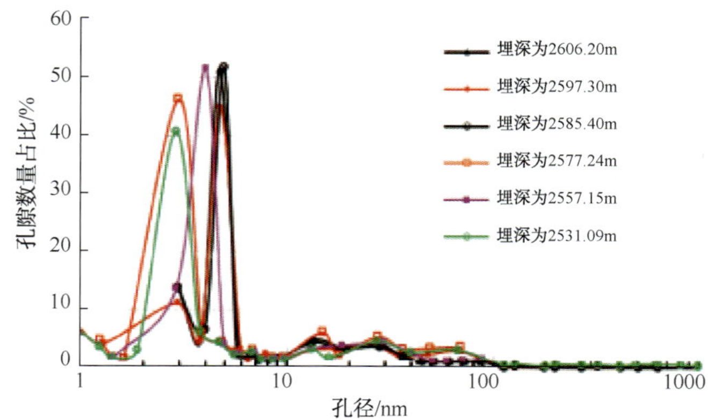

图 2-2-5　龙马溪组页岩孔径分布曲线

$$1/T_2 = 1/T_{2S} + 1/T_{2D} + 1/T_{2B} \tag{2-2-1}$$

式中，T_2 为横向弛豫时间，10^{-3}s；T_{2S} 为自由弛豫时间，10^{-3}s；T_{2D} 为表面弛豫时间，10^{-3}s；T_{2B} 为扩散弛豫时间，10^{-3}s。

表面弛豫是岩石孔隙中的流体分子与颗粒表面不断碰撞而导致能量衰减的过程。碰撞时，会发生两种交互作用。研究人员已经证明，在大多数岩石中，颗粒表面弛豫是影响 T_2 的最重要因素。弛豫的速度取决于质子与孔隙表面碰撞的频繁程度。表面弛豫速度是表面弛豫强度与孔隙比表面积的乘积。大孔隙的比表面积小，碰撞概率小，弛豫时间相对较长；小孔隙的比表面积大，碰撞概率大，弛豫时间相对较短。

$$\frac{1}{T_{2D}} = \rho \frac{S}{V} \tag{2-2-2}$$

式中，ρ 为弛豫强度系数，cm/10^{-3}s；S 为岩石比表面积，cm^2；V 为岩石孔隙体积，cm^3。

岩石孔隙大小具有一定的分布状态，每个孔隙具有自己的 S/V 值。总磁化强度为来自每个孔隙的信号的加和。所以，总信号正比于孔隙度，总衰减为每个孔隙的衰减之和，它反映了孔隙大小的分布特征。根据核磁共振理论可以将核磁共振弛豫时间 T_2 谱转换成孔隙大小分布图。

图 2-2-6(a)为龙马溪组核磁共振弛豫时间(T_2)谱(完全饱和流体)，横坐标为弛豫时间，纵坐标为孔隙体积分数和孔隙体积分数累计值。图 2-2-6(b)为转换后的孔隙大小及分布图，很直观地展现出孔隙半径、孔隙半径平均中值、累计孔隙度(即总孔隙度)。核磁分析结果表明，基质纳米孔隙所占比例大，主要为有机质孔；大孔隙所占比例小，通常是无机质孔、微裂缝等。当无大孔隙存在时，核磁共振曲线分布将只出现一个峰值。

总之，3 种孔隙结构表征方法各有优势及局限性。氩离子抛光-扫描电镜法能直观观察页岩孔隙类型、形态特征、发育程度、孔隙尺寸等，但因其观察视域小，观测到的页岩孔隙以大尺寸孔隙为主，统计分析孔隙尺寸准确性较差，故以定性表征孔隙结构为主；压汞-液氮吸附联测法、核磁共振分析法都能较好地表征页岩孔隙大小、孔径分布(微孔、中孔、大孔和微裂隙)，两种方法测得的孔径数据相近，孔径分布一致，但是前者需要对样品进行粉碎，破坏了微孔的连通性，后者采用柱状岩心，岩心保存完整，可以多次分析孔隙内流体的分布。压汞-液氮吸附联测法、核磁共振分析法都不能观察孔隙类型、形态特征等，只能对孔隙体积进行定量表征。

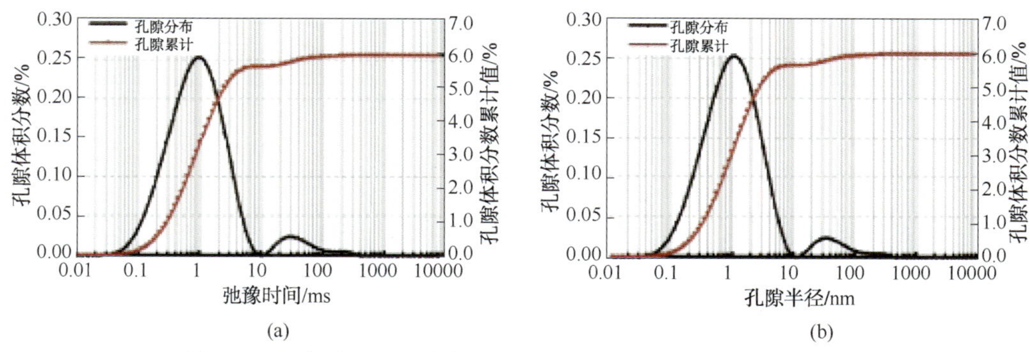

图 2-2-6 龙马溪组页岩核磁共振弛豫时间谱(a)及孔隙分布(b)

从页岩孔隙分布图来看，核磁共振分析法可以测量多尺度的页岩孔隙大小，纳米基质孔隙所占比例大，主要为有机质孔；大孔隙所占比例小，通常是无机孔、微裂缝等。如果大孔隙所占比例极小，孔隙分布将只出现一个峰值。图 2-2-7 展示了涪陵龙马溪组纵向上不同小层页岩孔隙分布特征曲线，总体上看，页岩孔隙分布出现一大一小两个峰值，孔隙直径小于 20nm 的为基质孔隙，占总孔隙比例较大，而大孔很少；纵向上看，从上至下(由⑨小层到①小层)，基质孔隙半径的峰值逐渐增大，而大孔隙的量逐渐减小(⑦小层孔隙例外)。从上至下(由⑨小层到①小层)随着井深的增加，储层中黏土矿物含量逐渐减小，有机质含量(TOC)逐渐增大，岩石成分决定了孔隙结构特征。

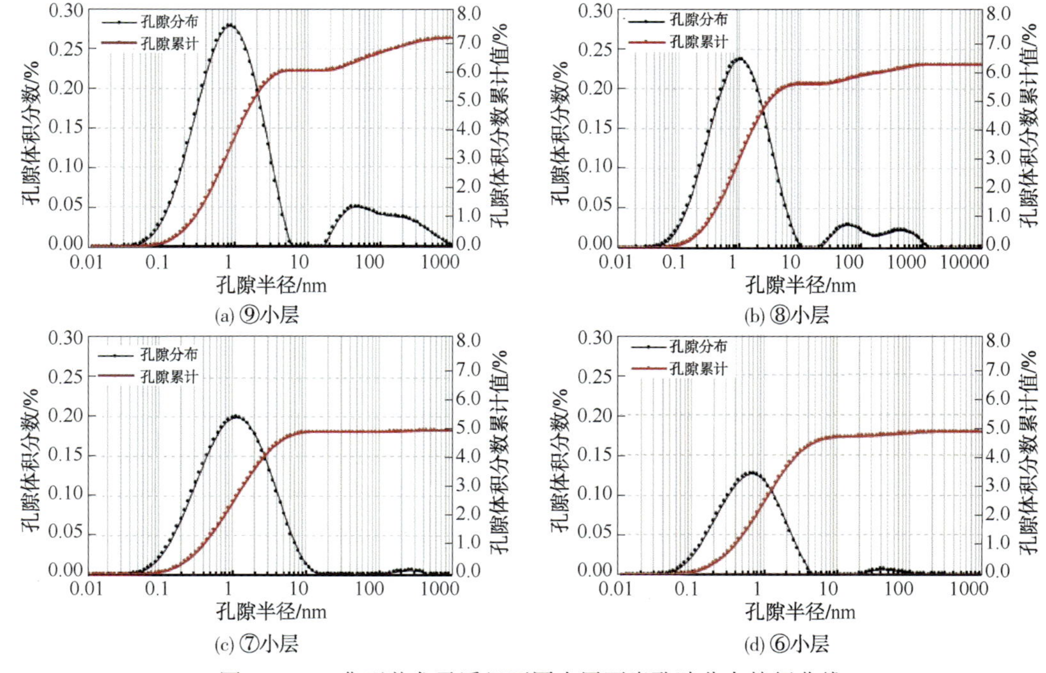

图 2-2-7 典型井龙马溪组不同小层页岩孔隙分布特征曲线

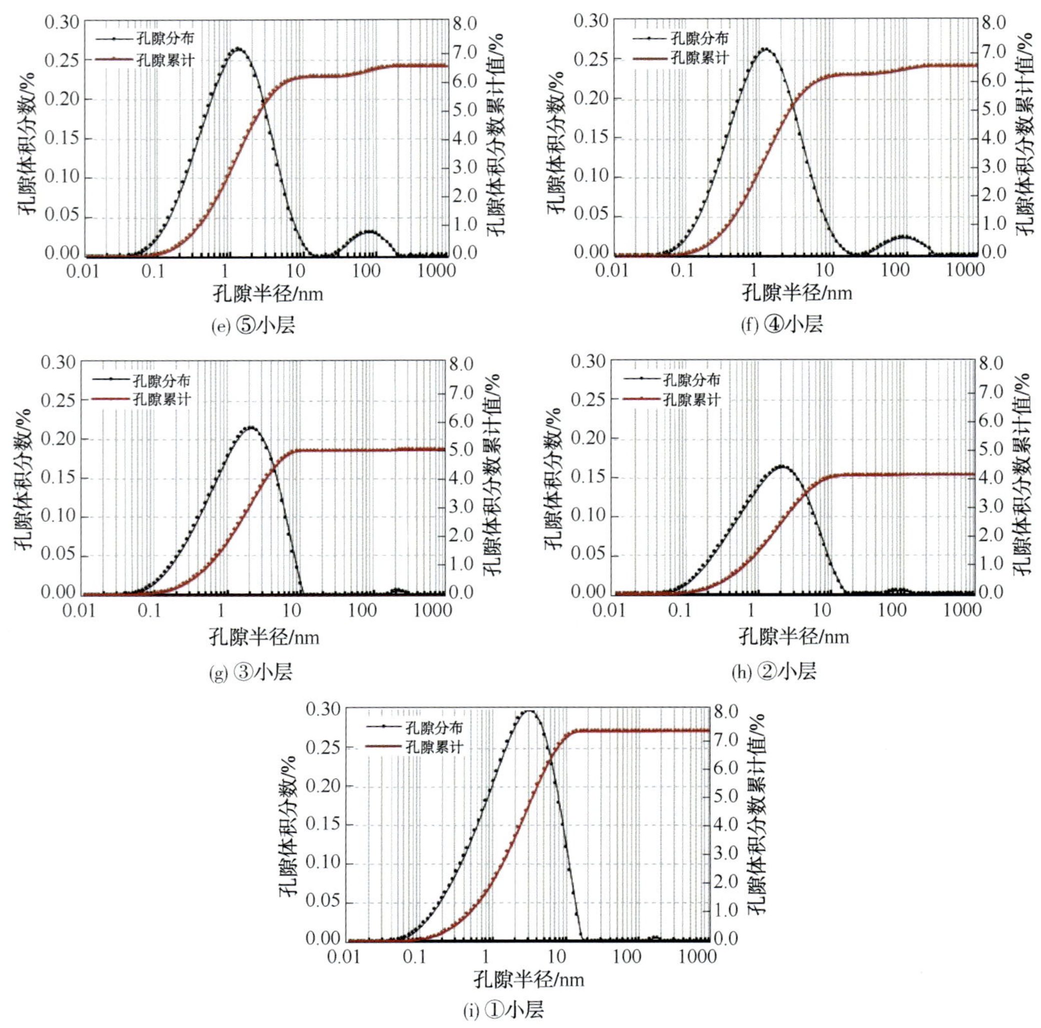

(e) ⑤小层

(f) ④小层

(g) ③小层

(h) ②小层

(i) ①小层

图 2-2-7　典型井龙马溪组不同小层页岩孔隙分布特征曲线(续)

2.2.2　页岩孔隙度、饱和度

孔隙度、饱和度是评价储层物性、计算油气储量的重要参数。目前研究岩石孔隙度的通用方法有两种：实验室方法和以各种井下测试技术为基础的间接方法。实验室方法是根据岩石孔隙度定义，通过各种仪器测定岩石总体积、颗粒体积和孔隙体积三者中的任意两个，从而计算出岩石孔隙度。实验室测试孔隙度的主要方法包括氦气法、饱和流体法、GRI 法。

1）孔隙度测量

孔隙度是指岩石中孔隙体积(或岩石中未被固体物质充填的空间体积)与岩石总体积的比值。孔隙度包括有效孔隙度、总孔隙度。氦气法、饱和流体法测试的孔隙度都是有效孔隙度。

页岩气储层为双重介质，孔隙主要由纳米孔隙和微裂隙组成；孔隙度反映了岩石中孔隙的发育程度，表征储层储集流体的能力。储层的孔隙度越大，能容纳流体的量就越大，储集性能就越好。但并非所有的孔隙对油气开发都是有意义的。为此，根据孔隙的连通状况可以分为连通孔隙(敞开孔隙)和不连通孔隙(封闭孔隙)，参与渗流的连通孔隙为有效孔隙，不参与渗流的则为无效孔隙。

(1) 氦气法测孔隙度。

按照《页岩氦气法孔隙度和脉冲衰减法渗透率的测定》(GB/T 34533—2017)通过氦气法测定孔隙度。

测量岩石孔隙度时，基于波义耳定律可知，当温度恒定时，一定质量理想气体的体积与其绝对压力成反比：

$$\frac{V_1}{V_2}=\frac{p_2}{p_1} \tag{2-2-3}$$

式中，p_1为初始绝对压力；p_2为平衡后的绝对压力；V_1为初始体积；V_2为平衡后的体积。

为了准确测定岩石骨架体积，考虑温度的变化和非理想气体特征，扩展公式如下：

$$\frac{p_1V_1}{Z_1T_1}=\frac{p_2V_2}{Z_2T_2} \tag{2-2-4}$$

式中，T_1为初始绝对温度；T_2为平衡后的绝对温度；Z_1为p_1和T_1时的气体偏差因子；Z_2为p_2和T_2时的气体偏差因子。

用双室法测定颗粒体积，在参考室输入一定压力的氦气(图2-2-8)，打开参考室和样品室的阀门，参考室气体向装有已知体积岩样的岩心室膨胀，测定平衡后的压力，根据压力变化可测得进入样品孔隙的气体体积，据此可以计算颗粒体积；总体积减去颗粒体积，即得孔隙体积，进而可计算孔隙度。

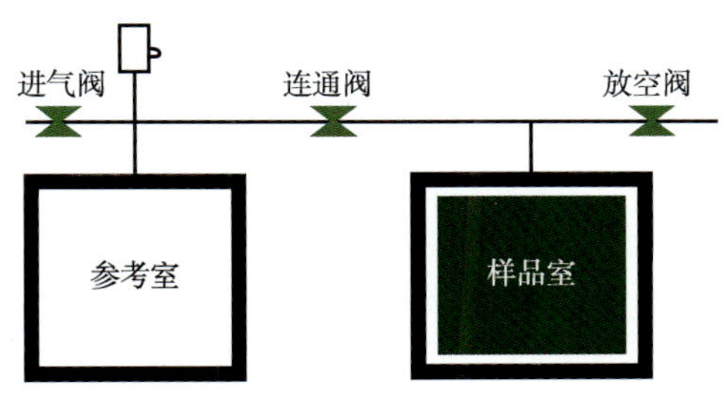

图2-2-8 双室法测颗粒体积示意图

氦气法测孔隙度时需要注意以下问题：①存在样品总体积测量误差，该误差相当于孔隙体积，对缺角、不规则样品不能用外观丈量法，要采用密度法、排液法等进行精准测试；②存在样品骨架体积误差，平衡时间越长，平衡压力越趋于稳定，所测得骨架体积才越准确，否则孔隙体积就偏小。

因此，氦气法测孔隙度时要求：①岩心外观体积必须测准，绝对误差小于0.05cm^3；②测试骨架体积时，压力平衡时间不少于30min；③岩心要尽量长，保证孔隙体积足够大，减小误差。

氦气法测孔隙度的步骤为：

① 样品制备、干燥处理(推荐烘干温度120℃，加热时间不少于24h)。

② 采用蜡封法、密度法测外观体积(V_1)。

③ 用氦气法测岩石的骨架体积(V_2，较长时间后压力达到平衡稳定)。

④ 计算孔隙体积 $V=V_1-V_2$，孔隙度 $\phi=V/V_1\cdot 100\%$。

（2）饱和流体法测孔隙度。

饱和流体法是测量孔隙体积的直接方法，测得的孔隙度为有效孔隙度。依据《岩心分析方法》(GB/T 29172—2012)，通过岩心饱和液体前后的质量差来直接测量孔隙体积，同时根据阿基米德定律测量岩石的外观体积，从而计算孔隙度。

饱和流体法测量孔隙度的步骤为：

① 样品制备、干燥处理(推荐烘干温度 120℃，加热时间不少于 24h)。

② 称量干燥岩心样品质量(m_1)，然后样品抽空，饱和已知密度为 ρ 的液体(酒精、盐水等液体)。

③ 自吸流体达到稳定后，再称量空气中湿样品的质量(m_2)，液体中样品的质量(m_3)。

④ 计算孔隙体积 $V_{孔隙}=(m_2-m_1)/\rho$，外观体积 $V_{外观}=(m_2-m_3)/\rho$，则孔隙度为 $\phi=V_{孔隙}/V_{外观}\cdot 100\%$。

实验关键为：①样品能充满基质孔隙，饱和时间较长(要求 7 天)；②流体不引起样品膨胀或膨胀微小，采用酒精进行饱和。

饱和流体法测孔隙度的优点在于：①外观形状不受限制；②一批次饱和流体可以测量大量样品，节省时间；③所用仪器设备比较常规，操作简单，分析成本低；④相比于其他测量孔隙度方法，该方法所测结果更可靠。其缺点在于：①受岩石润湿性、膨胀性的影响较大，选用酒精时会因饱和不充分而测得孔隙度偏小，选用高矿化度盐水时可能产生膨胀或微裂缝，测得孔隙度偏大；②实验人员对岩石表面液体的处理方式要规范、一致，否则会影响孔隙体积测量结果。

（3）GRI 法测孔隙度。

GRI 法是美国天然气研究学会(GRI)采用氦气膨胀原理测量页岩粉碎样孔隙度的一种方法。测量原理与氦气法一样，但样品为粉碎样品，测得的孔隙度表征页岩总孔隙度。

实验步骤如下：

① 通过测量块状岩石(约 300g)质量(m_0)和岩石总体积(V_0)，计算岩石原始状态下的体积密度(ρ_b)，$\rho_b=m_0/V_0$。

② 将样品粉碎、筛选，去除粉末(约 100g)中的有机质，再在 110℃下干燥，直到质量不再变化(m_w)。

③ 通过氦气法测量粉末骨架体积(V_g)。

④ 计算总体积 $V_b=m_w/\rho_b$，孔隙度 $\phi_{GRI}=(V_b-V_g)/V_b$。

GRI 法测量孔隙度的优点在于：与传统的常规柱塞样相比，GRI 法将样品粉碎至 70 目，降低了测量过程中气体的充注压力，缩短了气体达到平衡时的膨胀时间，去除了裂缝对孔隙度的影响，打开了一些孤立的、不连通的孔隙，所测得孔隙度代表页岩基质孔隙度或总孔隙度。

2）饱和度测量

测量原始含水饱和度是为了计算含气饱和度。由于页岩气藏只含气体和水，通过测孔隙度、含水饱和度，可计算含气饱和度。

按照《岩心分析方法》(GB/T 29172—2012)测含水饱和度，在取样时要求岩心饱和度样品是及时敲取的、未被泥浆污染的不规则块状样品，但由于样品不规则，外观体积不能准确测试，限制了氦气法测孔隙度。然而，由于页岩具有很强的吸液能力，采用液体饱和法可以准确测量孔隙体积、岩石外观体积，进而计算孔隙度。

该方法测含水饱和度的步骤为：

① 钻取样品（未污染的、不规则样品，要求样品密封、避光）。

② 称量原始样品质量（m_1），然后干燥处理（推荐烘干温度 120℃，加热时间不少于 24h）。

③ 称量烘干后的样品质量（m_2），两次质量之差为烘干法测得的原始含水质量；根据水密度计算岩石含水体积（V）。

④ 样品抽真空后饱和酒精 7 天；然后测量孔隙体积（V_1）、外观体积（V_2）。

⑤ 计算孔隙度 $\phi = V_1/V_2 \cdot 100\%$，含水饱和度 $S_w = V/V_1 \cdot 100\%$。

实验关键点为：①样品未被污染，取样后及时测量，防止水分挥发；②不引起样品膨胀或膨胀微小，不存在碎渣脱落现象。

3）孔隙度、饱和度参数

按照样品准备、烘干测含水量、饱和酒精测孔隙度等步骤，测页岩孔隙度、含水饱和度等参数，分析参数的变化规律。

岩心孔隙度、饱和度测量结果（图 2-2-9）表明，典型井 2F 井孔隙度分布范围约为 3.0%~7.0%，平均值为 5.02%；从孔隙度与井深的关系看，具有高-低-高的特点，即⑧⑨小层孔隙度高，⑥⑦小层孔隙度偏低，①~⑤小层孔隙度更高，主力层孔隙度平均值为 5.58%。岩心含水饱和度分布范围为 27.0%~65.0%，平均值为 44.3%；从含水饱和度与井深关系看，随着井深的增加，含水饱和度降低，主力层含水饱和度平均值为 36.2%。

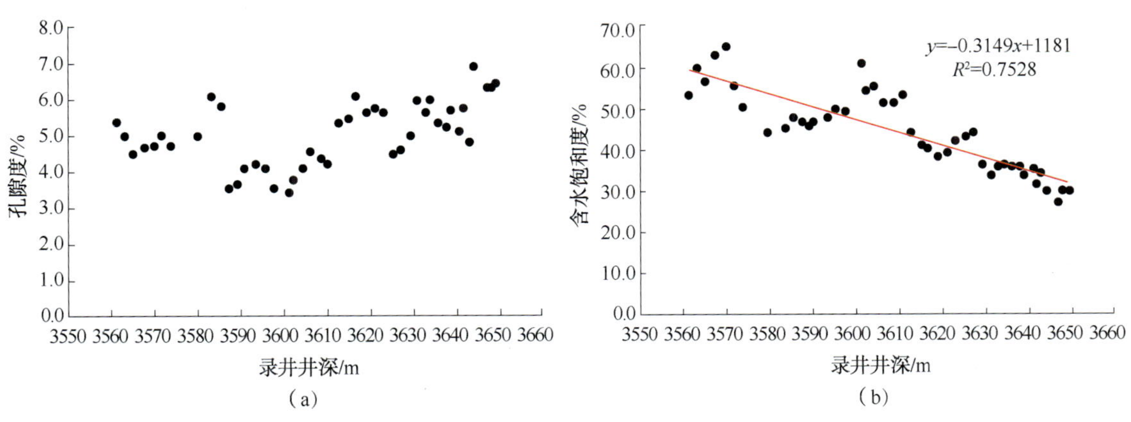

图 2-2-9 典型井 2F 井孔隙度（a）、含水饱和度（b）与井深关系

通过涪陵页岩气田焦石坝主体区、复杂断块区 8 口井的孔隙度、含水饱和度测试结果（图 2-2-10、图 2-2-11）可知，远离主控断层，构造较稳定，保存条件相对较好，主力层页岩孔隙度大于 3%，原始含水饱和度低于 40%；靠近主控断层，临近志留系露头区，保存条件变差，孔隙度小于 3%，含水饱和度高于 40%。

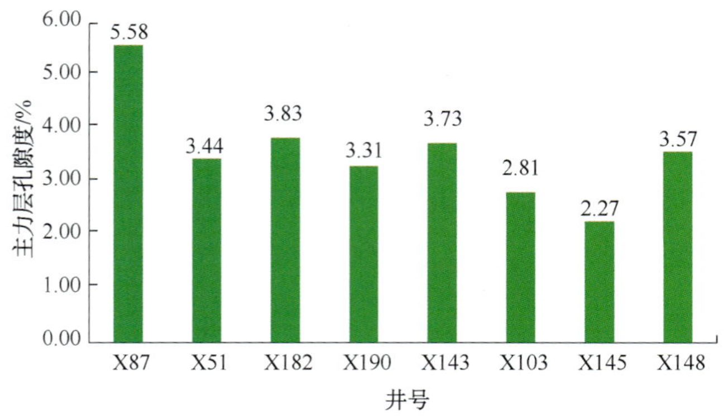

图 2-2-10　页岩气评价井主力层孔隙度直方图

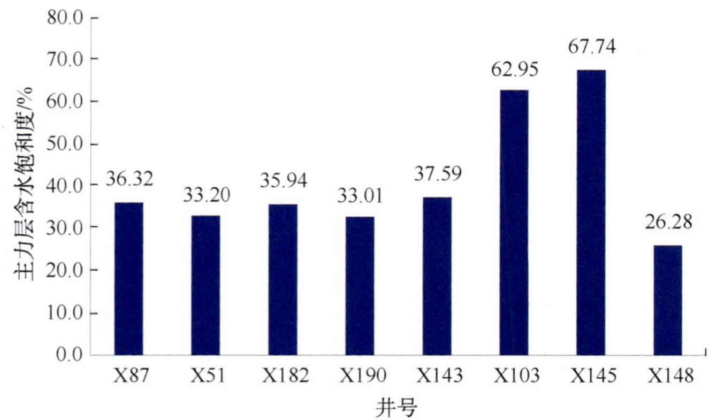

图 2-2-11　页岩气评价井主力层含水饱和度直方图

2.2.3　页岩渗透率

页岩储层为双重介质，既有基质孔隙，又有裂缝系统。基质孔隙是主要的页岩气储集空间，而裂缝则是主要的气体渗流通道，但两者同时起着储集和渗流的作用。依据美国天然气研究学会页岩储层评价标准(GRI—95/0496)，运用压力衰减法对页岩基质渗透率进行测定，最终获得粉碎岩心的基质渗透率；而含微裂缝的柱状岩心渗透率可采用压力脉冲衰减法、稳态渗流法进行测定。

1）页岩基质渗透率

依据美国天然气研究学会页岩储层评价标准(GRI—95/0496)，运用压力衰减法对页岩基质渗透率进行测定(仪器设备为 SMP-200 基质渗透率测定仪，见图 2-2-12)，最终可获得粉碎岩心的基质渗透率。

该方法的原理为(图 2-2-13)：样品被粉碎和筛选成粒径为 0.5~0.85mm 的颗粒，样品质量约 30g，放入样品仪，用氦气加压到 200psi，使气体膨胀到样品内部，压力会逐渐下降，然后可以根据压力下降曲线模拟程序计算渗透率。利用颗粒的较大表面积，减少压力平衡时间，进而缩短测量时间。氦气从样品颗粒表面进入内部，从而可以测量压力的变化。渗透率测量范围为 $1\times10^{-15}\sim1\times10^{-6}\mu m^2$。

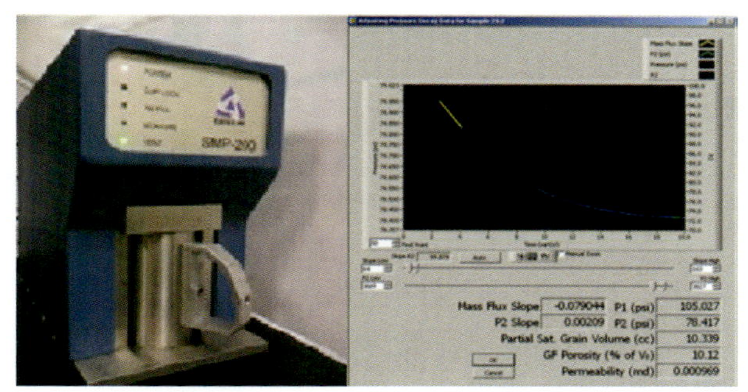

图 2-2-12　SMP-200 基质渗透率测定仪

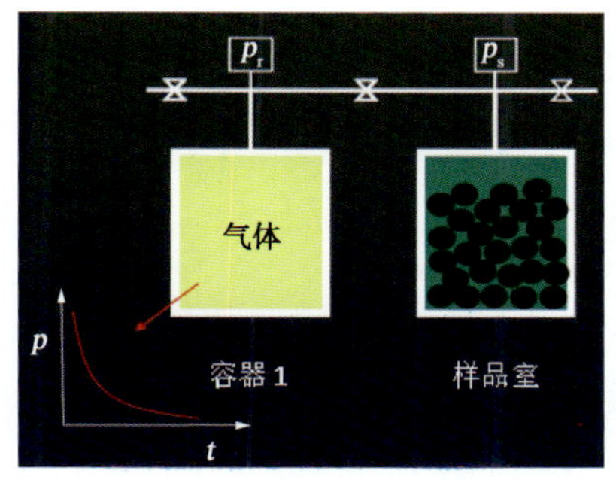

图 2-2-13　衰减法测定渗透率原理示意图

颗粒渗透率($K_{颗粒}$)的计算公式为：

$$K_{颗粒}=\frac{C_2R_a^2[(1-\phi)F_a+\phi]\mu C_gS_1}{\alpha_1^2}$$

$$\tan\alpha=\frac{3\alpha}{3+F_c\alpha^2} \tag{2-2-5}$$

式中，$K_{颗粒}$为颗粒渗透率，$10^{-9}\mu m^2$；C_2为单位换算因子；R_a为碎屑样品的半径，cm；ϕ为样品孔隙度；F_a为样品吸附的气体密度与总气体密度的比值；S_1为剩余气体与样品排开气体体积的比值；F_c为样品容器剩余体积与样品孔隙体积的比值；C_g为气体压缩系数，MPa^{-1}；μ为气体黏度，mPa・s。

压力衰减法测量的是岩石的基质渗透率，适用于粉末状样品，依据压力-时间关系计算渗透率，破碎后样品颗粒的尺寸比孔隙尺寸大数百至数万倍，页岩破碎微颗粒使得测试气体更充分地进入孔隙空间，并消除了裂缝的影响。该方法的优点为是针对纳米级孔隙的气体流动而建立的新理论、新方法；碎屑样品与实验气体接触面积大，系统更易达到压力平衡状态，因而减少了测量时间；受外界因素影响小，测量结果准确、具有可比性；设备规范，操作方便。其缺点在于测量基质渗透率时不受微裂缝的影响；设备条件不可调整，适应性较差。

2）综合渗透率

（1）压力脉冲衰减法。

压力脉冲衰减法(PDP)最早由 Brace 等于 1968 年提出并用于测量花岗岩的渗透率，经过 50 余年的发展，已经成为致密储层渗透率测量方法中理论成熟、操作方便且求解简单的一种方法。近年来，该方法在国内外页岩气储层渗透率测量中应用较为广泛。采用非稳态法测量页岩渗透率的仪器设备为 PDP-200 脉冲衰减渗透率仪(图 2-2-14)。

压力脉冲衰减法的工作原理(图 2-2-15)为：将柱状岩心样品装入岩心夹持器，首先给岩心施加一个孔隙压力，进出口压力达到平衡；然后，出口压力降低 50psi，气体从岩心样品的入口端经过岩样到出口端，通过岩心传递的压差脉冲，随着压力瞬间传递过岩心，数据采集系统记录岩心两端的压力差、下游压力和时间，绘制出压差和平均压力与时间的对数曲线，通过对压力和时间数据的线性回归计算渗透率。

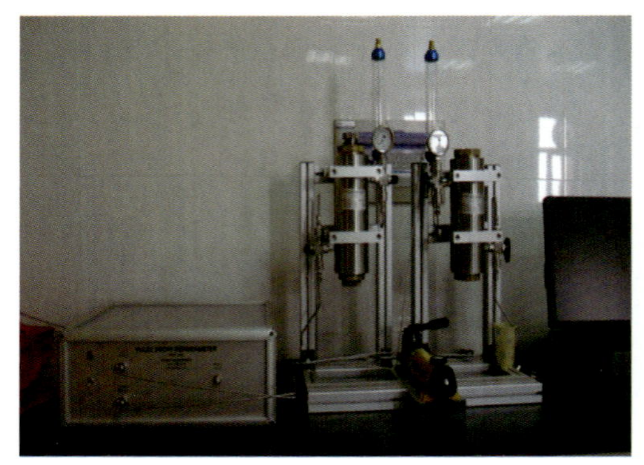
图 2-2-14 PDP-200 脉冲衰减渗透率仪

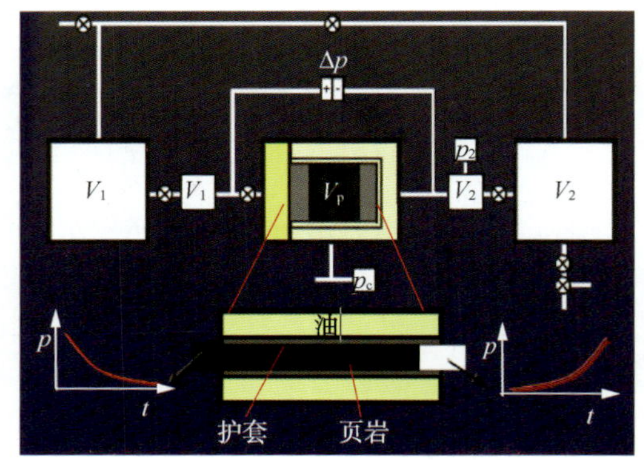

图 2-2-15 脉冲衰减法测试原理示意图

脉冲渗透率($K_{脉冲}$)计算公式为：

$$K_{脉冲}=-\frac{s_1\mu_g Lf_z}{f_1 Ap_m\left(\frac{1}{V_1}+\frac{1}{V_2}\right)}\times 0.98\times 10^{-11} \tag{2-2-6}$$

式中，s_1为直线斜率；μ_g为气体黏度，Pa·s；L为岩样长度，cm；f_z为实际气体偏离理想气体的特性值；A为岩样截面积，cm^2；p_m为上游室与下游室的平均压力，Pa；V_1为上游室体积，cm^3；V_2为下游室体积，cm^3；f_1为流量校准因子。

压力脉冲衰减法测渗透率是一种非稳态方法，根据压差-时间关系曲线计算渗透率，适用于致密低渗岩样渗透率的测量，较传统稳态法所需测试时间大大缩短，测量结果也更精确，设备规范、操作方便。推荐将该方法用于测量渗透率小于 $0.01\times10^{-3}\mu m^2$ 的岩样，不适合高渗透性岩样测试。此外，测量设备条件不可调整，适应性较差，测量结果可比性较差。该方法测量的为含裂缝岩石的综合渗透率参数。

(2) 稳态渗流法。

稳态渗流法是确定岩石渗透率时最常用且较为传统的方法，流体在岩心中形成稳定渗流状态，基于达西渗流理论，可以利用一维稳定渗流的达西定律计算岩心渗透率。

稳态渗流法测量系统具有一定的孔隙压力、较高的有效应力，这样可以消除气体滑脱效应影响，以及在地面岩石应力释放后裂缝张开的影响，等等。该方法采用双泵系统，整个流程处于封闭状态，当装置内充满一定量气体并达到稳定状态后，入口端泵以一定的速度向岩心注入气体，出口端泵以相同的速度抽离气体；一段时间后，入口端和出口端的压力会达到稳定，通过差压传感器测量两端压差；结合流量、压差及其他参数，根据达西定律即可计算页岩的渗透率参数。该方法测量渗透率时实验稳定时间长、速度慢，可以用于测试地层条件下的渗透率。

稳态渗流法测渗透率适用于任何岩石样品(渗透率为 $1\times10^{-8}\sim10\mu m^2$)，测试介质在岩石中的渗流需要达到稳定状态。由于低渗岩样达到达西流的平衡状态所需时间较长，因而导致环境因素对测量结果的影响较大。稳态渗流法采用高精度压力传感器、压差传感器、高精度驱替泵，可以测量更低渗透率的样品，只是达到稳定达西流状态所需的测量时间更长。该方法测量的为含裂缝岩石的综合渗透率。

将压力脉冲衰减法、稳态渗流法、压力衰减法测试页岩渗透率的适用条件、测试原理、参数范围、优缺点等进行归纳对比(表2-2-1)。测试采用的样品包括柱塞岩心、岩屑或颗粒等，压力脉冲衰减法或稳态渗流法采用柱塞岩心样品，样品中含有大量原生微裂缝及取心取样过程中造成的二次裂缝，而压力衰减法采用颗粒样品，很大程度上减少了微裂缝对测试的影响。因此，压力脉冲衰减法或稳态渗流法测得的渗透率代表裂缝-基质样品的综合渗透率，主要反映微裂缝的渗流能力；而压力衰减法主要反映页岩基质渗流能力。

表2-2-1 页岩渗透率测量方法对比

测试方法	压力脉冲衰减法	稳态渗流法	压力衰减法
适用条件	柱状、低渗透岩心	柱状岩心，全范围	粉末状、纳米孔隙岩心
测试原理	非稳态法，测压差-时间关系	稳态法，达西流，测流量-压差关系	非稳态法，测压差-时间关系
参数范围	反映微裂缝的渗流能力，综合渗透率为$1\times10^{-8}\sim1\times10^{-5}\mu m^2$	反映微裂缝的渗流能力，综合渗透率为$1\times10^{-8}\sim10\mu m^2$	反映基质的渗流能力，综合渗透率为$1\times10^{-15}\sim1\times10^{-6}\mu m^2$
实验关键	压差测量，围压、孔压控制	流量、压差测量，围压、孔压、温度控制	压力测量
优点	适用于致密、低渗透储层，测量准确，操作方便	采用稳态达西流，测量准确，适用范围广	适用于纳米基质页岩，测量准确，可比性强，操作方便
缺点	设备条件不可调整，适应性差	操作复杂，测量时间长	设备条件不可调整，适应性差

由于页岩微裂缝、层理缝发育，围压、孔压等条件对渗透率影响较大，为便于不同测试方法、设备测量结果间的对比，所得渗透率数据符合储层实际情况，建议测量页岩渗透率时控制孔隙压力为10MPa、有效应力为20MPa。

2.2.4 岩石力学特性

岩石三轴压缩实验测量的是岩石在三向应力状态下受轴向力作用破坏时单位面积所承受的负荷。岩石的弹性模量、泊松比和抗压强度等是描述岩石弹性形变、衡量岩石抵抗变形能力和变形程度的主要参数。

实验设备：岩石力学三轴应力测试系统。

弹性模量(E_s)：

$$E_s=\frac{\Delta\sigma}{\Delta\varepsilon_1} \tag{2-2-7}$$

泊松比(μ_s)：

$$\mu_s=-\frac{\Delta\varepsilon_2}{\Delta\varepsilon_1} \tag{2-2-8}$$

上述两式中，$\Delta\sigma$为轴向应力增量；$\Delta\varepsilon_1$为轴向应变增量；$\Delta\varepsilon_2$为横向应变增量。

根据应力-应变曲线，可以确定岩样的弹性模量及泊松比。表2-2-2为X1井页岩岩石力学参数测试结果。

表 2-2-2 X1 井页岩岩石力学参数测试结果

编号	直径/mm	长度/mm	抗压强度/MPa	弹性模量/GPa	泊松比	围压/MPa
1	25.0	50.6	75.598	10.853	0.553	10
2	24.7	54.3	141.405	19.120	0.255	10
3	24.6	46.0	158.606	24.425	0.179	10
4	24.7	52.0	216.571	26.173	0.215	20
5	25.1	56.9	169.158	23.748	0.118	20

参 考 文 献

[1] 张金川. 四川盆地页岩气成藏地质条件[J]. 天然气工业，2008，28(2)：151-156.

[2] 陈更生，董大忠，王世谦，等. 页岩气藏形成机理与富集规律初探[J]. 天然气工业，2009，29(5)：17-21.

[3] 杨恒林，申瑞臣，付利. 含气页岩组分构成与岩石力学特性[J]. 石油钻探技术，2013，41(5)：31-35.

[4] 邹才能，董大忠，杨桦，等. 中国页岩气形成条件及勘探实践[J]. 天然气工业，2011，31(12)：26-39.

[5] 张林晔，李政，朱日房. 页岩气的形成与开发[J]. 天然气工业，2009，29(1)：1-5.

[6] 潘仁芳，陈亮，刘朋丞. 页岩气资源量分类评价方法探讨[J]. 石油天然气学报，2011，33(05)：172-174.

[7] 胡文瑄，符琦，陆现彩，等. 含(油)气流体体系压力及相变规律初步研究[J]. 高效地质学报，1996，2(4)：458-465.

[8] 许长春. 国内页岩气地质理论研究进展[J]. 特种油气藏，2012，19(1)：9-16.

[9] 白兆华，时保宏，左学敏. 页岩气及其聚集机理研究[J]. 天然气与石油，2012，29(3)：54-57.

[10] 聂海宽，张金川，张培先，等. 福特沃斯盆地 Barnett 页岩气藏特征及启示[J]. 地质科技情报，2009，28(2)：87-93.

[11] 张田，张建培，张绍亮，等. 页岩气勘探现状与成藏机理[J]. 海洋地质前言，2012，29(5)：28-35.

[12] 姜文斌，陈永进，李敏. 页岩气成藏特征研究[J]. 复杂油气藏，2011，4(3)：1-5.

[13] 于炳松. 页岩气储层的特殊性及其评价思路和内容[J]. 地学前缘，2012，19(3)：252-258.

[14] Javadpour F，Fisher D B，Unsworth M，et al. Nanoscale Gas Flow in Shale GasSediments[J]. Journal of Canadian Petroleum Technology，2007，46(10)：55-61.

[15] Ghanizadeh A，Gasparik M，Amann H A，et al. Experimental study of fluid transport processes in the matrix system of the European organic-rich shales：I. Scandinavian Alum Shale[J]. Marine and Petroleum Geology，2014，51：79-99.

[16] Javadpour F，Fisher D，Unsworth M. Nanoscale gas flow in shale gas sediments[J]. JCPT，2007，46(10)：55-61.

[17] Chen S B，Zhu Y M，Wang H Y，et al. Shale gas reservoir characterization：a typical case in the southern Sichuan Basin of China[J]. Elsevier，2011，36(11)：6609-6606.

页岩气流动及渗吸分析方法

页岩气以游离气和吸附气状态赋存于微米-纳米级孔隙及裂缝中，开发过程中存在吸附、滑脱、扩散等物理、化学现象。本章主要阐述页岩气吸附特征和扩散特征的数学表征模型，以及非线性渗流实验测试方法，具体包括页岩吸附/解吸特征、气体扩散作用、低速渗流特征、储层应力敏感特征、衰竭开发多机制流动实验、页岩渗吸实验及带裂缝页岩典型气水相对渗透率曲线特征。

3.1 页岩气解吸、扩散、渗流特征

页岩气藏属于特低孔、特低渗气藏，且存在吸附、解吸等特性，其孔渗结构属于纳米-微米级，并具有很强的多尺度性，其气体产出是微观孔喉、微裂缝、宏观裂缝及水力裂缝等渗流通道的耦合。气体在开发过程中的解吸、扩散，以及在纳米级孔隙及微裂缝中流动等复杂的流动机理，给产能预测、数值模拟及开发技术政策制定带来了极大的挑战。针对页岩气开发过程中流动实验方法和研究手段匮乏，对流动机理认识不清等问题，从页岩气解吸、扩散、低速渗流等方面开展系列储层温度、压力条件下室内实验研究，可以建立适合页岩气的实验测试方法，探讨页岩气流动机理。

克努森数(Kn)被定义为气体平均自由程($\overline{\lambda}$)和孔喉尺寸(r)的比值，并且是被广泛用来判断流体是否适合连续假设的无因次量：

$$Kn=\frac{\overline{\lambda}}{r} \tag{3-1-1}$$

根据克努森数的数值可以把气体流动形态分为4类(表3-1-1)：①连续流；②滑脱流；③过渡流；④自由分子流。在连续流阶段，可以满足无滑移边界条件的连续流动，且气体流动是线性的。当克努森数变大时，稀薄效应变得更加明显，且连续假设不再成立。因此，在连续流之外的流动阶段，达西定律不再适用。

表3-1-1 气体流动形态的分类

Kn范围	$Kn\leqslant0.001$	$0.001<Kn\leqslant0.1$	$0.1<Kn\leqslant10$	$Kn>10$
流动形态	连续流	滑脱流	过渡流	自由分子流

图3-1-1所示为不同尺寸孔隙在不同压力下所对应的流动形态，根据该图可以对不同储层中的流动形态进行划分：

(1) 常规储层的孔隙尺寸为1~200μm，因此，气体在孔隙中的流动主要为连续流，可以用达西公式进行描述；当压力下降到10MPa以后，气体流动变为滑脱流，可以用滑脱效应理论进行描述。

(2) 页岩中存在大量的纳米级孔隙(孔径为 5~900nm)，一定数量的微米级孔隙(孔径为 12~800μm)，以及更大尺度的微裂缝。从图 3-1-1 中可以看出，页岩中的微米级孔隙和微裂缝中的气体流动主要为连续流，与常规储层相同，可以用达西公式描述；与常规储层不同的是，气体在页岩纳米级孔隙中的流动主要为滑脱流，当压力下降到 10MPa 时，气体流动转变为过渡流。

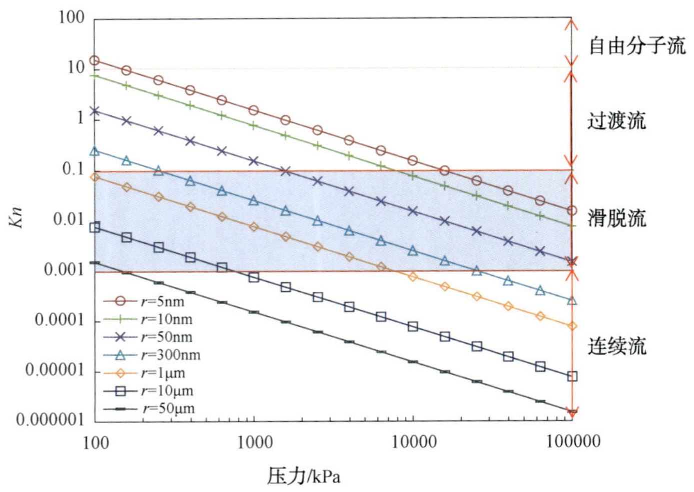

图 3-1-1 不同尺寸孔隙在不同压力下对应的流动形态

3.1.1 页岩吸附/解吸特征

页岩气藏属于自生自储型气藏，其天然气赋存状态多种多样，具有独特的存储特征。页岩的吸附/解吸特征是页岩气开发时需要考虑的一个重要因素，等温吸附/解吸实验得到的特征参数是页岩气含气量分析、地质储量计算的基础。针对我国页岩高温高压的特点，分别采用容量法和重量法❶测试系统，开展不同 TOC、粒度含水及温度对页岩等温吸附/解吸特征影响的实验研究，可以分析获得吸附/解吸特征参数、吸附/解吸规律及其影响因素，为我国高温高压页岩的产能评价及数值模拟提供基础参数。

1) 吸附等温线数学描述

(1) 单分子吸附理论——兰格缪尔方程。

兰格缪尔方程是用于描述煤对气体吸附等温线的模型，它是根据汽化和凝聚的动力学平衡原理建立起来的单分子层吸附模型。该方程适合物理吸附和化学吸附，可以描述 I 型吸附等温线，是目前广泛应用于煤层气吸附的状态方程。其表达式为：

$$V=\frac{V_L p}{p_L+p} \tag{3-1-2}$$

式中，V 为吸附量，m^3/t；V_L为兰格缪尔体积，m^3/t；p_L为兰格缪尔压力，MPa。

V_L表征煤吸附煤层甲烷的最大能力；p_L是解吸速度常数，反映煤内表面对气体的吸附

❶重量法实为对样品质量进行分析，为尊重行业习惯，本书沿用“重量法”一词。

能力。当压力等于兰格缪尔压力时，煤的吸附量等于兰格缪尔体积的一半。V_L和p_L的大小取决于煤的性质，由等温吸附实验求得。

(2) 扩展兰格缪尔方程。

煤层对混合气体吸附量的大小不仅与煤层对混合气体中各组分的吸附性强弱有关，而且还与各组分的分压有关。分压越大，则煤层对该气体的吸附量越大，在吸附混合气体时，各组分间的相互影响、吸附量(C_2)与压力的关系可以用扩展兰格缪尔方程表示，即：

$$C_i(p_i)=\frac{V_L p_i}{p_L\left[1+\sum_{i=1}^{n}\left(\frac{p}{p_i}\right)_i\right]},\quad i=1,\ 2,\ \cdots,\ n \tag{3-1-3}$$

式中，p_i为某一气体组分的分压，它与理想气体方程与总压力(p)相关，即：

$$p_i=px_i,\quad i=1,\ 2,\ \cdots,\ n \tag{3-1-4}$$

式中，n为多元混合气体中组分的数目；$x_i(i=1,\ 2,\ \cdots,\ n)$为游离相中$i$组分的物质的量分数，并且满足：

$$\sum_{i=1}^{n} x_i=100\% \tag{3-1-5}$$

上述方程表明，总压力是所有分压之和，即：

$$p=\sum_{i=1}^{n} p_i \tag{3-1-6}$$

根据扩展兰格缪尔方程，煤层对每种气体组分的吸附量可以根据其分压直接计算出来。而兰格缪尔常量V_L和p_L一般使用纯气体的吸附常量计算，无须使用混合气体的吸附常量。这样，就可以根据扩展兰格缪尔方程，计算出煤样对每种气体组分的吸附量，进而计算出煤样对混合气体的总吸附量。

(3) 多分子层吸附理论——B. E. T. 方程。

动力学理论的另一分支是多分子层吸附理论，是兰格缪尔单分子层吸附理论的扩展，该理论将兰格缪尔对单分子层假定的动态平衡状态，用于各不连续的分子层。另外，假设第一层中的吸附是靠固体分子与气体分子之间的范德华力，而第二层以外的吸附是靠气体分子间的范德华力，吸附是多分子层的，每层都是不连续的。上述吸附称为 B. E. T. 吸附，由 B. E. T. 方程描述：

$$\frac{V}{V_m}=\frac{cx}{(1-x)[1+(c-1)x]} \tag{3-1-7}$$

式中，$x=p/p_0$，p为蒸汽压力，Pa；p_0为饱和蒸汽压力，Pa；c为与气体吸附热和凝结有关的常数。

将式(3-1-6)改写为：

$$\frac{x}{V(1-x)}=\frac{1}{cV_m}+\frac{(c-1)x}{cV_m} \tag{3-1-8}$$

以$x/[V(1-x)]$对x作图，由斜率和截距可求出V_m和c。

式(3-1-6)是假设吸附层数是无限的，但对多层吸附而言，由于受孔径限制，吸附层只能为n层，则可导出 B. E. T. 的三常数方程：

$$V=\left(\frac{V_{\mathrm{m}}cx}{1-x}\right)\left[\frac{1-(n+1)x^{n}+nx^{n+1}}{1+(c-1)x-cx^{n+1}}\right] \tag{3-1-9}$$

该式在给定不同条件时，可推导出所有 5 种等温线方程。

（4）Gibbs 型吸附模型。

Gibbs 型吸附模型是把吸附相处理为可由二维状态方程控制的二维模型，利用状态方程对 Gibbs 吸附等温式进行积分而得到的。分别利用不同的界面状态方程，如理想气体型、范德华型、维里型等，可以得到相应的吸附等温式（表 3-1-2）。

表 3-1-2　Gibbs 型吸附模型的吸附等温式

状态方程序号	吸附等温式
Ⅰ	$\frac{1}{\delta}\ln(kp_{\mathrm{B}}^{\alpha}p_{\mathrm{c}}^{\beta})=\ln\theta+\sum_{i}C_i(1+1/i)b^{-1}\theta^{i}$
Ⅱ	$\frac{1}{\delta}\ln(kp_{\mathrm{B}}^{\alpha}p_{\mathrm{c}}^{\beta})=\frac{\theta}{1-\theta}+\ln\frac{\theta}{1-\theta}-\frac{2\alpha_0}{RTb}\theta$
Ⅲ	$\frac{1}{\delta}\ln(kp_{\mathrm{B}}^{\alpha}p_{\mathrm{c}}^{\beta})=\frac{\theta}{1-\theta}+\ln\frac{\theta}{1-\theta}-\frac{3\alpha_0}{2RTb^2}\theta$
Ⅳ	$\frac{1}{\delta}\ln(kp_{\mathrm{B}}^{\alpha}p_{\mathrm{c}}^{\beta})=\frac{\theta}{1-\theta}+\frac{1}{2}\ln\frac{\theta}{1-\theta}-\frac{\alpha_0}{2RTb}\theta$
Ⅴ	$\frac{1}{\delta}\ln(kp_{\mathrm{B}}^{\alpha}p_{\mathrm{c}}^{\beta})=\frac{\theta}{1-\theta}+\frac{2}{3}\ln\frac{\theta}{1-\theta}-\frac{5}{2}\frac{\alpha_0}{RT^{5/3}b^{4/9}}\theta^{4/9}$

（5）基于 Polanyi 位势理论的吸附模型。

① 纯组分气体吸附等温式。具有微孔结构的吸附剂，其吸附机理主要是微孔充填。Dubinin 等在 Polanyi 表面吸附位势理论的基础上，开发了一个由吸附等温线的低中压部分估计微孔体积的方法，由此得到的吸附等温式特别适用于活性炭类的吸附剂。Dubinin 和 Radushkevitch 假设孔径分布为正态分布，求得了 D-R 吸附等温式：

$$\ln\theta=-D\left(\ln\frac{p^{*}}{p}\right)^{2} \tag{3-1-10}$$

式中，D 为与吸附剂、吸附质及温度有关的常数。

② 混合气体吸附等温式。Dubinin-Polanyi 位势理论的主要优点是在同一吸附剂的不同温度和表面覆盖率下，测出不同气体组分的吸附位势曲线，经选用适当的亲和系数，可以归结成简单的曲线，并利用它来求取混合物的吸附平衡。其关键在于如何假设混合物各组分的特性位势值。Bering 等将 D-R 方程直接展开，扩展到混合气体吸附，可以得到：

$$\Gamma=\sum_{i=1}^{N}\Gamma_i=\frac{W_0}{\sum_{i=1}^{N}x_i^{(\sigma)}V_{\mathrm{m}i}}\exp\left[-\frac{kT^2}{\sum_{i=1}^{N}(x_i^{\sigma}\beta_i)^2}\left(\sum_{i=1}^{N}x_i^{\sigma}\ln\frac{p_i^{*}}{p_i}\right)^2\right] \tag{3-1-11}$$

式中，$V_{\mathrm{m}i}$ 为吸附相中组分 i 的物质的量体积；W_0 为吸附空间的极限体积，它等于微孔体积；β_i 为组分 i 的亲和能系数；k 为 Boltznman 常数。

2）等温吸附实验方法

目前，通常采用重量法和容积法开展吸附解吸实验的方式来研究页岩吸附/解吸特征。

重量法所需样品量相对较少(5g 左右 60~80 目颗粒样品)，其原理是通过磁悬浮天平计量吸附过程中样品质量的变化，得到对应的吸附量。实验采用 Rubotherm Isosorp 型磁悬浮高温高压吸附仪(图 3-1-2)，该设备由荷兰 Rubotherm 公司制造。

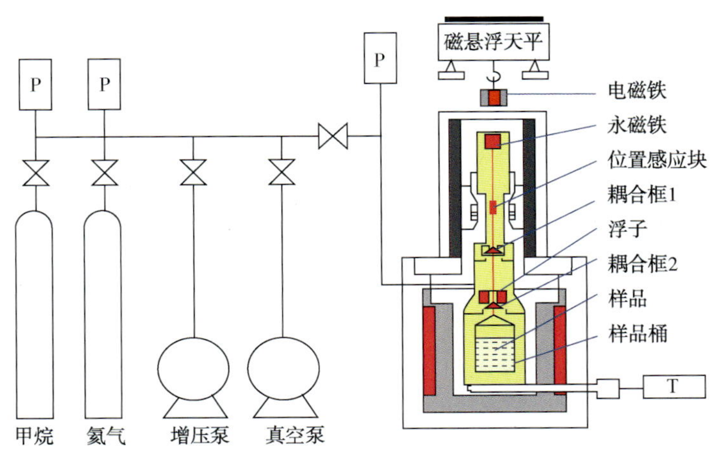

图 3-1-2　磁悬浮高温高压吸附仪原理示意图

该磁悬浮高温高压吸附仪的参数如下：

(1) 天平精度：0. 01mg。

(2) 实验温度：RT-150℃。

(3) 实验压力：UHV-700bar(1bar=100kPa)。

(4) 天平的重现性：±0. 5mg。

(5) 不确定度：<0. 002%。

(6) 温度测试误差：±0. 5K。

重量法实验步骤：

(1) 根据实验类型准备样品。

(2) 将样品装入样品桶，打开温制系统和抽真空装置，使样品池温度稳定为实验温度。

(3) 向样品池中充入高纯度氦气，采集压力数据，确保系统气密性良好。

(4) 调节并设置称量系统，逐点降低样品池压力，称量对应压力点下样品桶的质量。

(5) 装入实验样品并抽真空，真空状态稳定后关闭抽真空装置，向系统充入氦气。

(6) 调节并设置称量系统，逐点降低样品池压力，称量对应压力点下样品桶与样品的总质量。

(7) 对系统抽真空，真空状态稳定后关闭抽真空装置，向系统内充入甲烷，控制压力为第一个实验点时的压力。

(8) 逐渐增大实验压力，直到最后一个压力点实验结束。

(9) 解吸实验为吸附实验的逆过程，降低样品池内压力至目标压力，自高向低逐点进行实验。

(10) 数据处理。

容积法是将一定粒度的颗粒岩样置于密闭容器中脱气后，测定其在相同温度、不同压力条件下达到吸附平衡时所吸附的甲烷气体的体积，从而求得页岩等温吸附曲线；然后，根据兰格缪尔单分子层吸附理论，通过计算求出表征页岩对甲烷气体吸附特征的吸附常数——兰格缪尔体积(V_L)、兰格缪尔压力(p_L)。

实验于油浴中进行，温控系统将油温控制在实验温度。实验的基本步骤为：

(1) 启动电脑中测试程序，进行零点校正，进行系统自检。

(2) 将样品装入样品罐。取下样品罐和参考罐，确定罐体清洁后，将参考罐装回；从干燥箱中取一份干燥样品，装入样品罐中摇匀，使样品在罐体内分布均匀，装上样品罐。

(3) 测定自由空间体积。在电脑上设置实验参数，将参考罐和样品罐沉入油中，油温稳定后，将系统连接真空泵，抽真空半小时。抽真空完毕后，将系统连接上氦气瓶，通入氦气。通过增压泵调节参考罐压力，将氦气加压到 10MPa，关闭参考罐阀门。待压力稳定后，连通参考罐和样品罐；平衡后，采集参考罐和样品罐平衡前的初始压力和平衡后的最终压力数据，计算出系统的自由空间体积，然后，将系统抽真空半小时。

(4) 接上甲烷气瓶，通入甲烷；通过增压泵将参考罐压力调节到设计压力值；待压力稳定后，连通参考罐和样品罐，样品与甲烷气体接触，开始吸附。12h 后，吸附达到稳定。在吸附平衡后，记录下时间、压力、温度等数据。

(5) 重复实验步骤(4)，从低压到高压测试不同压力点下的吸附。数据测量完毕后，干燥样品的吸附实验结束，由计算机程序得到页岩的等温吸附线。

重量法与容积法等温吸附实验中采用粉末状岩心，相对增大了气体吸附量。实验中测量的是页岩过剩吸附量，当压力大于 10MPa 后吸附曲线反而会下降，需要考虑吸附相浓度并将过剩吸附量转换为绝对吸附量，才能得到正确的等温吸附曲线。

3) 柱状页岩解吸实验

由等温吸附实验所采用的是粉末状岩心，其比表面较大，因而页岩中吸附、解吸很容易达到动态平衡。由于实验样品没有考虑页岩孔隙结构的影响，扩散较快，导致测得的样品吸附量偏大，因此，采用页岩储层取得的天然岩心，根据储层地质特征进行排列，通过物理模型，模拟温度、压力、含水饱和度、非均质等条件，利用数学劈分对页岩游离气、吸附气进行定性及定量分析，可以测得游离气量、吸附气量。

(1) 实验方法。

页岩气藏在一定温度、压力下处于吸附/解吸动态平衡状态。室内模拟页岩气的开发过程，采用含气页岩等温解吸实验测试装置，模拟不同温度、压力(<150℃、<70MPa)，同时测量页岩中所含游离气、吸附气的含量(图 3-1-3)。在恒温时的不同压力下，气体降压膨胀、解吸，在高压下产出的主要是游离气，在低压下产出的主要是游离气和吸附气。根据气体波马定律，考虑气体压缩因子，对含气页岩开发过程中的产气量进行劈分，可以确定不同赋存状态的游离气与吸附气。图 3-1-4 所示为产出气体积与压力关系曲线，产出气体体积与压力成非线性增大，在压力大于 12MPa 时，吸附/解吸达到平衡，压力与体积为线性关系(符合气体状态方程)，确定自由空间体积、孔隙体积，从而可以计算不同压力下的游离气含量。当压力小于 12MPa 时，产出气与游离气之差即吸附气。通过吸附气量、游离气

量、总气量随压力变化关系曲线(图3-1-5)可以看出，随着压力增大，游离气量呈线性增加，吸附气量先增加，达到一定压力后稳定不变；总气量呈非线性增加，未出现页岩等温曲线负吸附现象。

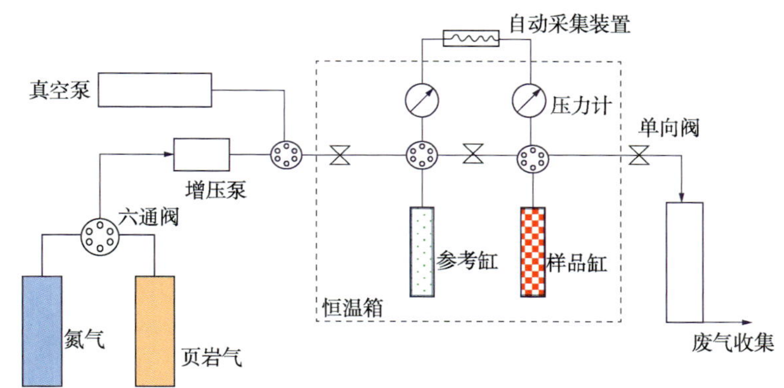

图3-1-3　含气页岩等温解吸实验测试装置示意图

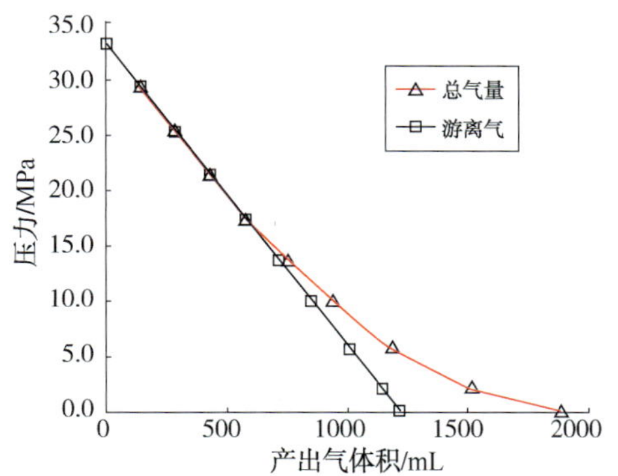

图3-1-4　页岩产出气体积与压力关系曲线

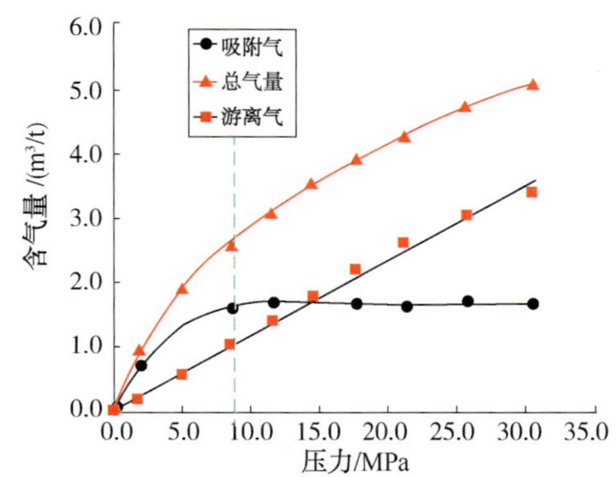

图3-1-5　页岩含气量与压力关系曲线

(2) 实验条件。

实验样品取自涪陵页岩气田龙马溪组页岩，钻取柱状岩心。一部分岩心在120℃下烘干24h，获得不含水页岩样品；另一部分含水岩心在含气性测试后再烘干测量其含水饱和度。

实验气样为氮气、甲烷气；实验温度为20℃、85℃。

(3) 实验步骤。

参照中国石化《页岩等温吸附解吸曲线测试方法》(Q/SH 0511—2013)，具体步骤为：

① 检验设备密封性，标定岩心解吸样品缸自由体积。

② 测试实验条件下气体压缩因子。

③ 测试系统抽真空，饱和实验所用气体，加压、加温到实验条件，稳定48h，达到吸附/解吸动态平衡。

④ 开展降压解吸，每次降低2~4MPa，然后关闭阀门稳定4~6h，记录产出的气体在室温下的体积，以及平衡时的压力、温度。

⑤ 根据压缩因子、产出气、压力，计算游离气、吸附气体积，以及岩石单位质量下的含气量。

(4) 实验方法优点。

与其他同类实验相比，该实验方法的优点为：①能同时测量吸附气量、游离气量、总含气量；②能模拟页岩真实孔隙结构、含水饱和度条件，并测试含气性；③能模拟地层温度、压力条件，并测试含气性；④页岩吸附等温曲线不会出现下降异常现象，不需要修正；⑤根据气藏废弃压力，可用于评价页岩气可采储量、页岩气藏采收率。

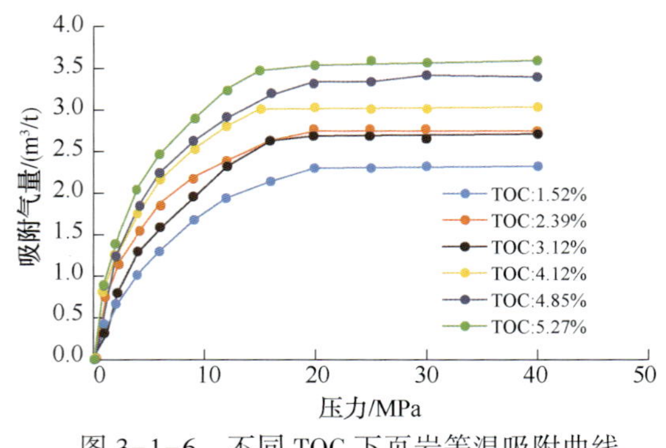

图 3-1-6 不同 TOC 下页岩等温吸附曲线

4）气体吸附影响因素

(1) 压力。

图 3-1-6 为不同 TOC 下页岩的等温吸附曲线(重量法测得，所用气体为甲烷气体，实验温度为 85℃)，由图可知，随着系统压力的增大，页岩对气体的吸附量增加，前期增幅较大，后期增幅趋于平缓，压力高于 20MPa 后，吸附/解吸达到动态平衡，吸附量不再增加。

(2) 有机质含量。

页岩有机碳含量是衡量烃源岩生烃潜力的重要参数，也是有机质孔隙发育的重要控制因素，有机质内发育大量的纳米级孔隙，提供了主要的比表面积和孔隙体积，有机质含量是决定页岩吸附气含量的主要因素。不同 TOC 下页岩样品的吸附实验结果表明(图 3-1-6)，随着 TOC 的增大，气体吸附量增加，吸附气量与 TOC 正相关。

(3) 含水量。

在地层条件下，页岩气藏中赋存有页岩气、水，它们占据着孔隙空间或孔隙表面，水的赋存影响着页岩吸附气量。通过实验测试含水页岩和烘干后页岩的吸附/解吸曲线，对比分析含水量对吸附量的影响(由烘干前后水分损失来确定含水饱和度)。不同含水饱和度、不同 TOC 的页岩等温吸附曲线(图 3-1-7)表明，烘干页岩的气体吸附量高于含水页岩的气体吸附量，因为有水分子吸附于页岩黏土矿物孔隙表面，占据吸附位，同时，水的吸附会阻碍气体进入更小有机质孔隙，使得气体吸附于有机质孔隙表面或黏土孔隙表面的面积减小，最终导致吸附气量降低。此外，TOC 较高时，气体吸附量大，含水页岩与烘干页岩吸附气量差值较大；而 TOC 较低时，气体吸附量小，含水页岩与烘干页岩吸附气量差值较小。这也证明了 TOC 同样是吸附气量的重要影响因素。

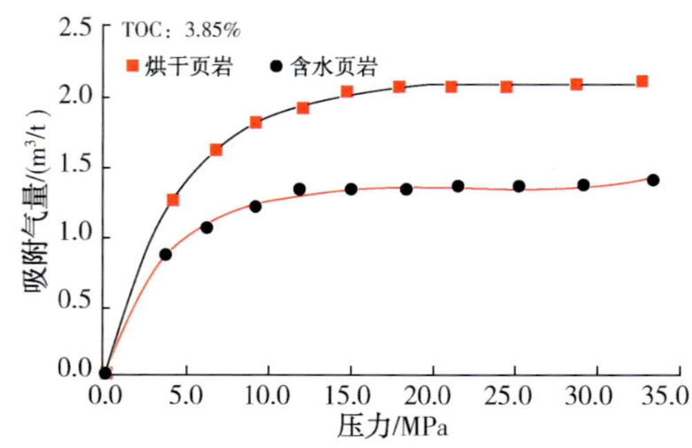

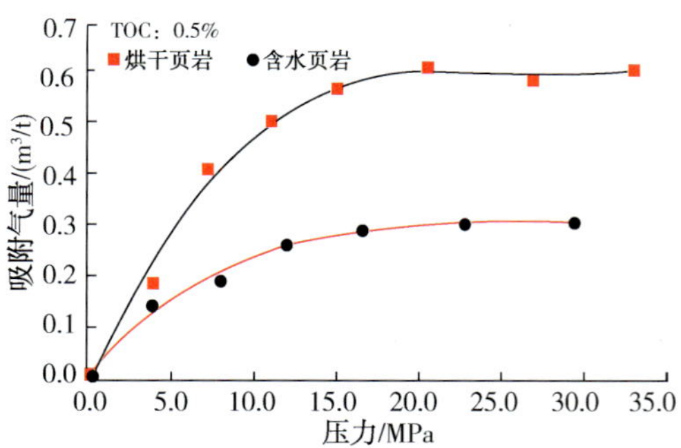

图 3-1-7 不同含水量、不同 TOC 的页岩等温吸附曲线(氮气)

(4)实验温度。

页岩在不同温度下的等温吸附曲线(图3-1-8,TOC为1.67%,柱状岩心)表明,随着温度的升高,页岩吸附气量明显降低。由于吸附过程放热,解吸过程吸热,故温度升高有利于气体的解吸,且在高温下气体分子更活跃,动能更大,更容易逃离有机质孔隙表面的吸附。

(5)气体类型。

不同气体类型下页岩的等温吸附曲线(图3-1-9,实验温度为20℃)表明,甲烷气体的吸附量高于氮气的吸附量。页岩中含有大量的有机质孔,甲烷气体更易吸附在有机质孔表面。此外,氮气的压缩因子明显比甲烷气体高,其不易压缩,相同孔隙体积下,甲烷气体含量会更大。因此,用甲烷气体测量页岩的吸附气量更有意义。

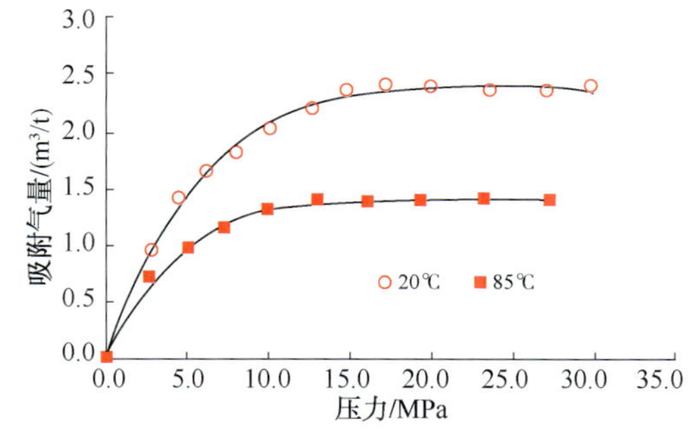

图3-1-8 不同温度下页岩等温吸附曲线

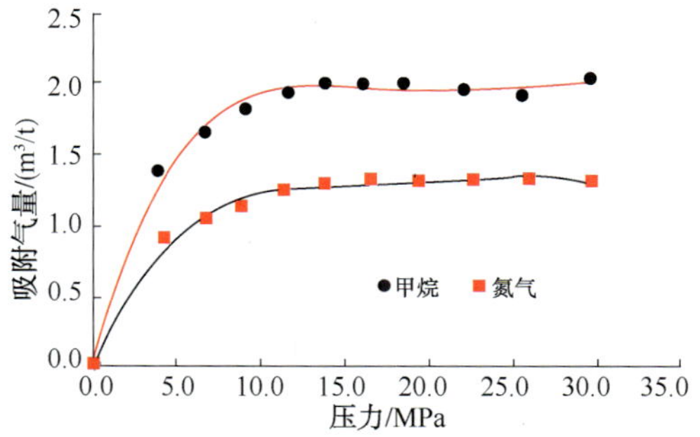

图3-1-9 不同气体类型下页岩等温吸附曲线

(6)岩心比表面积(粉末状与柱状)。

图3-1-10所示为页岩吸附量与有机质含量关系,页岩对甲烷吸附量与有机质含量成正比,TOC越高,则吸附气量越大。但页岩状态不同,甲烷吸附量变化规律也不同。粉末岩心表面积最大,且比柱状岩心接触气体面积更大,吸附量也最大;含水页岩吸附量最小(因为水会占据部分黏土吸附位)。粉末页岩的甲烷吸附量与有机质含量的相关性好于柱状岩心。

(7)粒径。

对页岩样品进行研磨粉碎及筛分,选取粒度为6~10目、16~20目、40~45目、60~80目和100~120目的实验样品,采用重量法分别在实验温度85℃下开展吸附/解吸实验,获取不同粒度条件下的页岩吸附曲线(图3-1-11)。分析表明,随着实验样品颗粒粒径的减小,

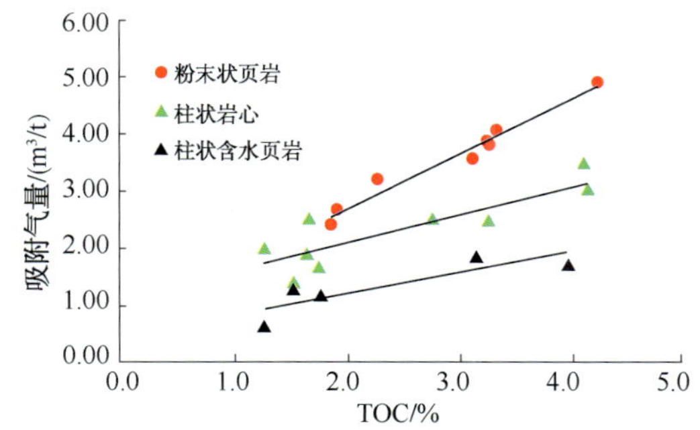

图3-1-10 页岩不同状态下吸附量与TOC的关系

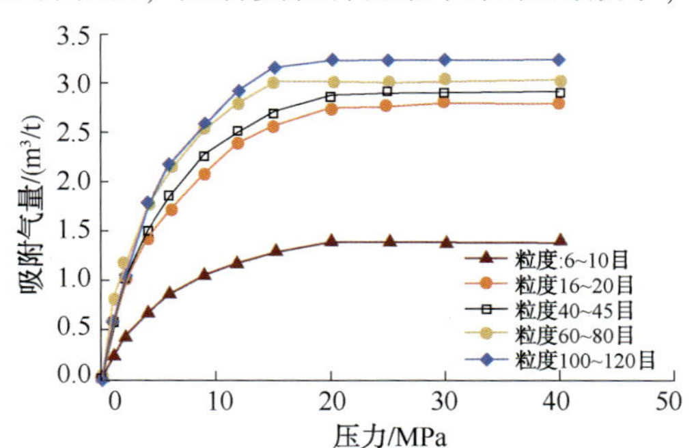

图3-1-11 不同粒度样品的吸附曲线

甲烷吸附量明显增大。其中，6~10 目样品饱和吸附量最小，明显低于其他样品；16~120 目样品饱和吸附量较为接近，普遍分布在 3.265~3.44m^3/t，曲线形态也较为一致。

3.1.2 页岩中气体扩散作用

1）页岩气扩散机理

页岩储层中可能存在的运移机理包括：①对流，其驱动力为压力差；②克努森扩散；③分子扩散；④表面扩散；⑤构型扩散。其中，最主要的是分子扩散和克努森扩散。当页岩中气体密度及浓度分布不均匀时，天然气分子就会由高浓度区域运移至低浓度区域，这种现象称为扩散现象，它是由分子的浓度梯度引起的。而在多孔介质中，气体分子除了与其他分子碰撞产生传输作用外，还与介质发生碰撞，前者称为分子扩散，后者称为克努森扩散。

（1）分子扩散。

1855 年，菲克提出了描述分子扩散的基本定律。根据分子扩散的稳态和非稳态扩散两种情况，分别提出了菲克第一定律与菲克第二定律。Carlson 指出，菲克扩散定律比达西定律更适合描述页岩中的流动。页岩气通过页岩基质微孔隙系统的扩散可以分为拟稳态扩散和非稳态扩散，当页岩气的扩散为拟稳态时，扩散过程符合菲克第一定律；而当页岩气的扩散为非稳态时，扩散过程符合菲克第二定律。

① 拟稳态扩散(菲克第一定律)。

拟稳态扩散即单位时间内通过垂直于扩散方向的单位截面积的扩散通量与该面积处的浓度梯度成正比，浓度梯度越大，气体的扩散通量越大。拟稳态扩散模型中忽略了空间上气体的浓度变化，认为每个时间段内存在一个平均气体浓度，它的变化与上一时间段的平均浓度、基质气体表面浓度和扩散系数及基质形状系数有关，可以用经典菲克扩散定律描述，即：

$$J=-D_{\mathrm{f}}\frac{\partial C}{\partial x} \tag{3-1-12}$$

式中，J 为气体通过单位面积的扩散速度，kg/(s·m^2)；$\frac{\partial C}{\partial x}$为扩散方向的浓度梯度；$D_{\mathrm{f}}$ 为菲克扩散系数，m^2/s；C 为气体浓度，kg/m^3。

② 非稳态扩散(菲克第二定律)。

非稳态扩散即扩散过程中扩散物质的浓度随时间发生变化的情况。该定律认为，基质内的气体浓度从中心到边缘是变化的，其表达式为：

$$\frac{\partial C}{\partial t}=D_{\mathrm{f}}\frac{\partial^2 C}{\partial^2 x} \tag{3-1-13}$$

式中，t 为时间，s。

非稳态扩散模型较准确地反映了基质系统中页岩气的扩散过程，但计算量较大，计算效率低；而拟稳态扩散模型是对页岩气扩散过程的简化。

(2) 克努森扩散。

Javadpour 提出，估算克努森扩散系数的表达式为：

$$D_{\mathrm{K}}=\frac{d_{\mathrm{pore}}}{3}\sqrt{\frac{8RT}{\pi M}} \tag{3-1-14}$$

式中，D_{K} 为克努森扩散系数，m^2/s；d_{pore} 为孔隙直径，m；R 为理想气体常数，取 $R=8.314472m^3\cdot Pa/(K\cdot mol)$；$T$ 为热力学温度，K；M 为摩尔质量，kg/mol。

克努森流动最早由 Klinkenberg 应用到石油工程问题中，他对考虑气体滑脱效应的表观渗透率进行了校正。Javadpour 提出，气体滑脱因子(b_{K})的表达式为：

$$b_{\mathrm{K}}=\frac{4c\bar{\lambda}p}{r_{\mathrm{pore}}} \tag{3-1-15}$$

式中，λ 为气体分子的平均自由程；c 为常数，$c=1$；r_{pore}为孔喉半径，m。

因此，b_{K} 与克努森扩散系数(D_{K})间的关系为：

$$D_{\mathrm{K}}=\frac{K_0 b_{\mathrm{K}}}{\mu} \tag{3-1-16}$$

式中，D_{K} 是由 b_{K} 的经验关系式计算得到的，因此是有效克努森扩散系数，从而可得到克努森扩散系数：

$$D_{\mathrm{K}}=\frac{4K_0 pc\bar{\lambda}}{\mu r_{\mathrm{pore}}} \tag{3-1-17}$$

式中，气体分子的平均自由程 $\bar{\lambda}$ 为：

$$\bar{\lambda}=\sqrt{\frac{\pi}{2}}\frac{1}{p}\mu\sqrt{\frac{RT}{M}} \tag{3-1-18}$$

式中，μ 为气体黏度，Pa·s。

结合上述各式可得：

$$D_{\mathrm{K}}=\frac{4K_0 c}{r_{\mathrm{pore}}}\sqrt{\frac{\pi RT}{2M}} \tag{3-1-19}$$

当渗透率一定时，不能准确计算有效孔喉半径，因为孔喉半径减小会导致克努森扩散系数增加。Beskok 提出，将有效孔喉半径与渗透率及孔隙度相关联：

$$r_{\mathrm{pore}}=2.81708\sqrt{\frac{K_0}{\phi}} \tag{3-1-20}$$

上述各式中，K_0为多孔介质的绝对渗透率；ϕ 为孔隙度。

最终可以得到估算克努森扩散系数的方程：

$$D_{\mathrm{K}}=\frac{4K_0 c}{2.81708}\sqrt{\frac{\pi \mathrm{RT}}{2\mathrm{M}}}\sqrt{\frac{\phi}{K_0}} \tag{3-1-21}$$

2) 纳米孔隙气体扩散

扩散作用是天然气在地下运移散失的重要机制，扩散系数是衡量天然气扩散能力大小的重要物理量之一。通过改进实验设备，开展模拟储层条件下的页岩扩散系数测定实验，可以测定不同类型页岩在不同温度和压力条件下的天然气扩散系数，研究不同类型页岩在不同孔隙压力条件下的扩散特征，分析页岩储层扩散能力及影响因素。同时，结合克努森对流态的划分，可以对页岩储层中的扩散进行理论计算，并与实验结果进行对比分析。

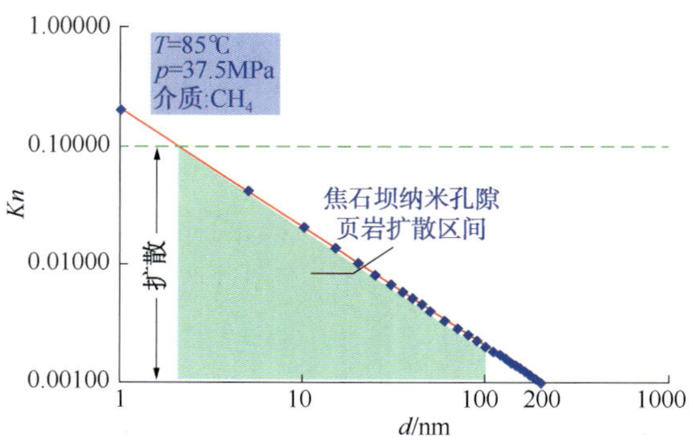

图 3-1-12　纳米级孔隙扩散介质分析
（2nm≤d≤200nm）

根据涪陵气田页岩储层温度和压力（85℃，37.5MPa），计算甲烷在不同孔径条件下的气体流态（图 3-1-12），计算结果表明，当龙马溪组主力含气页岩孔径（d）为 2~200nm 时，Kn 为 0.001~0.1，为典型的扩散（滑脱流）作用。

为验证龙马溪组主力含气页岩中存在扩散现象，设计室内相对高压压力恢复实验，具体实验步骤为：①取龙马溪组页岩岩心多块，拼接模型为 2.5cm×30cm；②将岩心放入岩心夹持器，抽真空；③向两端封闭的页岩岩心中注入氮气，页岩两端岩心压力计记录入口、出口端压力变化情况，待两端压力均平衡至 22MPa 后，打开出口端，降压；④极短时间内将出口压力降到一定值，再关闭出口阀门，观察压力恢复情况；⑤选择高渗透、低渗透页岩岩心及低渗透砂岩岩心进行实验，对比分析压力恢复情况。

由页岩解吸特征分析结果可知，在储层压力大于 12MPa 的条件下，页岩解吸微弱，渗透率较高的页岩岩心压力恢复曲线（图 3-1-13）表明，页岩岩心渗透率较高（K=0.072×10^{-3}μm^2，ϕ=3.38%），出口压力由 20.89MPa 下降到 12.00MPa，产出 400mL 气体；短时间内入口、出口压力达到平衡，然后压力一起上升，最终系统平衡压力为 16.72MPa；相同时间内，出口压力上升的变化率为 1.13MPa/5min，入口压力下降的变化率为 0.25MPa/5min。在解吸较微弱的条件下，页岩降压后在封闭空间内可快速达到压力平衡，表明气体在高渗透裂缝系统中快速渗流；然后，两者一起上升，表明有气体从基质扩散到裂缝系统中。

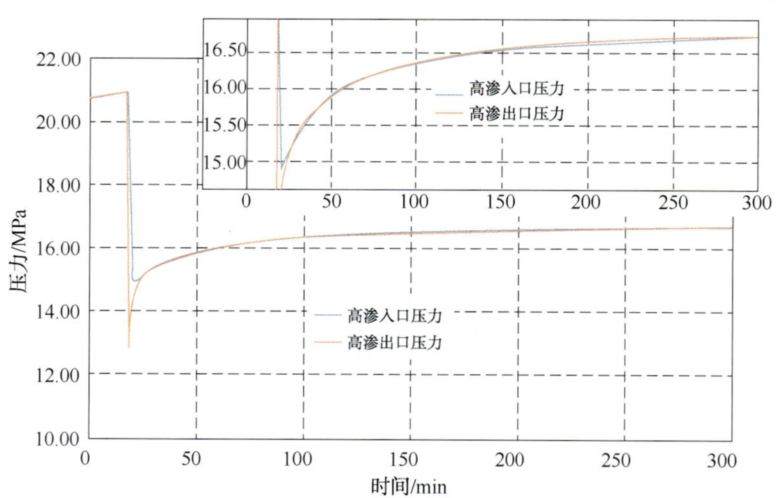

图 3-1-13　页岩高渗岩心压力恢复曲线（两图坐标参数相同）

对于渗透率相对较低的页岩岩心($K=0.004\times10^{-3}\mu m^2$，$\phi=1.94\%$)来说，页岩压力恢复曲线(图3-1-14)表明，出口压力由16.2MPa下降到5.0MPa，产出410mL气体，平衡压力为11.54MPa；入口压力下降到一定程度就开始上升，而出口压力一直上升，很长时间后两者压力趋于一致；相同时间段内，出口压力上升的变化率为1.34MPa/10min，入口压力下降的变化率为0.79MPa/10min。由此可见，在低渗透页岩中，气体在微裂缝中压力传导较慢，从基质孔隙中扩散的气体可以补充入口、出口压力，但整体压力传导都较慢，平衡时间较长；而在高渗透页岩中，气体在微裂缝中压力传导较快，且平衡较快，从基质孔隙中扩散的气体可以及时补充入口、出口压力，然后一起上升，最后两个压力达到平衡。

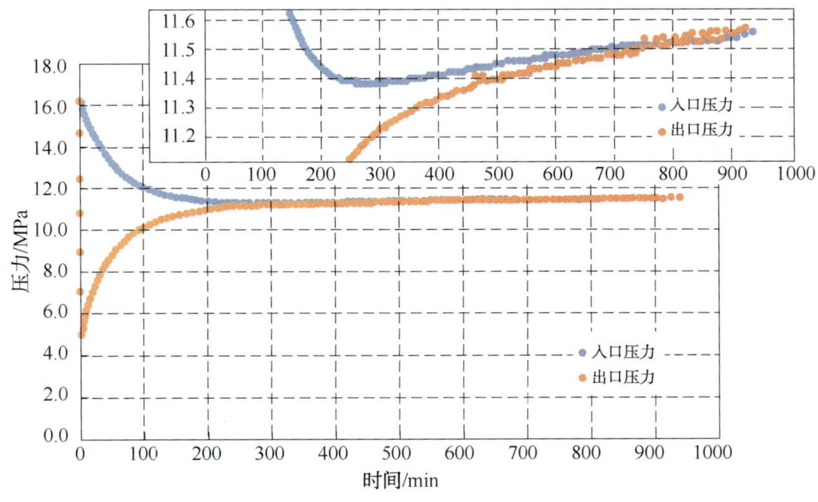

图3-1-14　页岩低渗岩心压力恢复曲线(两图坐标参数相同)

3）不同孔隙压力下的扩散系数

扩散系数实验是测定页岩气扩散作用强弱及其影响因素的直接手段。扩散系数实验主要采用游离烃浓度法，通过测定孔隙压力对扩散系数的影响，初步认识扩散系数的变化规律。实验结果表明，龙马溪组井下页岩中的有效扩散系数为(8.549~65.144)$\times10^{-7}cm^2/s$。

甲烷有效扩散系数随孔隙压力的增加而明显降低(图3-1-15)。分析其原因：一方面，孔隙压力增加，气体的分子自由程降低，扩散能力增强；另一方面，孔隙压力增加，甲烷在孔隙壁面上的吸附量也会显著增加，进而导致孔隙通道的有效直径减小，最终导致气体扩散变慢。

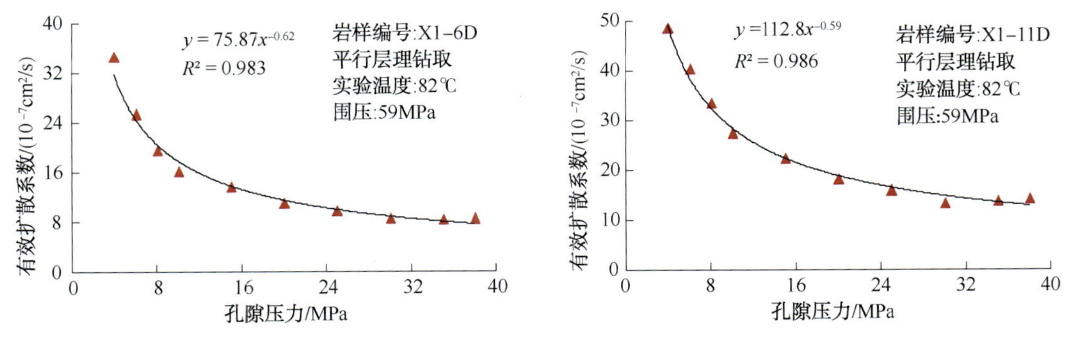

图3-1-15　页岩扩散系数随孔隙压力变化曲线

岩样 X1-6D(水平钻取)和 X1-11D(水平钻取)在整个孔隙压力减小的过程中，有效扩散系数呈现先减小后增大的趋势。由于该岩样为平行裂缝取心，层理缝和微裂缝对气体扩散的贡献明显，扩散系数也相对较大。在孔隙压力为 25~38MPa 的区间内，随着孔隙压力降低，岩样所受有效应力增大，导致微裂缝被进一步压实，从而使扩散系数有所减小。但当有效应力增大到一定程度后，有效应力变化对扩散通道的影响变弱，扩散系数主要受孔隙压力的影响。如前所述，孔隙压力降低有助于甲烷的扩散，因此，当孔隙压力由 25MPa 将至 4MPa 时，扩散系数呈现增大的趋势。

3.1.3 页岩气低速渗流特征

页岩气藏属于特低渗致密气藏，流体在页岩中流动时会偏离达西定律，出现低速非达西流，目前对于页岩气储层气体渗流规律和渗流机理的研究较少。针对龙马溪组页岩富含有机质等特点，设计单相气体渗流实验方法，建立相应的实验流程，研究压力、温度及气体类型对流动的影响，可以对非线性特征进行机理分析。

1）页岩的气体滑脱机理

页岩的孔渗结构复杂，以微纳米级孔隙为主的页岩储层可以认为是特低渗致密的多孔性介质，而对于致密的多孔性介质，滑脱效应尤为显著。大量实验和理论研究证实，气体在页岩气储层中的渗流还要受制于滑脱效应，滑脱效应对裂缝系统中气水两相的渗流有着重要影响。不少学者也对滑脱效应的机理，以及其对气井产能(张烈辉等，2009)和气藏数值模拟(肖晓春等，2006)等方面的影响进行了研究。气体和液体在多孔介质中的渗流方式存在不同，这主要是由于二者的性质差异造成的。对液体而言，孔道中心处的液体分子比靠近孔道壁的分子流速高；而气体在岩石孔道壁处不产生吸附薄层，气体在介质孔道中渗流时，靠近孔道壁表面的气体分子流速不为零，气体分子的流速在孔道中心和孔道壁处无明显差别，这种特性称为气体滑脱效应，是由 Klinkenberg 于 1941 年提出的。

(1) 纳米孔隙中的气体滑脱效应。

经典的流动理论中，流体在多孔介质中流动时的连续性理论成立，流体在孔隙壁面处的流速为零[图 3-1-16(a)]。常规的储层孔隙喉道半径相对较大(通常为 1~100μm)，连续性理论成立，达西方程能够很好地描述常规储层中的流体流动规律。

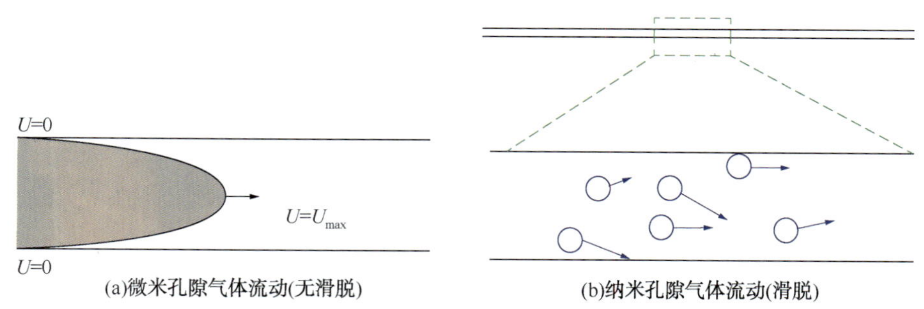

图 3-1-16 微米孔隙及纳米孔隙中气体流动示意图

气体在纳米孔隙中的流动特征如图 3-1-16(b)所示。页岩孔隙直径较小，甲烷分子的直径(0.4nm)对于其流动通道而言相对较大，连续性理论不再成立。分子将在压差的驱动下，朝着一个总体的方向，以一个相对随机的方式运动，许多分子将会与孔隙壁面发生碰撞，并沿着壁面发生滑脱运动，在宏观上表现出气体在孔道壁面上具有非零速度。气体滑脱会贡献一个附加通量，同不存在滑脱的情况相比，气体分子在壁面的滑脱会降低气体的流动压力差(Arkilic 等，1997)。

克努森数可以用于判断气体在不同尺度流动通道内的流动是否存在滑脱效应，代表了分子平均自由程同孔隙尺寸的相互关系，是识别气体不同流动状态的重要参数。

Javadpour 等(2007，2009)认为，页岩中发育着微米甚至纳米级孔隙，其尺度接近或小于气体分子平均自由程，因此，气体流动呈现明显的滑脱现象，气体流动规律偏离达西定律，通过计算页岩中的气体特性参数克努森数，对页岩气的流态进行划分，发现页岩中的气体流态处于滑脱流和过渡流区。

(2) 纳米孔隙气体滑脱效应的表征模型。

在研究气体在微纳米孔隙中的流动规律时，表观渗透率直接表征了气体滑脱效应对气体渗流的影响，目前，表观渗透率的表征模型主要有 Klinkenberg 模型、B－K 模型和 Javadpour 模型。

① Klinkenberg 模型。

Klinkenberg 发现，在低压力条件下，实验中观察到的气体流量高于达西方程的预测值，并提出了表观渗透率随压力变化的表达式：

$$K_a=\left(1+\frac{b_K}{\bar{p}}\right)K_\infty \tag{3-1-22}$$

$$b_K=4c\lambda\bar{p}/r$$

式中，K_a为气体表观渗透率，$10^{-3}\mu m^2$；K_∞为等效液体渗透率，$10^{-3}\mu m^2$；$\bar{p}$为平均孔隙压力，MPa；b_K为气体滑脱因子，MPa；λ为给定压力和温度下的气体分子平均自由程；r为孔隙半径；$c\approx1$。

Klinkenberg 方程可以写成克努森数表征的形式：

$$K_a=(1+4cKn)K_\infty \tag{3-1-23}$$

Klinkenberg 模型是表征气体滑脱效应的经典模型，其表观渗透率的计算表达式为：

$$K_a=K_{g\infty}\left(1+\frac{b_K}{\bar{p}}\right) \tag{3-1-24}$$

式中，K_a为表观渗透率，$10^{-3}\mu m^2$；$K_{g\infty}$为气体克氏渗透率，$10^{-3}\mu m^2$；$\bar{p}$为平均孔隙压力，MPa；b_K为气体滑脱因子，MPa，当$b_K=0$时，表示在多孔介质中没有气体的滑脱效应，即为达西流，当$b_K\neq0$时，表示多孔介质中存在气体的滑脱效应。

② B-K 模型。

该模型由 Beskok 和 Karniadakis(1999)基于微管模型提出，能够表征不同流态下的气体表观渗透率，表达式为：

$$K_a=(1+aKn)\left(1+\frac{4Kn}{1-bKn}\right)K_\infty \tag{3-1-25}$$

式中，a为无因次稀疏系数；b为微管模型中气体流动的滑脱系数，通常取$b=-1$。

Givan(2010)在该模型的基础上，提出了无因次稀疏系数修正公式：

$$a = \frac{a_0}{1 + \dfrac{A}{K^B n}} \tag{3-1-26}$$

式中，$A=0.170$；$B=0.434$；$a_0=1.358$。

③ Javadpour 模型。

Javadpour 考虑克努森扩散和滑脱效应的双重作用，提出了表观渗透率计算公式：

$$K_a = \left\{ \frac{2\mu M}{3\times10^3 RT\rho^{-2}} \left(\frac{8RT}{\pi M}\right)^{0.5} \frac{8}{r} + \left[1 + \left(\frac{8\pi RT}{M}\right)^{0.5} \frac{\mu}{\bar{p}r}\left(\frac{2}{\alpha} - 1\right)\right] \frac{1}{\bar{\rho}} \right\} K_\infty \tag{3-1-27}$$

式中，T 为气藏温度，K；$\bar{\rho}$ 为气体平均密度，kg/m^3；α 为切向动量供给系数，其取值为 0~1，与孔隙壁的光滑程度、气体类型、温度和压力有关，一般需要通过实验来获得。

该模型由克努森扩散部分和滑脱部分组成，可以看出，纳米孔隙中表观渗透率同绝对渗透率之间的关系由气体的性质、孔喉大小及压力、温度等表示，基于该模型，可有效研究页岩孔径、温度、压力等条件对于其气体流动规律的影响。

2）气体低速渗流实验方法

模拟地层温度、地层压力、含气量、含水量等条件，通过页岩气渗流实验物理模型，测试渗流速度、压力等参数变化规律，可以获得地层条件下页岩渗透率、气体渗流特征、启动压力梯度等参数，通过研究页岩气渗流规律、应力敏感特征等，可以明确页岩气多尺度介质流动机理，以及页岩气开发规律。

（1）实验方法与流程。

实验采用稳态法，具体流程如图 3-1-17 所示。该实验可以测量不同压差下的气体流量，并计算岩石渗透率。常规实验中，为获得较好的曲线关系，经常在岩心两端采用较大压力梯度，但这样的做法一方面与实际气体流动条件不符，另一方面会在岩心内部气体高速流动时产生惯性阻力。为避免这一情况，实验过程中应严格控制岩心两端压差，确保岩心最大压差不超过 0.8MPa，即压力梯度不超过 0.2MPa/cm。

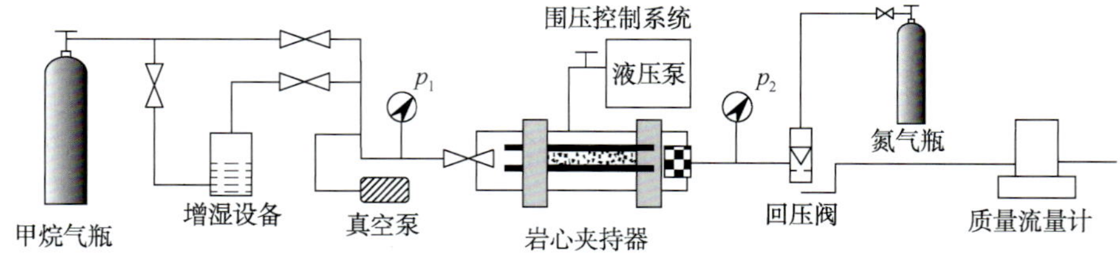

图 3-1-17　稳态法渗流实验流程

（2）实验条件。

① 有效应力：3MPa、5MPa、20MPa。

② 温度：常温。

③ 样品：干燥页岩。

④ 实验介质：甲烷。

⑤ 回压：0.1MPa、2MPa、5MPa、10MPa。

(3) 实验步骤。

① 将岩心放入加持器，通过改变围压施加有效应力 3MPa 或 20MPa，岩心加持器出口端预加一定数值回压，升高上游端气体压力直至出口端可见稳定可测气流。

② 保持该驱替压力，待质量流量计显示岩心出口端流量不变后，测定气体流量。

③ 不断增加入口端压力，采用步骤②的方法测量不同驱替压差下的气体流量。

④ 改变回压，重复以上步骤，直至实验结束。

(4) 数据处理方法。

综合达西定律和波义耳马略特定律，气体渗透率的计算公式如下：

$$K_g=\frac{2Q_ip_0\mu L}{A(p_1^2-p_2^2)}\times 100 \tag{3-1-28}$$

式中，K_g为气测表观渗透率，$10^{-3}\mu m^2$；Q_i为气体流量，cm^3/s；p_0为大气压，MPa；μ 为气体黏度，mPa·s；L 为岩心长度，cm；A 为岩心横截面积，cm^2；p_1为进口端压力，MPa；p_2为出口端压力，MPa。

在用不同气体测定岩石渗透率时发现，同一岩心，同一种气体，采用不同的平均压力测得的渗透率不同。对气体而言，一方面，因为气体、固体之间的分子作用力远比液体、固体间的分子作用力小得多，在管壁处的气体分子有的仍处于运动状态，并不全部粘附于管壁上；另一方面，相邻层的气体分子由于动量交换，可连同管壁处的气体分子一起作定向的沿管壁流动，这就形成了所谓的“气体滑脱现象”。考虑气体滑脱效应的气体渗透率数学表达式为：

$$K_g=K_\infty\left(1+\frac{b}{p_m}\right) \tag{3-1-29}$$

式中，K_g 为气测渗透率，$10^{-3}\mu m^2$；K_∞ 为等效液体渗透率，μm^2；p_m 为岩心进出口平均压力，即孔隙压力，MPa；b 为滑脱因子，其值取决于气体性质和岩石孔隙结构。

孔隙压力为岩心进出口压力的算术平均值。将不同孔隙压力下的气测渗透率与孔隙压力进行线性回归(克氏回归)，即可得到等效液体渗透率(克氏渗透率)，同时可以拟合得到滑脱因子，用于定量表征气体滑脱效应程度。

3) 气体渗流影响因素分析

(1) 孔隙压力的影响。

采用 41 号样品在 3MPa 有效应力下开展了 4 个回压下渗流曲线测试，并进行了气体渗透率计算。实验过程中始终保持有效应力为 3MPa，回压大小依次为 0MPa、2MPa、5MPa、10MPa。图 3-1-18 表明，压差与流量(Q)之间几乎为线性关系，随着孔隙压力降低，渗透率逐渐增大。

采用龙马溪组页岩岩心，开展孔隙压力对渗流特征的影响研究。实验气体采用甲烷，始终保持有效应力为 3MPa，以消除应力对渗流特征的影响。孔隙压力从 0MPa 开始，以 3.5MPa 步长逐渐增压，直到压力达到 35MPa，每个回压下岩心两端压差最大不超过 0.7MPa，尽可能避免紊流的影响。通过图 3-1-19 可以看出，渗透率表现出较强的压力依赖性，低孔隙压力(<10MPa)条件下，气体在岩样中的滑脱效应显著，随着孔隙压力的增大，气体在岩样中的滑脱效应明显减弱；孔隙压大于 10MPa 以后，滑脱效应对渗透率的影响变得很小。可以推断，气藏开发过程中，随着压力减小，开发初期渗透率变化较小，当压力减小到一定程度后，渗透率明显增大，滑脱效应对开发后期的影响较为显著。

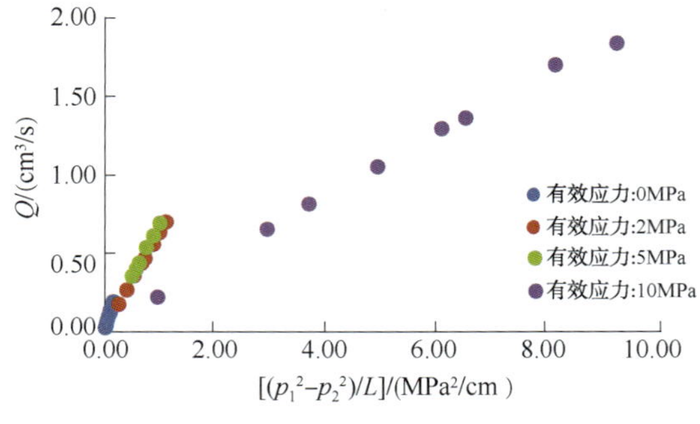

图 3-1-18　41 号岩心流量与压力梯度的关系

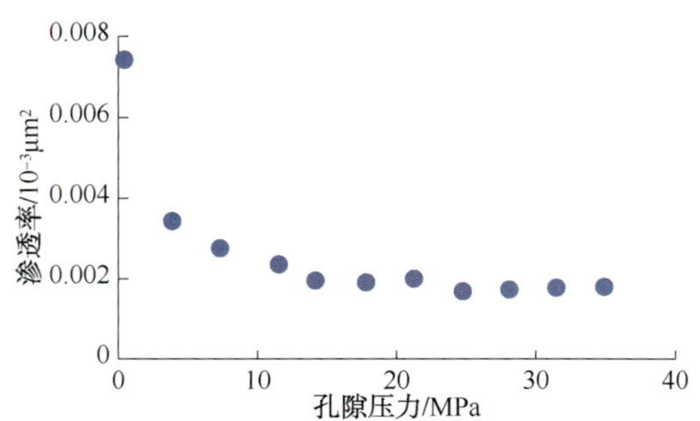

图 3-1-19　渗透率与孔隙压力的关系

对于实际页岩储层，由于其埋藏较深，上覆压力和地层压力都很高，故在原始净应力情况下，可以不考虑滑脱效应的影响。开发初期，沿水平方向的压力梯度较小，渗透率下降的幅度并不明显。随着开发的进行，特别是到了开发中后期，被动用气体的波及范围扩大，在采出井附近，当前净应力相对于原始净应力增加的幅度较大，渗透率会大幅降低，渗透率伤害也较大。但对于储层中-微小渗流段，在开发的不同阶段其压力梯度变化幅度极小，可以忽略，有效应力在一个时期内可以认为是不变的。

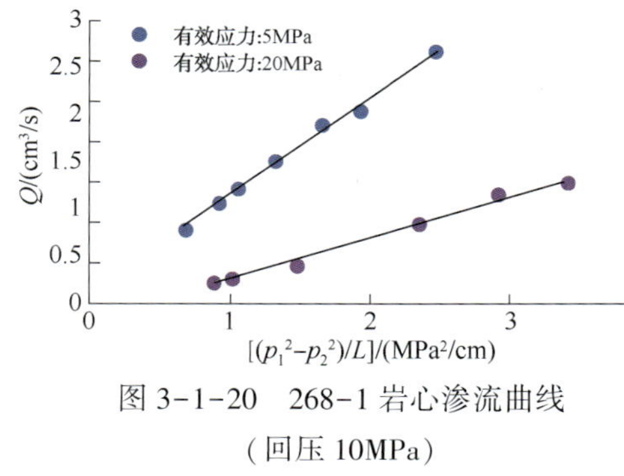

图 3-1-20　268-1 岩心渗流曲线（回压 10MPa）

（2）有效应力的影响。

对龙马溪组页岩开展有效应力渗透特征影响实验，有效应力分别设定为 5MPa 和 20MPa，回压始终保持为 10MPa。实验结果如图 3-1-20 所示。气体渗流速度与压力平方差的关系表示气体在页岩中流动的难易程度，直线斜率越大，渗透率越大，越容易渗流。随着有效应力从 5MPa 增大到 20MPa，流动曲线向右下方偏移，渗透率从 $0.06\times10^{-3}\mu m^2$ 降低到 $0.01\times10^{-3}\mu m^2$，气体流动更困难。

（3）气体类型的影响。

选取龙马溪组页岩岩心，依次开展氮气、氦气、甲烷和二氧化碳在岩心中的渗流实验，出口压力固定为大气压，改变入口压力，在每个压差稳定后测量出口流量，绘制压差与流量关系曲线。

实验结果如图 3-1-21 所示。对单一气体，不同压力下气体渗透率不同，而对于不同气体，在相同压力下气测渗透率也不相同，存在滑脱效应。通过曲线回归，可以获得不同气体的克氏渗透率，滑脱因子及克氏渗透率也存在差异：克氏渗透率大小顺序为 $K_{He}>K_{N_2}>K_{CH_4}>K_{CO_2}$，滑脱因子也呈现相同的变化趋势。氦气滑脱效应最为显著，滑脱因子几乎是二氧化碳的 10 倍，而氮气与甲烷的滑脱效应程度相当。

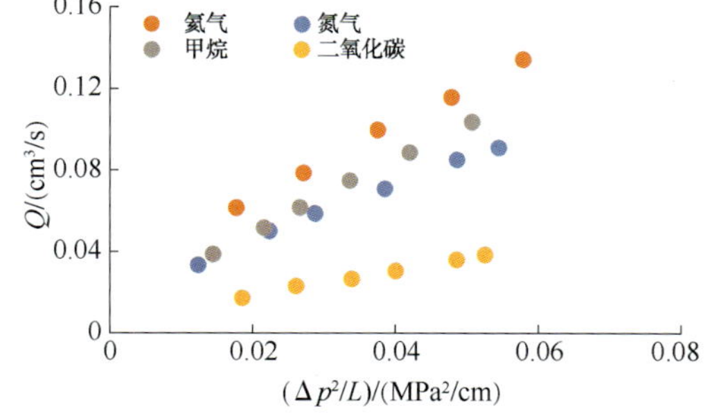

图 3-1-21　不同气体流量与压力梯度的关系

3.2 页岩气多尺度多机制流动实验方法

3.2.1 储层应力敏感特征研究

页岩储层具有孔隙-裂缝的双重介质特点，采用变围压实验方法，模拟不同上覆压力条件，开展页岩储层应力敏感实验，可以研究页岩渗透率在不同应力条件下的变化情况，以及页岩渗透率与有效应力的变化关系，评价页岩应力敏感性特征。

1）应力敏感实验

应力敏感实验主要采用变覆压的实验方法，即实验过程中保持流动压力不变，通过改变围压来观察储层应力敏感的变化。

采用变覆压的实验方法，即先将柱状岩心装入岩心夹持器中，将围压加至刚刚将岩心压紧，入口设置一个合适的压力，测试出口端流量的变化，然后计算岩样的初始渗透率。然后依次增加围压（压力间隔视地层压力大小而定）至地层压力，测试每个压力点下出口流量的变化，计算岩样渗透率。在测试过程中，保持入口压力不变，根据每个压力点的渗透率计算岩样的应力敏感系数，可以较好地模拟气藏开发过程中原始地层压力阶段储层的应力敏感情况。渗透率应力敏感实验流程如图 3-2-1 所示。

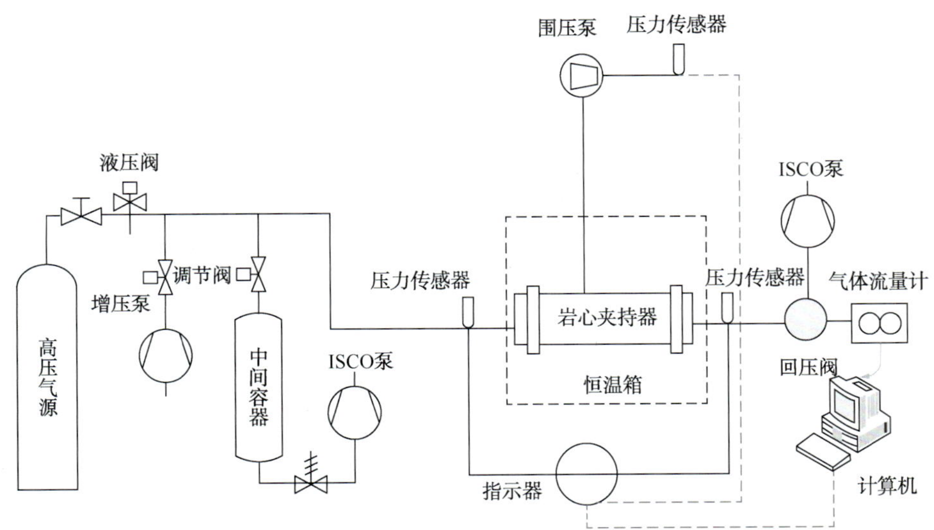

图 3-2-1 渗透率应力敏感实验流程示意图

根据行业标准《储层敏感性流动实验评价方法》（SY/T 5358—2002），计算压敏引起的渗透率损害率。该计算方式的优点是其只关注初始与末端渗透率，缺点是对有效应力变化的整个过程中的渗透率变化规律认识不足。因此，采用渗透率模量（γ）来表征渗透率应力敏感程度，会更具有代表性，该系数能够表征应力变化过程中的渗透率变化特点，其表达式如下：

$$\gamma=-\frac{1}{K}\frac{\mathrm{d}K}{\mathrm{d}\sigma} \tag{3-2-1}$$

通过积分，可以得到渗透率随有效应力变化的指数表达式：

$$K = K_0 e^{m(\sigma_0 - \sigma)} \tag{3-2-2}$$

式中，K_0为初始渗透率(初始有效应力为 σ_0)，$10^{-3}\mu m^2$；K 为有效应力为 σ 时的渗透率，$10^{-3}\mu m^2$；m 为应力敏感系数，MPa^{-1}。

2）基质页岩应力敏感

在增大、减小有效应力的情况下测试页岩渗透率变化值(图 3-2-2)，当有效应力增大时，页岩渗透率减小；当有效应力减小时，页岩渗透率增大，但当页岩渗透率损失 80%左右，有效应力达到 20MPa 时，渗透率降低幅度变小，该有效应力值也接近地层上覆压力。

通过页岩渗透率随有效应力变化曲线看出(图 3-2-3)，有效应力增大，页岩渗透率降低，变化曲线趋势相同，且低有效应力作用下渗透率下降较快。

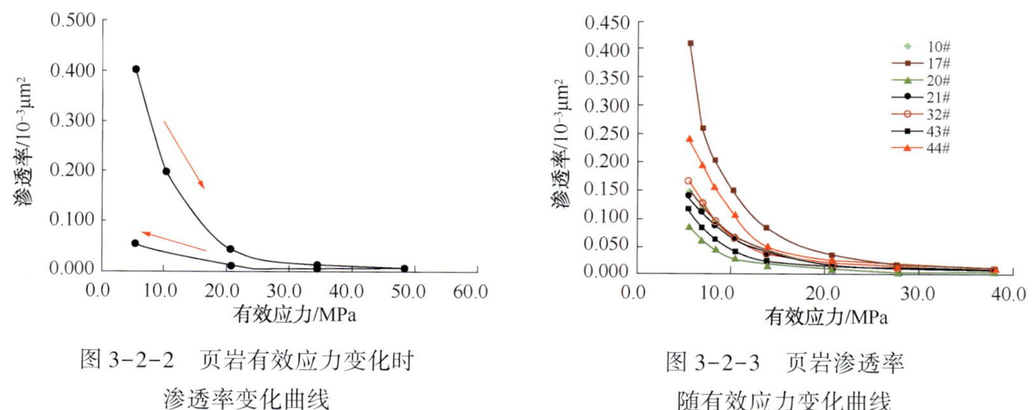

图 3-2-2　页岩有效应力变化时渗透率变化曲线

图 3-2-3　页岩渗透率随有效应力变化曲线

基质页岩(不含微裂缝)样品主要是在平桥、白马区块采用线切割方法获得的，该区域物性比涪陵页岩气田主体区差，取样时没有通过水浸、振动产生新的微裂缝，基本保持了页岩原始状态。从页岩有效应力变化时的渗透率变化曲线来看(图 3-2-4、图 3-2-5)，基质页岩渗透率随着有效应力的增大而呈现明显的降低趋势；在有效应力减小时，页岩渗透率逐渐恢复，但恢复程度相当小；中偏弱敏感的页岩渗透率下降较缓慢；强敏感的页岩渗透率下降较快。

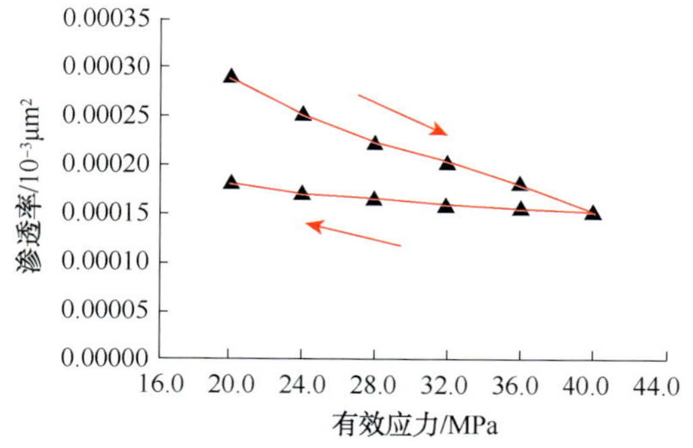

图 3-2-4　基质页岩渗透率随有效应力变化曲线(中偏弱敏感)

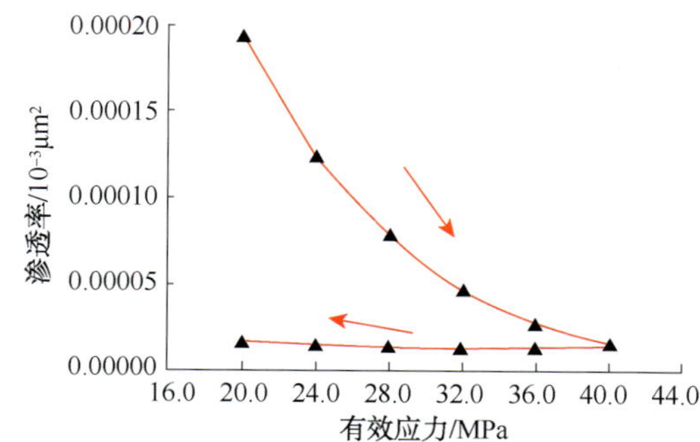

图 3-2-5　基质页岩渗透率随有效应力变化曲线(强敏感)

3）天然裂缝应力敏感

裂缝页岩具有肉眼可见的裂缝，且渗透率大于 $0.05\times10^{-3}\mu m^2$。裂缝页岩的渗透率高，渗透率参数变化对页岩气流动影响较小，常见高产气井。目前观察到的页岩裂缝主要是水钻机械振动、水膨胀产生的，然后岩心高温烘干，进一步产生明显的裂缝，而之前存在的裂缝会被沉积物充填，不再具有渗透性。因此，后天产生的裂缝代表性不强，但可以表征压裂改造后产生的新裂缝变化特征。

图 3-2-6 所示为裂缝页岩有效应力变化时的渗透率变化曲线，通过曲线可以看出，随着有效应力的增大，渗透率快速减小，表现为强应力敏感特性；应力恢复时渗透率增加，恢复率大于其他岩心；虽然裂缝页岩表现为强敏感，但有效应力为 40MPa 时渗透率依然较高(大于 $0.01\times10^{-3}\mu m^2$)，此物性条件下，气体的渗透能力还是很强，物性的变化几乎不会影响产量。统计发现，31 块裂缝岩心样品都是经过水钻取样方法获得的，其裂缝均属于二次伤害所形成的；随着有效应力增大，渗透率减小，损害率升高，损害率波动范围为 0.6~0.8，表现为中偏强敏感、强敏感，两者各占 50%。

选择裂缝岩心，模拟地层压裂造缝加砂，比较加砂前后的渗透率变化，可以分析铺砂裂缝的应力敏感特征。首先，将裂缝岩心自然裂成两瓣，模拟天然裂缝，再用热塑管包裹合成一块，测试不同有效应力(20~55MPa)的气测渗透率，即压裂前渗透率；然后，裂成两瓣的岩心充填不同量的 200 目石英砂，再用热塑管包裹合成一块，测试不同有效应力(20~55MPa)的气测渗透率，即压裂后的渗透率(图 3-2-7)。从无因次渗透率与有效应力关系中看出，由于石英砂的支撑作用，天然裂缝岩心的应力敏感明显强于加砂裂缝岩心。

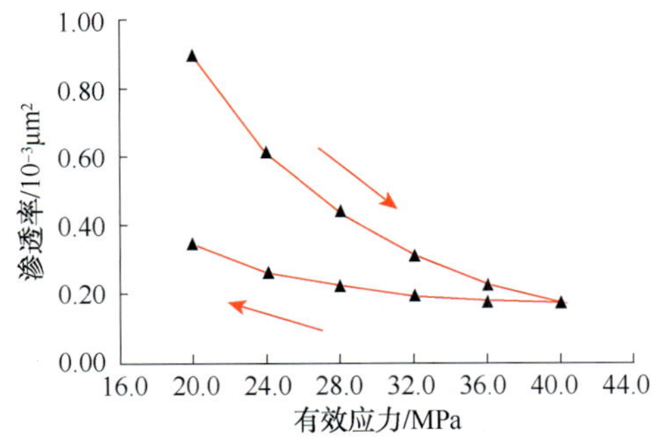

图 3-2-6 裂缝页岩有效应力变化时的渗透率变化曲线(强敏感)

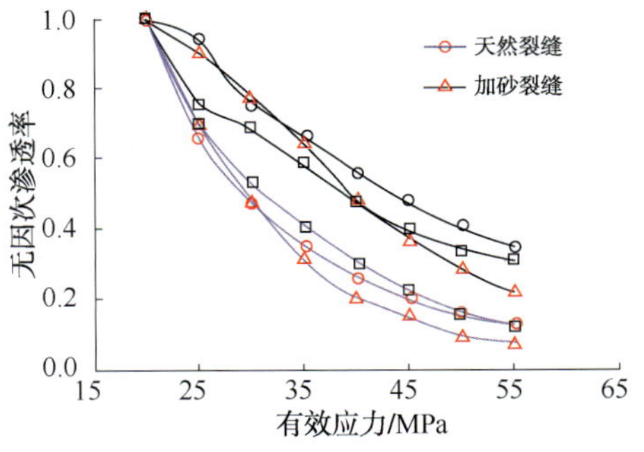

图 3-2-7 裂缝页岩加砂前后无因次渗透率与有效应力曲线

3.2.2 衰竭开发多机制流动实验

模拟地层温度、地层压力等条件，在不同围压下，测试不同时间下的累计产气量与压力的变化，可以研究页岩气开发规律及产量递减特征，分析影响产量递减的因素，为现场建立合理的生产制度提供技术支撑，提高页岩气的稳产周期和最终采收率。

1）衰竭开发实验方法

(1) 实验目的及装置。

图 3-2-8 所示为页岩气解吸衰竭开发模拟系统，它由 4 部分组成，分别为：高压供气系统，岩心解吸流动模型，控制、计量系统，以及辅助系统。

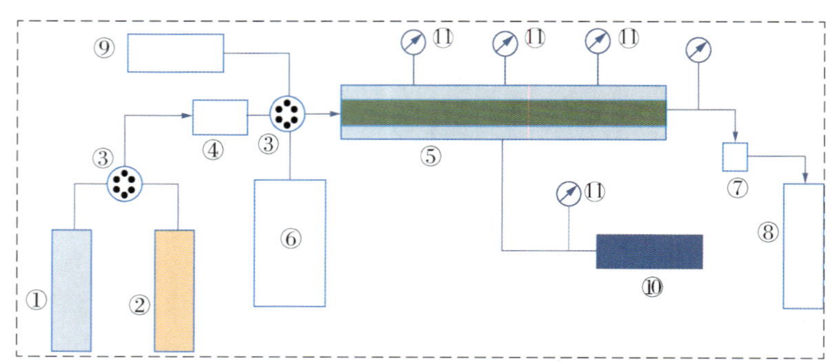

图 3-2-8　页岩气解吸衰竭开发模拟系统设计图

高压供气系统：①氮气；②天然气；③六通阀；④增压泵

岩心解吸流动模型：⑤页岩长岩心装置；⑥岩心解吸储集罐

控制、计量系统：⑦回压阀(调压阀)；⑧气体计量装置

辅助系统：⑨抽空装置；⑩环压控制泵；⑪压力监测仪

（2）实验方法。

① 将岩心烘干，装入模型，充入气体后试压不渗漏，压力升 30MPa 后，恒压稳定。

② 提高环压至 42MPa，模型加压稳定 48h，达到模拟地层渗透率的要求。

③ 准备压力计、流量计、调节阀，打开出口并控制流速稳定；早期 1min 记录一次压力/流速，中期 2min 记录一次压力/流速，直到流速降为 0.1mL/min。前期采用定产方式时出口压力降为 0MPa，后期再用回压阀控制出口压力为 7MPa。

④ 降低环压，直到 2MPa，计量模型总气量，用于计算采出程度、采收率参数。

⑤ 改变实验条件，调整流速，调整围压模拟渗透率，控制回压模拟废弃压力、定压方式等，有目的地开展其他实验。

（3）实验数据处理。

根据实验目的、要求，处理数据、计算参数，绘制以下曲线，用于分析、对比：

① 流速、压力、累计体积与时间关系曲线。

② 规整化产量与物质平衡时间关系曲线。

③ 瞬时渗透率与时间关系曲线。

④ 不同模型下采出程度、采收率曲线。

2）衰竭开发特征

（1）不同模型条件下流速、压力变化特征。

分别在 100cm 长岩心、30cm 岩心模型中开展氮气衰竭开发实验，稳定不同流速衰竭开发，敞开出口，然后分析流速、累计产气量与时间的关系。通过 100cm 长岩心模型(综合渗透率为 $0.02\times10^{-3}\mu m^2$)衰竭开发流速、压力与时间关系曲线(图 3-2-9、图 3-2-10)可以看出，以气体流速为 10mL/min 生产时，随着时间增加，流速近似稳定，压力逐渐减小，两端压差增大；当出口压力降为 0MPa 时，压差最大($\Delta p=6.90$MPa)，稳产 423min 后，产气速度快速递减，累计产气量线性增加，远端压力下降趋缓；流速增加一倍(流速为 20mL/min)生产时，稳产时间缩短为 166min，此时最大压差(Δp)为 9.43MPa，这是由于页岩压力传导缓慢，气体补充不足所导致的。

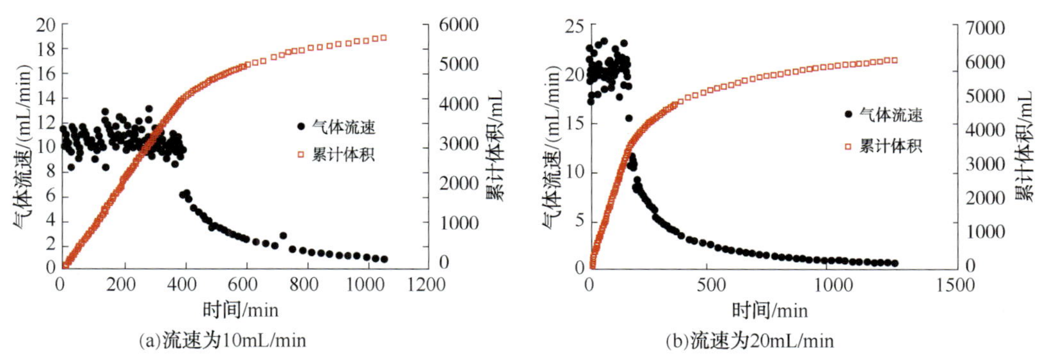

(a)流速为10mL/min (b)流速为20mL/min

图 3-2-9　100cm 长岩心模型衰竭开发流速与时间关系曲线

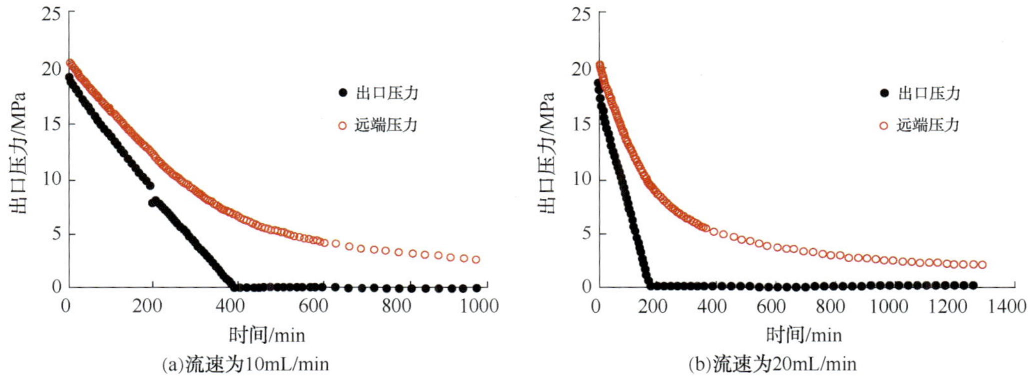

(a)流速为10mL/min (b)流速为20mL/min

图 3-2-10　100cm 长岩心模型衰竭开发压力与时间关系曲线

在 30cm 岩心模型中开展不同岩性、物性、流速的氮气衰竭开发实验，发现渗透率大小对衰竭开发时压力、采出程度、残余压力梯度等影响较大。通过不同渗透率岩心在流速为 20mL/min 时稳定生产的流速、压力与时间关系曲线(图 3-2-11、图 3-2-12)看出，渗透率为 $0.06\times10^{-3}\mu m^2$ 的岩心衰竭开发时两端压差较小，而渗透率为 $0.0016\times10^{-3}\mu m^2$ 的岩心衰竭开发时两端压差较大(一直大于 10MPa)；高渗岩心稳产期长，达 136min，稳产期累计产气量大，而低渗岩心稳产期只有 60min，稳产期累计产气量小。当废弃流速为 0.3mL/min 时，高渗岩心残余压力梯度为 1.79MPa/m，低渗岩心残余压力梯度为 33.12MPa/m，二者最终采出程度也相差约一倍。

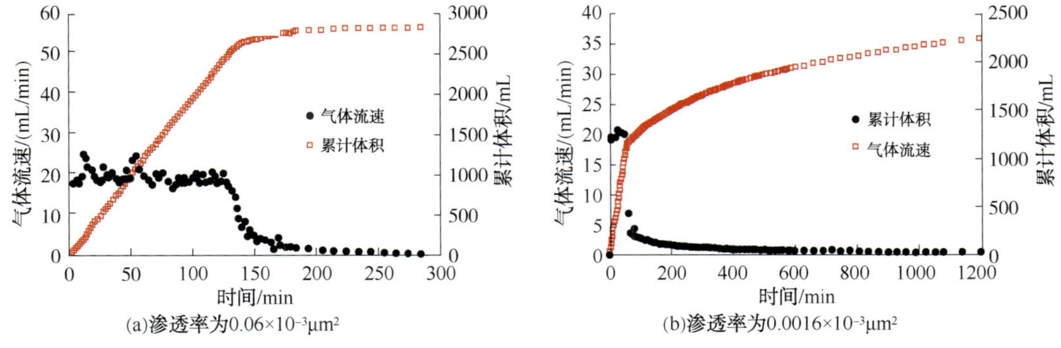

(a)渗透率为$0.06\times10^{-3}\mu m^2$ (b)渗透率为$0.0016\times10^{-3}\mu m^2$

图 3-2-11　30cm 岩心模型衰竭开发流速与时间关系曲线

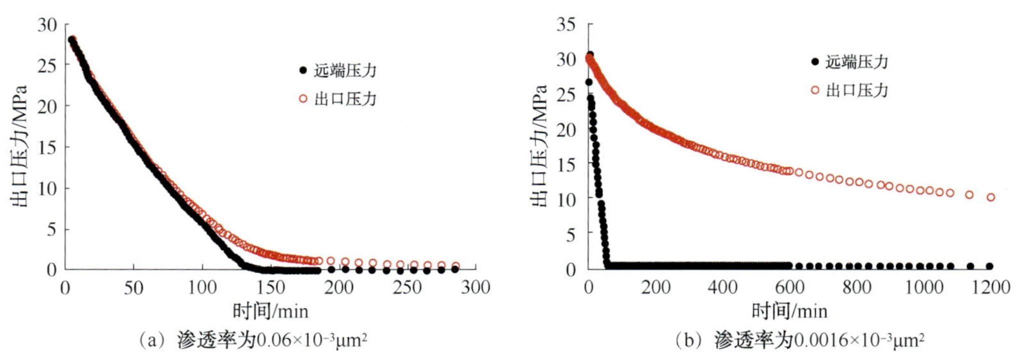

图 3-2-12 30cm 岩心模型衰竭开发压力与时间关系曲线

（2）衰竭开发流态划分。

对页岩岩心衰竭开发的实验数据按照归整化产量、物质平衡时间处理方法进行计算、绘图，通过图 3-2-13 所示规整化产量与物质平衡时间曲线可知，当气体流速为 10mL/min 进行低速衰竭开发时，会表现出 3 个线性段，其斜率分别为约-1/4、-1/2、-1；而在流速为 20mL/min 时，只表现出两个线性段。

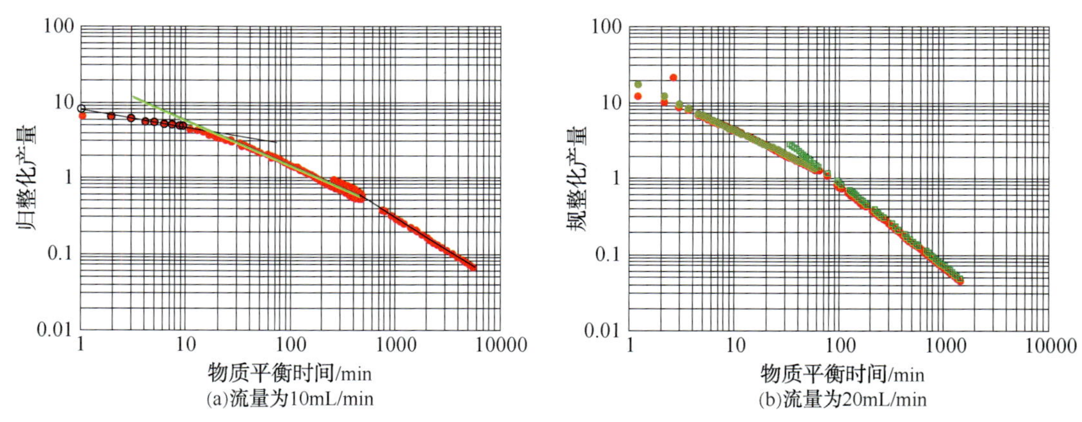

图 3-2-13 100cm 长岩心模型衰竭开发规整化产量与物质平衡时间关系曲线

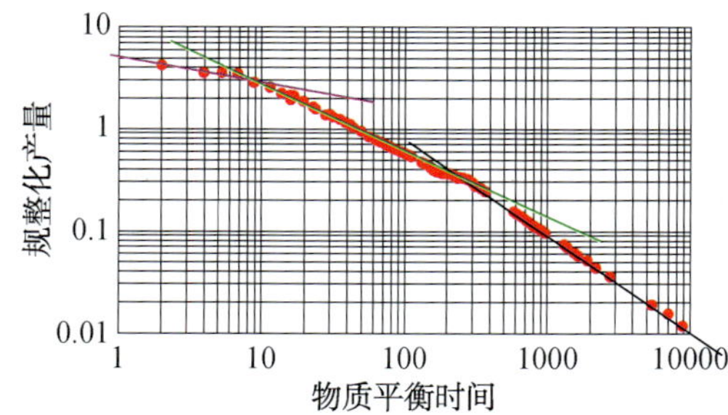

图 3-2-14 定产衰竭开发时规整化产量与物质平衡时间关系曲线

从理论曲线看(图 3-2-14)，衰竭开发的规整化产量与物质平衡时间曲线可以分为 3 个线性段：第一阶段为裂缝和基质孔隙双线性流，斜率为-1/4；第二阶段为基质线性流，斜率为-1/2；第三阶段为边界线性流，斜率为-1。

（3）稳产后的递减特征。

页岩衰竭开发方式是先定流速生产，再定压力生产，这样，气体流速与时间关系曲线(图 3-2-15)表现为先期流速稳定阶段，后期流速逐渐降低阶段；高流速定产的稳产期短，后期的递减期长，而低流速定产的稳产期长，后期的递减期相对较短。递减阶段分别用双曲线方程、调和方程、幂律方程等进行描述，发现调和方程能更好地拟合实验数据(图 3-2-16)，全递减期匹配数据。

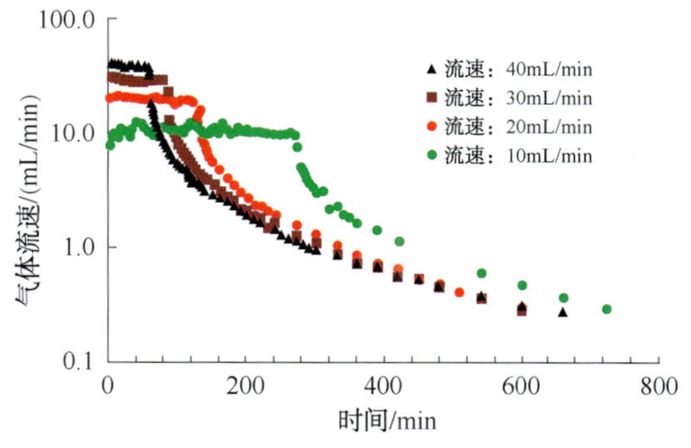

图 3-2-15 衰竭开发时流速与时间关系曲线

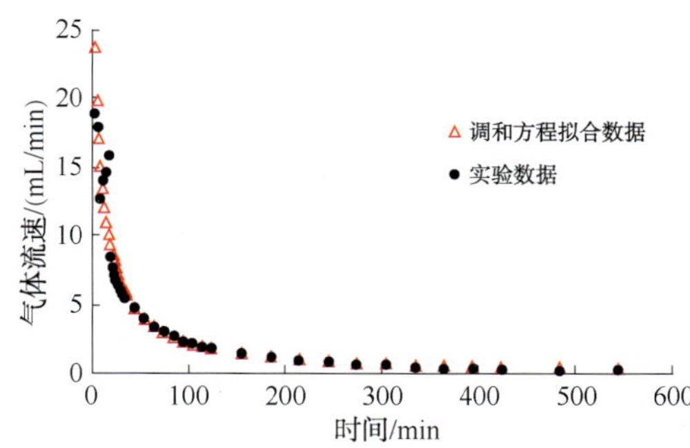

图 3-2-16 递减阶段流速与时间关系曲线

从页岩衰竭开发时模型两端生产压差与累计产量关系曲线(图 3-2-17)看出，气体累计产量增加时，生产压差逐渐增大，系统压力降低时，有效应力增大，页岩应力敏感性强，模型的综合渗透率逐渐降低。因此，为保持定产生产，两端压差须逐渐增大。当出口压力不再降低时，压差达到最大值，此时稳产期结束，高流速下对应累计产量增速减小，稳产期采出程度降低，也就是稳产期采出程度随流速的增大而减小。此外，在图 3-2-17 中可以看出，在递减期，不同流速下的累计产量与压力差曲线近似重合，最终累计产气量相近，最终采出程度也相近。对于渗透率较低的页岩，采出程度也较低，流速、流态、应力敏感等因素的综合影响较强。

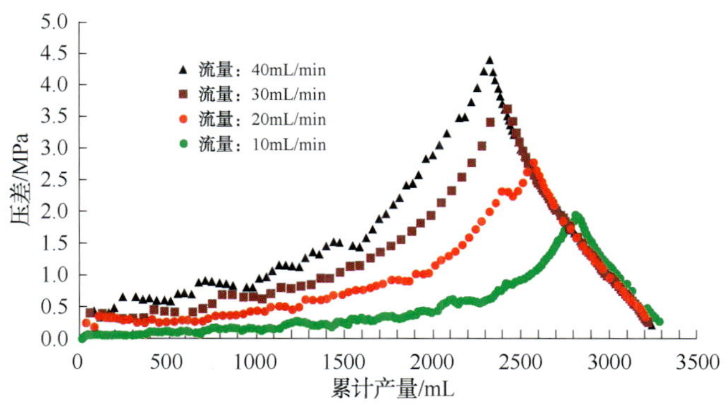

图 3-2-17 衰竭开发时生产压差与累计产量关系曲线

3.3 页岩渗吸特征及气水两相渗流

龙马溪组页岩气藏原始含水饱和度为 30%左右，储层压裂改造时平均返排率为 10.7%，焦石坝主体区返排率低，西南部返排率高(平均达 18.5%)、返排液量大。对于常规油气藏而言，压裂改造返排率越高，越有利于疏通油气流动通道，改造效果就越好；页岩气藏正好相反，返排率低的页岩气井，产气量高、产水量低，由此可见，页岩气储层中可以滞留大量压裂液。

由于页岩与其他岩石类型不同，具有较强的毛管压力，针对这种特殊岩石，在室内建立页岩自吸液体实验方法，进行自吸水、油、外来液体能力测试，可以分析外来液体对储层的伤害机理及产水规律。

3.3.1 页岩渗吸理论模型

岩石和流体相互作用使流体通过某种机理侵入岩石基质的过程，称为自发渗吸(简称“自吸”)。页岩中压裂液自吸作用的主要驱动力为毛管压力和黏土渗透压。通过页岩动态渗吸及静态渗吸实验可知，页岩吸水量由表面水化吸水量、渗透水化吸水量和毛管吸水量组成，而且水化吸水量基本无法排出。氢键力、表面水化作用、毛细管渗吸和化学渗透作用对返排的抑制作用明显，因此，吸水量的多少直接决定了最终返排率的大小。

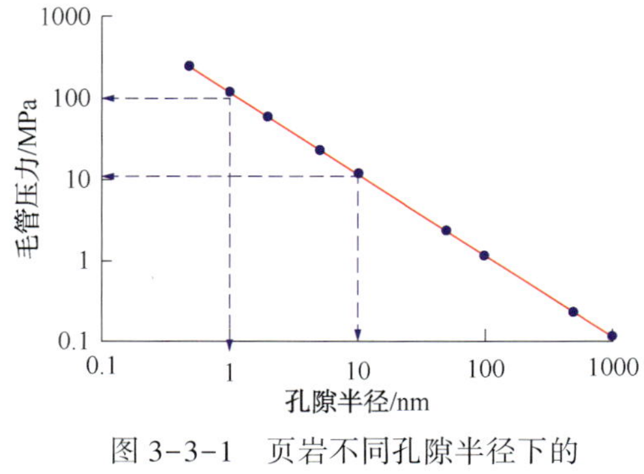

图 3-3-1　页岩不同孔隙半径下的毛管压力曲线

龙马溪组页岩孔隙结构分析测试结果表明，页岩孔隙由双峰组成，分别为纳米级的基质孔隙和微裂缝(隙)，基质孔隙半径大部分小于 10nm，占总孔隙的 80%以上。根据毛管压力计算公式，当页岩孔隙半径为 10nm 时，流体水的毛管压力为 10MPa；孔隙半径为 1nm 时，毛管压力达 100MPa；毛管压力与孔隙半径成反比(图 3-3-1)。毛管压力既是液体进入纳米孔隙的驱动力，又能阻碍液体流出而使其滞留在纳米孔隙中，由此可见，强毛管压力是导致液体自发渗吸、滞留的重要原因。

常用的渗吸计算模型有：Lucas-Washburn(LW)模型、Terzaghi 模型、Handy 模型、Mattax 和 Kyte 无因次时间标度模型、Aronofsky 归一化采收率标度模型、Portect cross-flow 模型等。基于这些模型对不同条件下的渗吸效应进行研究，取得了一定的成果，但也尚存在一些问题。如 LW 模型及其考虑流线的弯曲特性和不同几何形状孔隙影响的改进模型，通常具有简单的数学公式，但它们与实际孔隙结构符合度较差(实际孔隙随机分布且尺寸跨度大)。Handy 模型是基于渗吸过程为活塞式驱替且忽略水相前端气相压力梯度的假设，结合达西定律求得的，其缺点是其各参数的物理意义不清晰。LW 模型和 Handy 模型均没有考虑毛细管间的横向流动特征。Perfect cross-flow 模型考虑了毛细管间的横向流动，如可以相互流动的两根不同管径的毛细管渗吸模型和(无压力梯度)管间可任意流动的毛细管束渗吸模型，然而，Perfect cross-flow 模型虽然提供了一个修正的达西定律的近似解，也得到了毛细管束顺向和逆向渗吸实验的证实，但其方程没有解析解。可以基于 Handy 模型，对渗吸模型进行改进、完善。

1）Handy 模型

Handy 模型假设水渗吸过程为活塞式驱替，且水相前缘气相压力梯度可以忽略，从而建立了气体饱和岩心水渗吸模型：

$$N_{wt}^2=\frac{2A^2 p_c K_w \phi S_{wf} t}{\mu_w} \tag{3-3-1}$$

式(3-3-1)适用于流体重力比毛管压力小很多的条件，为预测水渗吸到气体饱和多孔岩石的表达式，即渗吸体积的平方与时间为线性关系，斜率与渗吸参数 K_w、p_c、S_{wf}成正比，渗吸参数越大，渗吸越快。式(3-3-1)预测结果与砂岩和石灰岩样品实验数据吻合较好，但式中 K_w、p_c和 S_{wf}的物理意义不太清晰。从推导过程看，S_{wf}为润湿相饱和度，p_c为饱和度为 S_{wf}时的毛管压力，K_w为饱和度为 S_{wf}时的水相有效渗透率。

Schembre、Akin、Kovscek 等应用 X 射线 CT 成像方法监测水垂直渗吸到气体饱和岩心的过程，硅藻土和白垩岩心 CT 图像均表明，渗吸过程具有均质性，呈活塞式注入前缘。当渗透率通过其他方法测得时，基于式(3-3-1)，由水渗吸体积的平方与时间的线性关系曲线的斜率可以得到毛管压力。对于垂直渗吸系统，根据式(3-3-1)可知，润湿液体渗吸到多孔介质中的体积会达到无穷大，这在物理上是不可能的。因此，对于整个渗吸过程，式(3-3-1)不适用。另外，基于式(3-3-1)预测润湿液体渗吸时，式中的 K_w 和 p_c 需要通过其他方式来确定。

基于上述分析，Li 和 Horne 对式(3-3-1)进行了修正，并基于实验测量结果推断，在很多情况下，重力因素不应被忽略(是否忽略取决于重力和毛管压力的比值)。他们假设岩心(气体饱和)中水自吸为活塞式注入且服从达西定律，考虑原始水饱和度的影响，可以得到水自吸率与气采收率倒数之间的线性关系式：

$$Q_w = \frac{dN_{wt}}{dt} = \frac{a}{R} - b \tag{3-3-2}$$

其中，

$$a = \frac{AK_w(S_{wf}-S_{wi})p_c}{\mu_w L} \tag{3-3-3}$$

$$b = \frac{AK_w \Delta\rho g}{\mu_w} \tag{3-3-4}$$

$$R = \frac{N_{wt}}{V_p} \tag{3-3-5}$$

式中，V_p为岩心孔隙体积，cm^3；R 为采收率；$\Delta\rho$ 为气、水密度差，g/cm^3。

由于考虑了重力因素的影响，根据式(3-3-2)所绘曲线不通过原点，在水自吸率轴上的截距为负值，且自吸量不会为无穷大。

考虑原始水饱和度时的水渗吸体积为：

$$N_{wt}^2 = \frac{2A^2 p_c K_w \phi (S_{wf}-S_{wi}) t}{\mu_w} \tag{3-3-6}$$

当不考虑原始水饱和度(S_{wi})时，式(3-3-6)将简化为经典的 Handy 方程。

结合式(3-3-3)和式(3-3-4)，毛管压力可以表示为：

$$p_c = \frac{a}{b} \cdot \frac{\Delta\rho g L}{S_{wf}-S_{wi}} \tag{3-3-7}$$

式中，a 和 b 由渗吸率与页岩气采收率倒数的线性关系图计算得到；S_{wf}可在渗吸实验中测量得到。

水饱和度为 S_{wf}时的水有效渗透率为：

$$K_w = \frac{\mu_w b}{A\Delta\rho g} \tag{3-3-8}$$

式(3-3-7)和式(3-3-8)分别为基于渗吸实验数据预测毛管压力和渗透率的关系式。应用式(3-3-8)时，需要考虑重力因素的作用，因此需要较长时间的实验测试。Cai 等基于达西定律，且考虑了不同介质的初始渗吸作用(重力因素可以忽略)后，建立了渗吸有效渗透率模型。该模型所需测试时间较短，但为半解析模型。目前，考虑介质微观结构影响的渗吸有效渗透解析模型还有待进一步发展。

2）改进的渗吸模型

通过实验和理论对比研究发现，目前的渗吸模型主要适用于以毛管压力为主的渗吸方式；对于页岩渗吸，黏土水化渗透压是主要作用力，使页岩渗吸不遵从常规毛管渗吸模型，渗吸量并不严格与时间的平方根成正比，因此，以式(3-3-6)为基础，提出了改进的页岩渗吸计算模型，即：

$$\frac{V_{imb}}{A_c \cdot L} = A_f \cdot t^n \tag{3-3-9}$$

$$A_f = \frac{2p_c \cdot \phi \cdot K_w \cdot (S_{wf} - S_{wi})}{\mu_w L} \tag{3-3-10}$$

式中，V_{imb}为吸入液量，cm^3；p_c为毛管压力，Pa；ϕ为孔隙度；K_w为渗透率，$10^{-3}\mu m^2$；μ_w为液体的黏度，mPa·s；L为岩心长度，cm；A_c为吸水截面积，cm；t为渗吸时间，h；n为渗吸指数；S_{wi}为初始含水饱和度；A_f为页岩自吸速度；S_{wf}为前缘含水饱和度。

对式(3-3-9)取对数即得式(3-3-11)，可以利用渗吸实验数据拟合出A_f和n：

$$\lg \frac{V_{imb}}{A_c \cdot L} = \lg A_f + n \lg t \tag{3-3-11}$$

通过上式可知，吸水量与时间的双对数曲线中存在一条斜率为n的直线，随着时间增加，吸水量增加，该直线与纵轴的交点表示渗吸速度。通过页岩自吸方程分析影响页岩自吸量的各种因素可知：吸液量与毛管压力、渗透率、接触面积、孔隙度成正比，与初始含水饱和度、流体黏度成反比。

通过上述实验结果、自吸方程理论综合分析后认为，自吸液量和自吸速度是表征页岩自吸能力的两个重要参数。

对页岩气藏而言，页岩渗透率、吸水面积这两个参数可以发生大幅变化，是影响页岩自吸液量的关键参数，如果压裂改造好，则气藏渗透率高，缝网面积大，可以导致自吸液量多、返排率低。

3.3.2 页岩渗吸实验方法及影响因素

1）页岩渗吸实验方法

(1）体积法自吸❶实验。

采用玻璃吸水仪在常温、常压条件下测量自吸量，测量精度为0.01mL。将页岩放入吸

❶如前所述，“自发渗吸”简称“自吸”，为尊重行业习惯，本书在涉及具体实验时沿用“自吸实验”一词，与“渗吸实验”含义相同。

水仪，再倒入自吸液体，密封好吸水仪；液体自吸进入岩心，岩心内气体排出，通过记录液面刻度下降可以得到不同时间的吸液量。该实验的原理是自吸液排气，所采用的方法为四周吸液，没有方向性。

通过不同流体的自吸曲线(图3-3-2、图3-3-3)可以看出，常温常压下页岩自吸液体初期速度最快，8h后自吸速度变缓，然后趋于稳定；流体性质不同，自吸曲线存在微小差异，自吸水曲线比自吸油曲线陡，表明自吸水速度更快。计算不同流体自吸最终饱和度可知，亲油性、亲水性流体都能自发渗吸到页岩中，吸液饱和度都大于50%，表明页岩具有混合润湿性；油的表面张力小、直径大，毛管压力较小，页岩最终的吸入量较小。

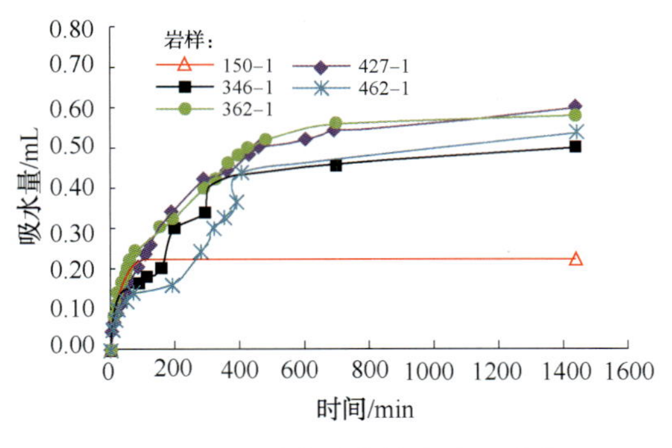

图3-3-2 页岩对蒸馏水自吸曲线

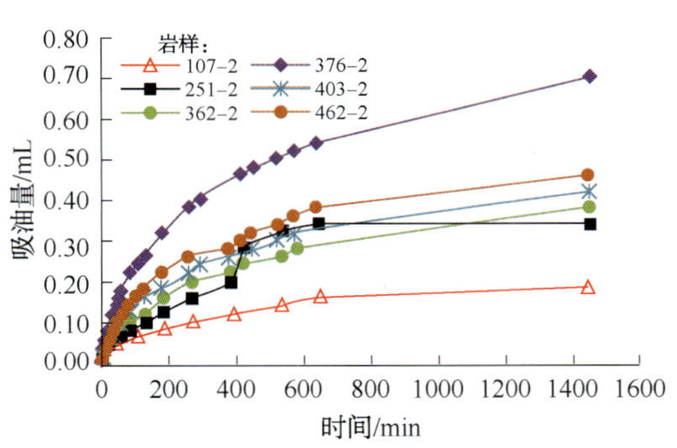

图3-3-3 页岩对油自吸曲线

(2)称重法自吸实验。

采用一端吸液，另一端排气的方法，称量自吸过程中岩心质量的变化，再根据液体密度计算自吸量。称重法自吸实验装置如图3-3-4所示，该方法可以体现岩心方向性的影响，同时消除了表面吸附气泡的影响。

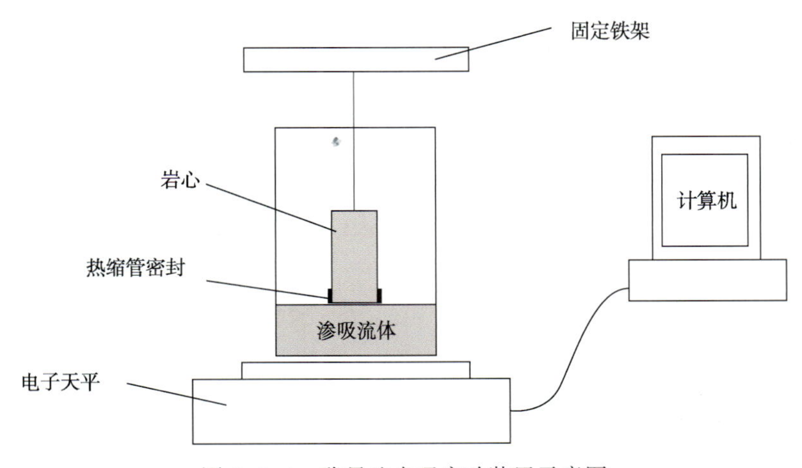

图3-3-4 称量法自吸实验装置示意图

实验步骤为：

① 取固定截面积、不同长度(或固定长度、不同截面积)的柱状岩心，用于测量长度、直径、孔隙度、渗透率等参数。

② 令一个端面吸液，用天平不定时称量岩心的质量，其增加量即自吸液量，测试不同时间下页岩的自吸液量。

③ 改变样品接触面积、渗透率、孔隙度、流体黏度等参数，测试不同时间下页岩的自吸液量。

④ 绘制自吸曲线，分析各个参数对自吸液量的影响。

2）页岩渗吸影响因素

（1）渗透率。

选择底面积、长度相同，渗透率不同的页岩岩心，开展自吸实验。页岩自吸曲线(图 3-3-5)所示为不同时间下页岩的自吸液量和吸液速度。自吸初期，吸水快，曲线较陡，页岩渗透率高，页岩自吸很快达到平稳，吸液量不再随时间而发生变化；曲线平稳段位置的高低表明了页岩的吸液能力，孔隙度越大，其吸液量就越大。实验过程中，应标注出每块实验页岩岩心的小层号、渗透率、孔隙度参数。图 3-3-5 中⑦小层页岩渗透率高，自吸快，24h 左右达到自吸饱和，而且页岩岩心孔隙度也高，自吸总量大；①小层页岩渗透率低，自吸慢，在实验时间内始终没有达到自饱和，自吸曲线没有出现平稳段。

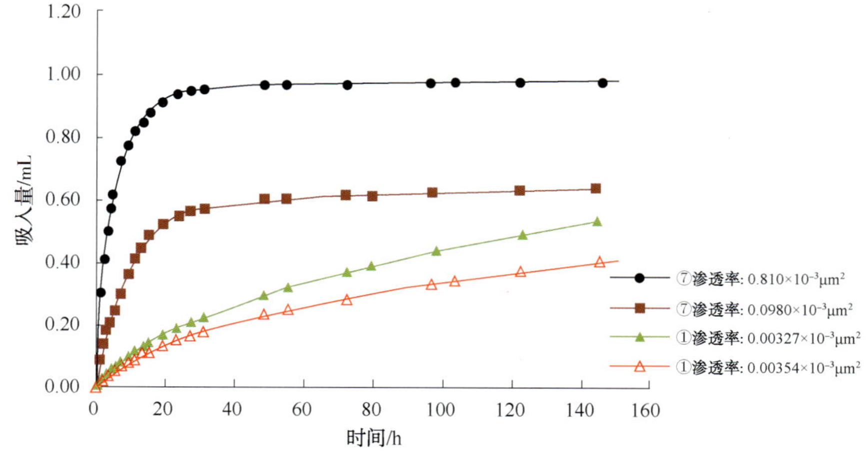

图 3-3-5　不同渗透率页岩自吸曲线(返排液)

在页岩层理缝相当发育的储层的同一位置钻取平行层理、垂直层理方向的页岩岩心，开展自吸实验。选择的龙马溪组⑧小层页岩水平渗透率($K_{水平}$)约为 0.1088×10^{-3} μm^2，垂向渗透率($K_{垂向}$)约为 0.00032×10^{-3} μm^2，各向异性强；而龙马溪组①小层水平渗透率、垂向渗透率都较低。因此，高渗透页岩自吸在较短时间达到饱和(图 3-3-6)，自吸液量大，而特低渗页岩在实验时间内一直处于缓慢吸水过程，但是⑧小层垂向页岩受水平层理缝影响，其自吸曲线所表现出的性质好于相同级别渗透率的其他页岩。

（2）吸水面积。

选择高度相同、底面积不同的长方体页岩岩心(其孔隙度相近，渗透率大于 0.005×10^{-3} μm^2)，开展自吸实验。通过图 3-3-7 中自吸曲线可以看出，页岩自吸水最终都达到饱和平稳，随着页岩自吸面积的增加，吸入量逐渐增加。在岩心长度相同时，自吸面积越大，岩心体积、孔隙体积就越大，吸入量就越多。

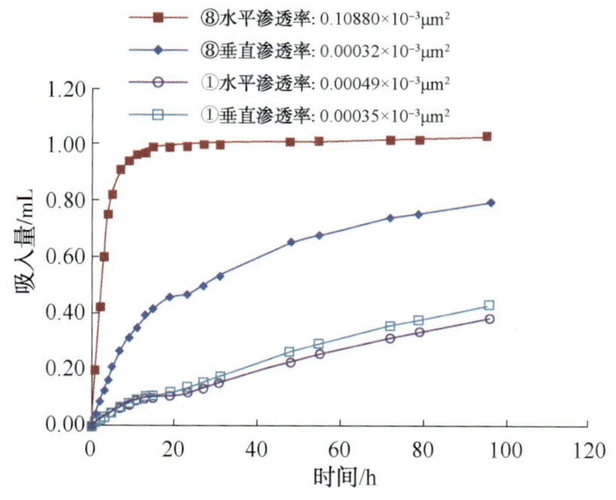

图 3-3-6　垂直、水平层理方向页岩自吸曲线

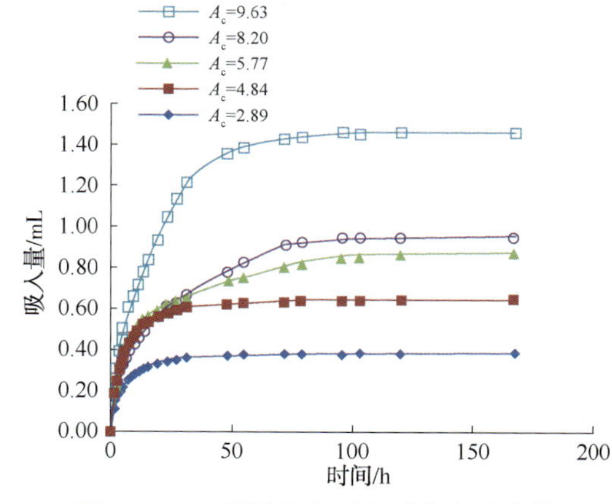

图 3-3-7　不同吸水面积页岩自吸曲线（A_c 为吸水面积）

（3）孔隙度。

选择底面积和长度相同、孔隙度不同的柱状页岩岩心（渗透率大于 $0.005\times10^{-3}\mu m^2$），开展自吸（浓度为 10%的 KCl 溶液）实验。从自吸曲线（图 3-3-8）可以看出，孔隙度越大，页岩吸入量就越多。

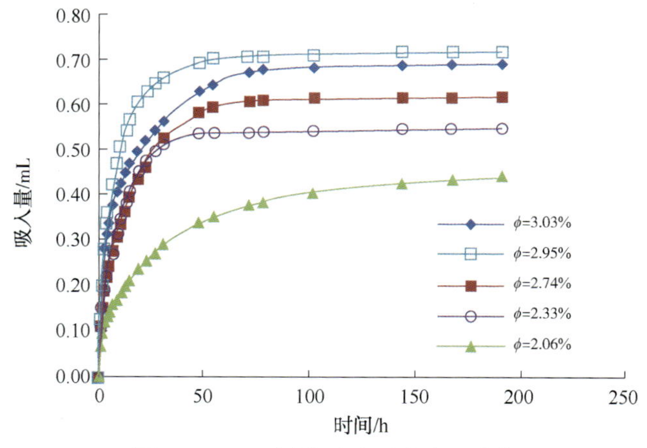

图 3-3-8　不同孔隙度页岩自吸曲线

（4）初始含水饱和度。

在页岩岩心各个物性参数相近的条件下，开展不同初始含水饱和度的页岩自吸（浓度为10%的 KCl 溶液）实验。通过图 3-3-9 中曲线可知，含水饱和度越低，吸入量就越大，两者为反相关关系。

（5）流体黏度。

在页岩压裂改造过程中大量使用了减阻水来降低管流阻力，采用减阻水来模拟页岩自吸能力。实验条件下，减阻水黏度为 1.73mPa·s，约为水的两倍，从图 3-3-10 中的自吸曲线可以看出，渗透率高的页岩自吸曲线通常较陡、自吸快。但是，与自吸其他液体相比，相同物性页岩的减阻水自吸较慢，达到自吸饱和所需时间较长（50~100h），这是受流体黏度影响的结果。

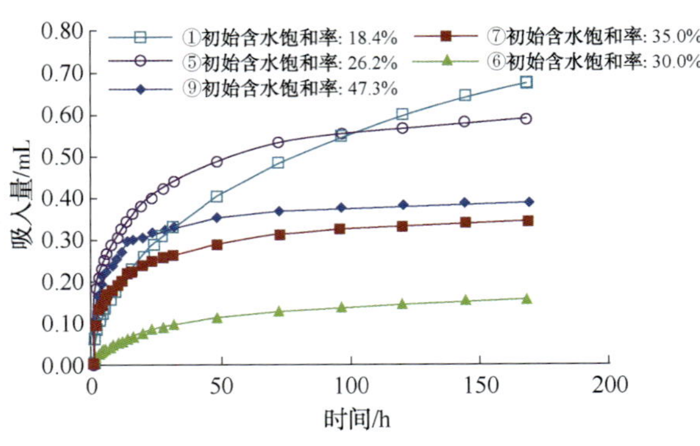

图 3-3-9　不同初始含水饱和度下页岩自吸曲线

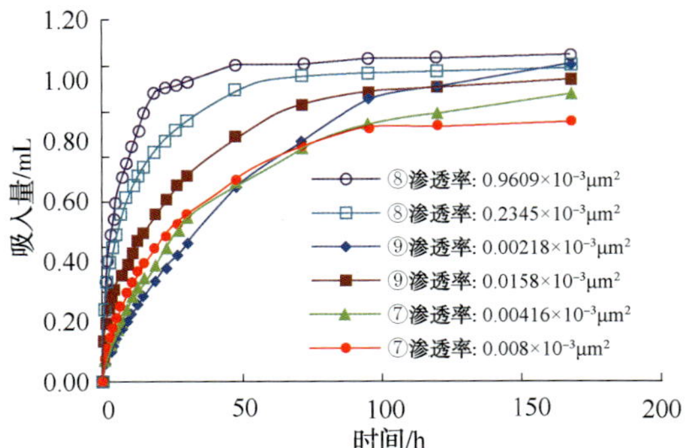

图 3-3-10　不同渗透率页岩自吸减阻水曲线

(6) 有效应力。

上述自吸实验是在非限制性条件下开展的，储层岩心受上覆压力的作用，孔隙度、渗透率存在应力敏感，可以通过改变有效应力来模拟储层上覆压力，近似调整页岩渗透率的大小，开展限制性条件自吸实验，评价页岩自吸能力。

图 3-3-11 所示为有效应力降低前后页岩自吸曲线(岩心样品孔隙度为 4.91%，黏土含量为 58.8%)，前期 20MPa 有效应力下渗透率为 $0.147\times10^{-3}\mu m^2$，一次吸水后含水饱水度为 22.0%；当有效应力降为 5MPa 时，渗透率增加到 $1.58\times10^{-3}\mu m^2$，吸入量进一步增加，自吸速度也增大，二次吸水后含水饱水度达到 55.0%。图 3-3-12 所示为有效应力增加前后页岩自吸曲线(岩心样品孔隙度为 3.77%，黏土含量为 41.0%)，前期 5MPa 有效应力下渗透率为 $1.41\times10^{-3}\mu m^2$，一次吸水后含水饱水度为 32.6%；当有效应力增加到 20MPa 时，渗透率降低至 $0.184\times10^{-3}\mu m^2$，自吸速度降低，吸入量微小增加，二次吸水后含水饱水度只增加到 36.9%。有效应力变化的实验结果对矿场压裂井焖井具有指导意义，储层压裂改造时井周地层压力较高，则在上覆压力不变时储层的有效应力较小，储层渗透率较高，较长时间焖井能让液体进入纳米孔隙，将页岩气置换到微裂缝通道中。

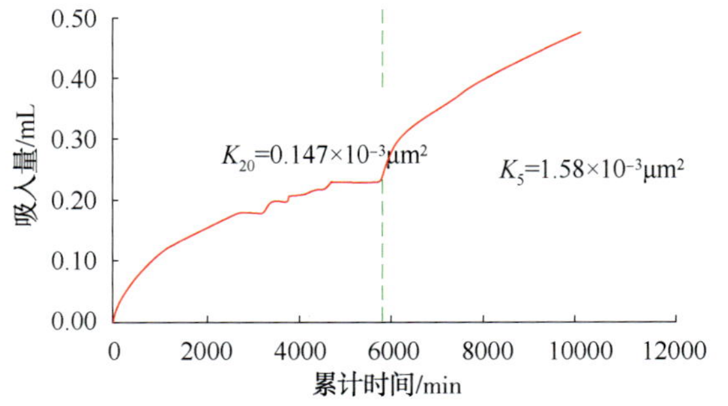

图 3-3-11　有效应力降低前后页岩自吸曲线

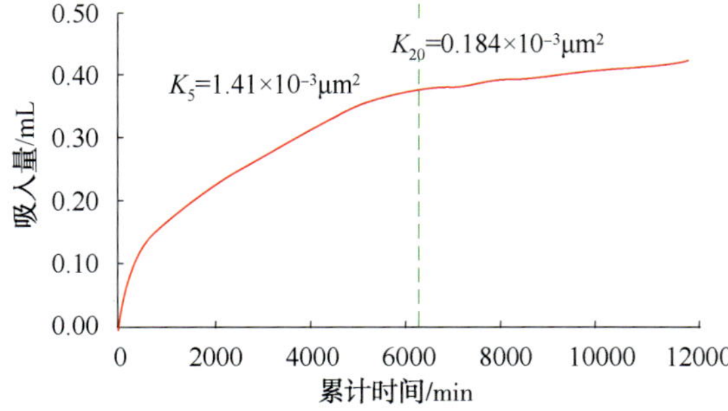

图 3-3-12　有效应力增加前后页岩自吸曲线

(7) 自吸时间。

页岩的自吸曲线是吸入量与时间的关系曲线，对于渗透率较高的页岩，受岩心长度限制，液体自吸在较短时间内达到饱和；而特低渗页岩则没有达到自吸饱和，存在自吸时间越长，其吸入量越大的现象。实际上，储层中页岩自吸是不受长度限制的，时间越长，其吸液深度越大。除上述因素外，页岩岩心孔隙结构、毛管压力、温度等因素都会影响页岩的自吸速度、自吸能力。

3.3.3 页岩渗吸能力及流动能力评价

1）页岩渗吸能力评价参数

在常用坐标系中，页岩自吸曲线为吸入量与时间的关系曲线，将横坐标转变为时间的平方根(图 3-3-13)，这样自吸曲线可以明显看出 3 个阶段：快速自吸阶段、过渡阶段、平衡阶段。而曲线斜率表示单位时间下的自吸速度，随着时间增加，斜率逐渐降为零，而平衡阶段曲线的高低表示吸入量的大小(即渗吸能力)。

渗透率较高的页岩的自吸曲线斜率大，自吸快；渗透率低的页岩自吸液慢，自吸曲线没有平衡段，只出现一个固定斜率，表示该岩心一直在吸液，只是吸液速度很小。在页岩自吸双对数曲线中(图 3-3-14)，自吸直线段与纵轴交点即吸液速度(A_f)，能很直观地求得。因此，页岩渗吸特征用页岩的吸液速度(A_f)、吸液指数(n)来表示。

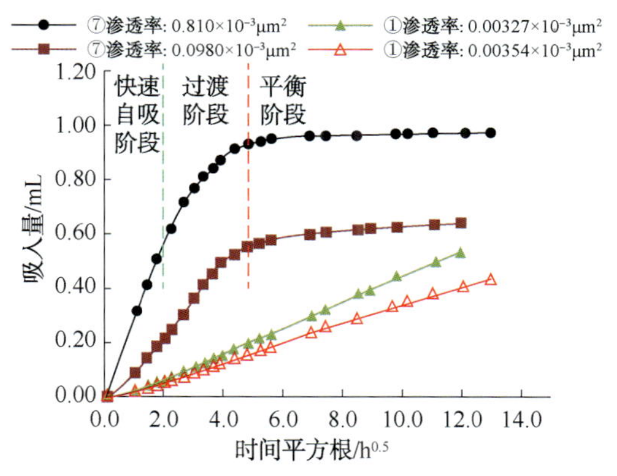

图 3-3-13 页岩吸入量与时间平方根关系曲线

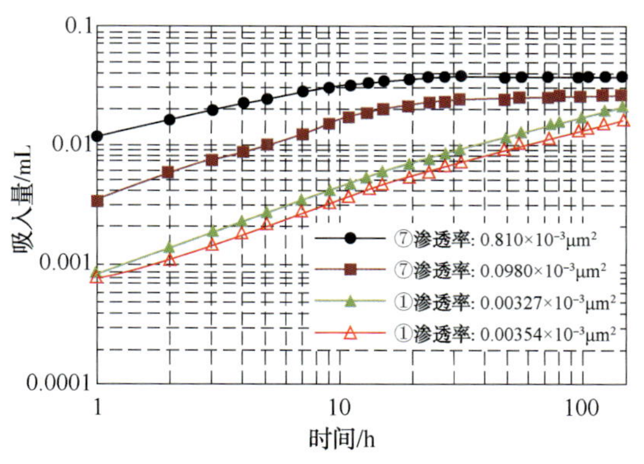

图 3-3-14 不同渗透率页岩自吸双对数曲线

2）页岩渗吸前后渗透率的变化

选择主力气层的一组岩心，开展压裂减阻水渗吸前后流动能力测定实验。首先，测量岩心长度、孔隙度、气测渗透率等参数；然后称重，放入容器中自吸，岩心端面浸入溶液 5mm，定时称量页岩质量；最后，将自吸后岩心装入夹持器(净围压 5MPa)，开展氮气驱，不间断测试渗透率，确定自吸后的伤害率。

从页岩自吸减阻水曲线(图 3-3-15)来看，样品⑧有裂缝，渗透率高，在双对数曲线上代表吸液速度的截距最大，吸液最快，而直线斜率最小；样品⑥渗透率低，吸液速度也小，在同一时间下的吸入量也小。总体来看，渗透率是影响吸液速度、吸液量的关键。

3）水侵页岩微观分析

由于页岩黏土矿物含量高达 20%～50%，具有强烈的吸水膨胀潜能，从实验结果来看，页岩自吸水后渗透率增大，因此，可以借助扫描电镜方法分析水侵页岩的微观机理。

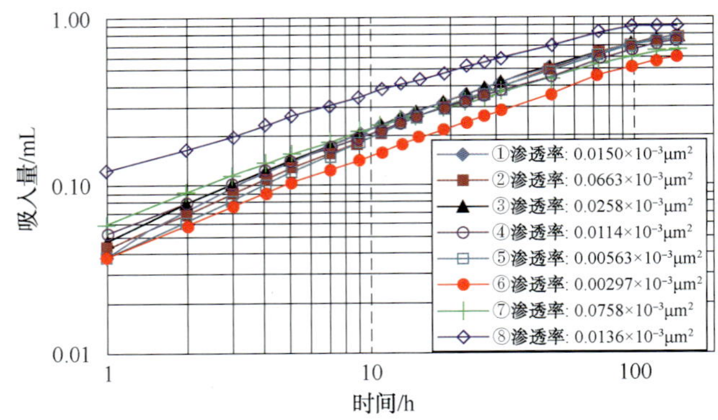

图 3-3-15 页岩自吸减阻水双对数曲线

通过扫描电镜观察发现，岩心的裂缝在自吸前后发生了变化(图 3-3-16、图 3-3-17)，裂缝壁的矿物被水溶蚀掉，出现垮塌现象；裂缝吸水后继续延伸、扩展。对比发现，裂缝中的水具有溶蚀缝壁、延伸扩展裂缝的能力，从而可以增大页岩渗透率。

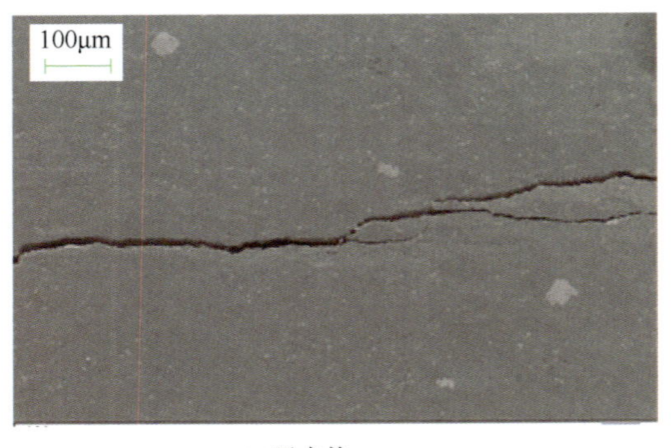

(a)吸水前

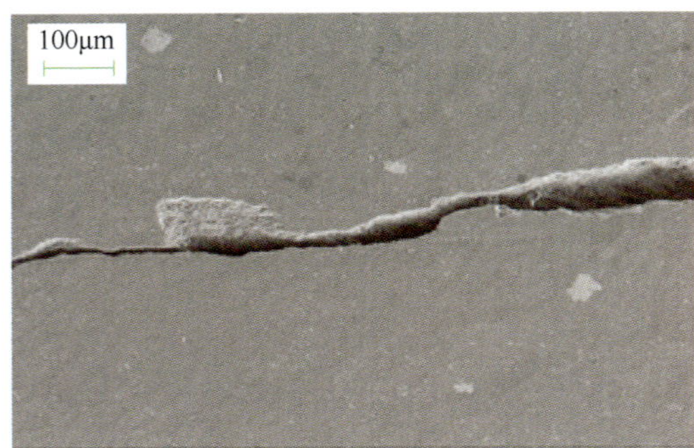

(b)吸水后

图 3-3-16 岩心裂缝壁吸水前后对比

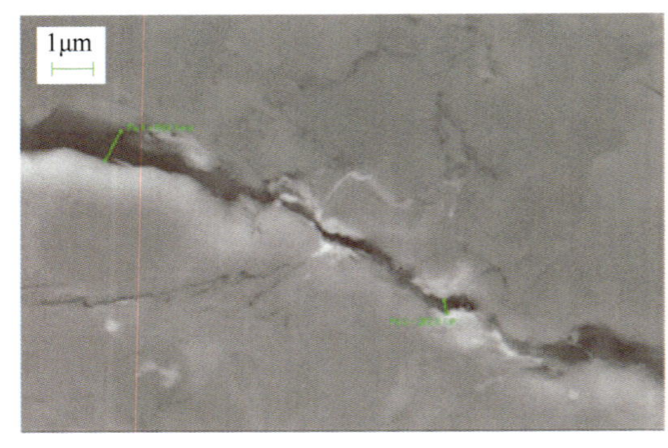

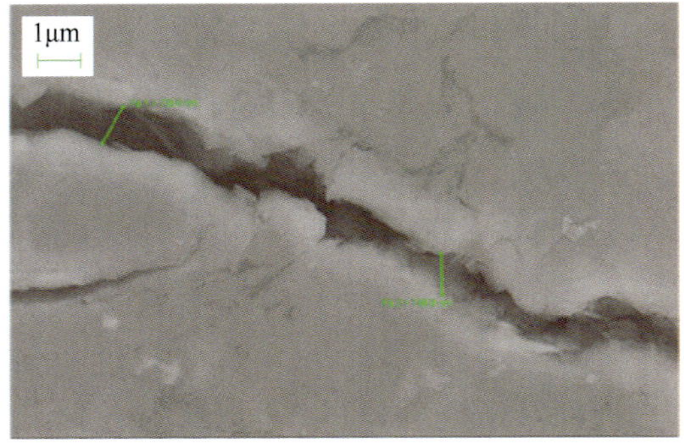

图 3-3-17 岩心裂缝吸水延伸前后对比

从水侵页岩渗透率测试结果和水侵页岩的扫描电镜观察可以看出，水侵入页岩后，产生了更多微裂缝、诱导缝，增加了岩石渗透率，有利于气体渗流。在实际生产中，特别是清水焖井，可以增加水与黏土矿物的接触时间，形成更多微裂缝。

3.3.4 页岩气水两相渗流实验

利用岩心驱替实验装置，通过将岩心渗吸饱和滑溜水，然后利用氮气驱替岩心，可以开展不同含水饱和度下的气水渗流实验，考察水对气体渗流的影响。

1）气水两相实验方法及装置

（1）实验方法。

利用岩心驱替实验装置，将页岩基质岩心饱和压裂液，利用氮气恒压驱替测试气水相渗。依据行业标准《岩心中两相流体相对渗透率测定方法》(SY/T 5345—2007)所述原理进行实验。测试气水两相渗流规律的实验方法分为稳态法和非稳态法，本小节对非稳态法的实验原理进行描述。

非稳态法是以 Buckley-Leverett 一维两相水驱油前缘推进理论为基础的。实验中忽略毛管压力和重力作用，假设两相流体不互溶，岩样任一横截面内气水饱和度是均匀的。实验时将岩心事先用一种流体饱和，用另一种流体进行驱替。在水驱气过程中，气水饱和度在多孔介质中的分布是距离和时间的函数，这个过程称为非稳态过程。按照模拟条件的要求，在油藏岩心上进行恒压差或恒流速水驱气实验，在岩心出口端记录每种流体的产量和岩心两端的压力差随时间的变化，用 JBN 方法计算得到气水相对渗透率，并绘制气水相对渗透率与含水饱和度的关系曲线。

（2）实验装置。

测试装置包括三轴应力岩心夹持器、压力泵、气量计、压力传感器、气水分离器、回压阀等(图 3-3-18)。

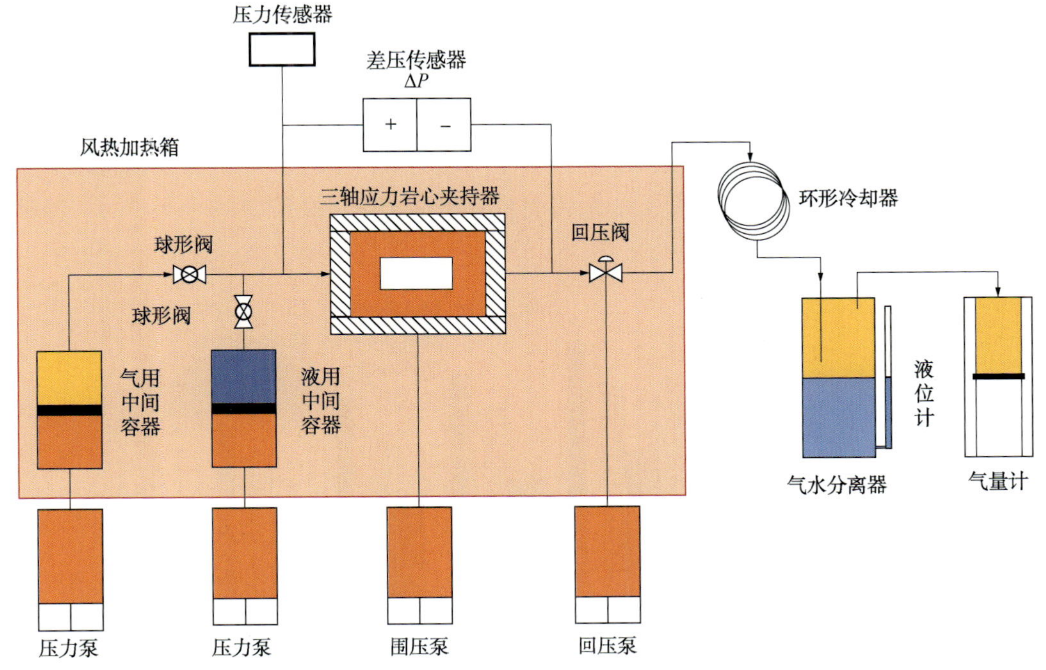

图 3-3-18 非稳态法气水相对渗透率测试装置示意图

(3) 实验步骤。

① 烘干岩心，测量长度、直径、干重、孔隙度、渗透率等基础参数。

② 将岩心放入夹持器中并饱和水，用驱替泵以一定的压力使水通过岩心，待驱替岩心进出口的压差和出口流量稳定后，测定水相渗透率。

③ 根据绝对渗透率、水相渗透率选取合适的驱替压差，初始压差必须保证既能克服末端效应又不产生紊流。

④ 调整好出口气、水体积计量系统，开始气驱水，记录各个时刻的驱替压力、返排液量和产气量。由于水量太少无法计量，应取出岩心采用称重法测定出水量。

⑤ 气驱水至束缚水状态，测定束缚水状态下气相有效渗透率，然后结束实验。

2) 气水两相实验结果

利用岩心驱替实验装置，进行气水两相在压裂缝网中渗流过程模拟，给页岩裂缝岩心饱和压裂液，利用氮气恒压驱替测试不同有效应力下的气水相对渗透率。对涪陵气田的5块裂缝岩心进行相渗测试，实验岩心的基础数据见表3-3-1。

表3-3-1 裂缝岩心基础数据表(有效应力2MPa)

岩心编号	岩心直径/cm	岩心长度/cm	孔隙度/%	绝对渗透率/$10^{-3}\mu m^2$
FL-48	2.5	5.31	5.44	63.4
FL-55	2.52	4.99	4.07	15.1
FL-56	2.52	5.31	1.95	42.5
FL-61	2.53	5.09	3.49	29.4
FL-161	2.53	5.12	2.35	8.9

根据实验结果得出以下结论：

(1) 岩心相渗曲线均为下凹型曲线，裂缝气水两相相渗曲线并不是交叉直线，随着有效应力增加，束缚水饱和度增高，气水两相相对渗透率快速降低，存在较强的应力敏感。

(2) 随着有效应力的增加，最终驱替效率呈下降趋势(图3-3-19)，5块岩心的平均下降幅度为36%~47%，如FL-56号岩心最终驱替效率从2MPa的32.91%下降到了10MPa的17.59%，驱替效率下降了46.55%。

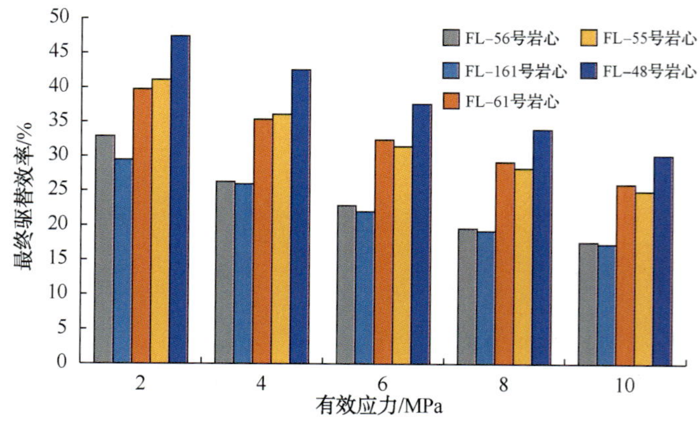

图3-3-19 最终驱替效率与有效应力关系曲线

（3）最终驱替效率与孔隙度为正相关关系，即孔隙度越大，最终驱替效率越高，反之，驱替效率越低(图 3-3-20)。FL-56 号岩心孔隙度为 1.95%，在有效应力 10MPa 下驱替效率只有 17.58%，而 FL-48 号孔隙度为 5.44%，在有效应力 10MPa 下驱替效率为 30.18%。

（4）由以上分析认为，控制降压开发速度有助于强化地层排液，延缓递减趋势。

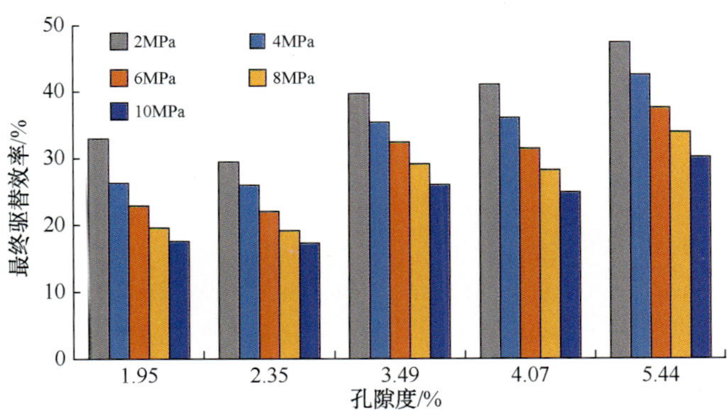

图 3-3-20　最终驱替效率与孔隙度关系曲线

参 考 文 献

[1] 史兴旺，杨正明，张亚蒲，等. 中东 H 油田低渗透碳酸盐岩油藏多层水驱核磁共振实验研究[J]. 测井技术，2017，41(05)：523-527.

[2] 肖前华，张亚蒲，杨正明，等. 中东碳酸盐岩核磁共振实验研究[J]. 科学技术与工程，2013，13(22)：6415-6420.

[3] 代全齐，罗群，张晨，等. 基于核磁共振新参数的致密油砂岩储层孔隙结构特征——以鄂尔多斯盆地延长组 7 段为例[J]. 石油学报，2016，37(07)：887-897.

[4] 白松涛，程道解，万金彬，等. 砂岩岩石核磁共振 T_ 2 谱定量表征[J]. 石油学报，2016，37(03)：382-391+414.

[5] 李继庆，黄灿，曾勇，等. 一种判别页岩气流动状态的新方法[J]. 特种油气藏，2016，23(1)：100-103+156.

[6] 段永刚，李建秋. 页岩气无限导流压裂井压力动态分析[J]. 天然气工业，2010，30(3)：26-29.

[7] 段永刚，魏明强，李建秋，等. 页岩气藏渗流机理及压裂井产能评价田[J]. 重庆大学学报，2011，34(4)：63-66.

[8] 李建秋，曹建红，段永刚，等. 页岩气井渗流机理及产能递减分析[J]. 天然气勘探与开发，2011，34(2)33-37.

[9] 李晓强，周志宇，冯光，等. 页岩基质扩散流动对页岩气井产能的影响田[J]. 油气藏评价与开发，2011，1(5)：67-70.

[10] Javadpour F，Fisher D B，Unsworth M，et al. Nanoscale gas flow in shale gas sediments[J]. Journal of Canadian Petroleum Technology，2007，46(10)：55-61.

[11] Ghanizadeh A，Amannhildenbrand A，Gasparik M，et al. Experimental study of fluid transport processes in the matrix system of the European organic - rich shales：II. Posidonia Shale (lower Toarcian，northern Germany [J]. International Journal of Coal Geology，2013，123：20-33.

[12] Kanfar M, Alkouh A B, Wattenbarger R A. Bilinear flow in shale gas wells: fact or fiction? [C]// Paper SPE-171669-MS. Presented at the SPE/CSUR Unconventional Resources Conference, Calgary, Alberta, Canada.

[13] Lu X C, Li F C, Watson A T. Adsorption measurements in Devonian shales[J]. Fuel, 1995, 74(4): 599-603.

[14] 李武广，杨胜来，陈峰，等. 温度对页岩吸附解吸的敏感性研究[J]. 矿物岩石，2012，2(2)：115-120.

[15] 熊伟，郭为，刘洪林，等. 页岩的储层特征以及等温吸附特征[J]. 天然气工业，2012，32(1)：113-116.

[16] Javadpour F, Fisher D, Unsworth M. Nanoscale gas flow in shale gassediments[J]. Petroleum Technol, 2007, 46(10): 55-61.

[17] 王伟峰. 页岩气藏渗流及数值模拟研究[D]. 成都：西南石油大学，2013.

[18] Yang F, Ning Z, Zhang R, et al. Investigations on the methane sorption capacity of marine shales from Sichuan Basin, China[J]. International Journal of Coal Geology, 2015, 146: 104-117.

[19] 杨峰，宁正福，张睿，等. 甲烷在页岩上的吸附等温过程[J]. 煤炭学报，2014，39(7)：1327-1332.

[20] 武景淑，于炳松，李玉喜. 渝东南渝页1井页岩气吸附能力及其主控因素[J]. 西南石油大学学报：自然科学版，2012，34(4)：40-48.

[21] 闫建萍，张同伟，李艳芳，等. 页岩有机质特征对甲烷吸附的影响[J]. 煤炭学报，2013，38(5)：805-811.

[22] 邹才能，朱如凯，白斌，等. 中国油气储层中纳米孔首次发现及其科学价值[J]. 岩石学报，2011，27(6)：1857-1864.

[23] Sing K, Everett D, Haul R, et al. Reporting physisorption data for gas/solid systems with special reference to the determination of surface area andporosity[J]. Pure and Applied Chemistry, 1985, 54(11): 2201-2218.

[24] 孔德涛，宁正福，杨峰，等. 页岩气吸附特征及影响因素[J]. 石油化工应用. 2013，32(9)：1-4.

[25] 郭为，熊伟，高树生，等. 页岩气等温吸附解吸特征[J]. 中南大学学报. 2013，44(7)：2836-2840.

[26] 郭为，熊伟，高树生，等. 温度对页岩等温吸附/解吸特征影响[J]. 石油勘探与开发. 2013，40(4)：481-485.

[27] 马玉龙，张栋梁. 页岩储层吸附机理及其影响因素研究现状[J]. 地下水. 2014，36(6)：246-249.

[28] 毕赫，姜振学，李鹏，等. 渝东南地区龙马溪组页岩吸附特征及其影响因素[J]. 天然气地球科学. 2014，25(2)：301-309.

[29] 王瑞，张宁生，刘晓娟，等. 页岩气吸附与解吸机理研究进展[J]. 科学技术与工程. 2013，13(19)：5561-5565.

[30] 马东民. 煤层气吸附解吸机理研究[D]. 西安：西安科技大学，2008,：65-68.

[31] 马东民，张遂安，蔺亚兵. 煤的等温吸附/解吸实验及其精确拟合[J]. 煤炭学报，2011，36(3)：477-480.

[32] 马东民，曹石榴，李萍，等. 页岩气与煤层气吸附/解吸热力学特征对比[J]. 煤炭科学技术，2015，43(002)：64-67.

[33] 岳长涛，李术元，李林玥，等. 页岩气等温解吸特性研究[J]. 现代地质，2017，31(001)：150-157.

[34] 黄海帆. 基于分子模拟的页岩气吸附与解吸数值模拟研究[D]. 贵阳：贵州大学，2017.

[35] 高和群，曹海虹，曾隽. 页岩气解吸规律新认识[J]. 油气地质与采收率，2019，26(02)：85-90.

[36] 姚逸风，唐善法，杨珍，等. 页岩气吸附与解吸附规律及影响因素研究[J]. 中国化工贸易，2015，000(014)：185-185.

[37] Chen J，Wang F C，Liu H，et al. Molecular mechanism of adsorption/desorption hysteresis：dynamics of shale gas in nanopores[J]. China Physics，Mechanics & Astronomy，2017(01)：1-8.

[38] Wang J，Yang Z，Dong M，et al. Experimental and numerical investigation of dynamic gas adsorption/desorption-diffusion process in shale[J]. Energy & Fuels，2016，30(12)：10080-10091.

[39] Ju P T，Hu N T，Yuan M A. Experimental research on adsorption-desorption characteristics of shale gas in coal shale by nuclear magnetic resonance[J]. Journal of Safety and Technology，2017.

页岩气分段压裂水平井产能评价方法

常规气井主要利用试气资料来确定气藏产能，长水平井分段压裂技术作为目前页岩气开发的有效关键技术，其产能评价方法不同于常规气藏。本章主要从页岩气特有的渗流过程出发，结合试气数据、试采数据分析页岩气井产能评价方法。包括 3 个方面的内容：①单相页岩气井潜在产能、合理产能及生产动态产能评价方法；②页岩气井气液两相节流产能评价方法，以及压裂液返排对节流临界流量的影响；③基于大数据的产能影响因素分析方法和 BP 神经网络模块分析预测产能方法。

4.1 单相页岩气井产能评价方法

页岩气井产能泛指页岩气井的产气能力，一般可分为 3 类：潜在产能、合理产能、生产动态产能。

页岩气井潜在产能反映了气井的生产潜力，既可以指某一特定油嘴工作制度测试的井口产量，也可以用气井无阻流量表示，是一口井的极限产能。

页岩气井合理产能是指气井具有携液能力、能够合理利用能量，同时具有一定稳产期的生产产量。保持合理产能不仅可以使气井在较低的投入下获得较长时间稳产，而且可以使气藏在合理的采气速度下获得更高的采收率，从而获得更好的经济效益。

页岩气井生产动态产能是通过气井的压力、产量数据反映气井的生产能力，常指限定某一井底压力或井口压力条件下的产量。国外页岩气井常采用定压生产方式，用前 3 个月或前 6 个月的平均产量或历史最高产量作为评价气井动态产能的指标。

4.1.1 潜在产能评价方法

页岩气井潜在产能的表征指标有测试产量、无阻流量和压力校正产量。

测试产量可以通过实际测试资料获取，主要采取敞开井口放喷的办法，得到的产气量是最高测试产量。

用放喷的方法会造成天然气浪费，为了明确井的产能并实现资源节约，后来采用产能试井法(包括回压试井法、等时试井法、修正等时试井法等)，通过试井来确定一口气井的产能方程及无阻流量。

根据《石油天然气储量计算规范》(DZ/T 0217—2005)对气井产能的规范：试气井产量可用试气稳定产量折算压差(不大于原始地层压力 10%)下的产量代替，或用 20%~25%的天然气无阻流量代替。

1）测试产量

测试产量主要采取敞开井口放喷的方法测试得到。以涪陵页岩气田一期产建区块为例，254 口井完成试气，采用 12mm 油嘴测试的最高产量为 $59.1\times10^4 m^3/d$，最低产量为 $1.8\times10^4 m^3/d$，平均测试产量为 $26.6\times10^4 m^3/d$。

2）无阻流量

气井产能试井的目的是确定气井的无阻流量，即井底回压为零时的产气量。气井的无阻流量可以依据一定的分析理论，利用现场测试的产量和流压数据计算得到。测试资料分析方法主要包括拟压力形式和压力平方形式的二项式法、指数式法和经验一点法。

（1）二项式法。

拟压力形式的二项式法产能方程为：

$$m(p_e)-m(p_{wf})=Aq_{sc}+BQ_{sc}^2 \tag{4-1-1}$$

$$A=\frac{2.3026p_{sc}T}{\pi KhT_{sc}}\left(\lg\frac{0.472r_e}{r_w}+\frac{S}{2.3026}\right),\quad B=\frac{p_{sc}TD}{\pi KhT_{sc}} \tag{4-1-2}$$

压力平方形式的二项式法产能方程为：

$$p_e^2-p_{wf}^2=AQ_{sc}+BQ_{sc}^2 \tag{4-1-3}$$

$$A=\frac{2.3026p_{sc}T\overline{\mu Z}}{\pi KhT_{sc}}\left(\lg\frac{0.472r_e}{r_w}+\frac{S}{2.3026}\right),\quad B=\frac{p_{sc}TD\overline{\mu Z}}{\pi KhT_{sc}} \tag{4-1-4}$$

上述四式中，$m(p_e)$、$m(p_{wf})$ 为拟压力，$MPa^2/(mPa\cdot s)$；p_e 为平均地层压力，MPa；p_{sc} 为标态压力，MPa；p_{wf} 为井底流压，MPa；K 为地层渗透率，$10^{-3}\mu m^2$；h 为地层有效厚度，m；μ 为地层气体黏度，mPa·s；Z 为地层气体压缩因子；Q_{sc} 为气井日产量，10^4m^3；A、B 为回归系数；D 为惯性-湍流表皮系数；S 为表皮因子；T_{sc}、T 为标态温度和地层温度，K；r_e、r_w 为泄流半径和井筒半径，m。

在确定系数 A 和 B 的情况下，气井的产能方程为：

拟压力形式产能方程：

$$Q_{sc}=\frac{\sqrt{A^2+4B[m(p_e)-m(p_{wf})]}-A}{2B} \tag{4-1-5}$$

压力平方形式产能方程：

$$Q_{sc}=\frac{\sqrt{A^2+4B(p_e^2-p_{wf}^2)}-A}{2B} \tag{4-1-6}$$

（2）指数式法。

指数式是气井产能的经验表达形式，形式简单，虽然计算结果的精度不是很高，但是在工程上可以用来进行初步估算，页岩气井指数式拟压力和压力平方形式的产能方程通式如下：

拟压力形式产能方程：

$$Q_{sc}=C[m(p_e)-m(p_{wf})]^n \tag{4-1-7}$$

压力平方形式产能方程：

$$Q_{sc}=C(p_e^2-p_{wf}^2)^n \tag{4-1-8}$$

式中，C 为产能方程系数；n 为产能方程指数。

两端同时取对数，整理可得：

拟压力形式产能方程：

$$\lg Q_{sc}=\lg C+n\lg[m(p_e)-m(p_{wf})] \tag{4-1-9}$$

压力平方形式产能方程：

$$\lg Q_{sc}=\lg C+n\lg(p_e^2-p_{wf}^2) \tag{4-1-10}$$

利用现场测试的产量和流压数据，可以通过线性回归求得 C 和 n。

(3) 经验一点法。

一点法试井是气井产能试井的方法之一，其主要目的是快速获取气井的无阻流量。在已知地层压力的情况下，通过测得的一个稳定产量及相应的稳定井底流压，可以采用经验公式计算该井的无阻流量。

陈元千提出了 3 种形式的一点法无阻流量经验公式：

$$Q_{aof}=\frac{Q_{sc}}{1.8p_d-0.8p_d^2} \tag{4-1-11}$$

$$Q_{aof}=\frac{6Q_{sc}}{\sqrt{1+48p_d}-1} \tag{4-1-12}$$

$$Q_{aof}=\frac{Q_{sc}}{1.0434p_d^{0.6594}} \tag{4-1-13}$$

式中，p_d 为无因次压力，$p_d=\frac{m(p_e)-m(p_{wf})}{m(p_e)}$ 或 $p_d=\frac{p_e^2-p_{wf}^2}{p_e^2}$；$Q_{aof}$ 为无阻流量，$10^4\text{m}^3/\text{d}$。

通常将拟压力的表达形式设定为：

$$m(p)=2\int_0^p \frac{p}{\mu Z}\text{d}p \tag{4-1-14}$$

低压范围内，μZ 可以看作常数，推导出：

$$m(p_e)-m(p_{wf})=\frac{p_e^2-p_{wf}^2}{\overline{\mu Z}} \tag{4-1-15}$$

较高压力下，$p/\mu Z$ 可以看作常数，推导出：

$$m(p_e)-m(p_{wf})=\frac{2\bar{p}}{\overline{\mu Z}}(p_e-p_{wf}) \tag{4-1-16}$$

二项式法和指数式法两种方法的使用过程中，要求系统试井的各测试工作制度流动压力达到稳定，所选择的最小产量至少应等于井筒中携液所需要的产量，不能造成井底积液，且每一工作制度的产量必须保持由小到大的顺序进行测试。

一点法产能公式的适用条件主要包括：①测试压力点必须达到稳定，否则，计算结果不能反映气井的真实情况；②地层流体为单相，测试过程中，如果井底附近出现了两相流（如边底水窜入井底或压裂液返排不彻底等），则一点法测试的分析结果将出现较大误差。

在产能建设过程中，页岩井在投产前均采用多个工作制度来测试气井的产能，该过程可以视为一个简单的产能试井过程。相比于二项式产能方程、指数式产能方程，一点法是现场应用最广泛、最便捷的产能计算方法。

3）压力校正产量

将试气稳定产量折算压差（通常不大于原始地层压力的 10%）下的产量定义为压力校正产量。压力校正产量计算公式为：

$$Q_{\text{correct}}=\frac{Q}{p_{\text{i}}-p_{\text{wf}}}(p_{\text{i}}-0.9p_{\text{i}}) \tag{4-1-17}$$

式中，Q_{correct} 为校正产量，$10^4\text{m}^3/\text{d}$；Q 为气井日产量，10^4m^3；p_{i} 为地层压力，MPa；p_{wf} 为井底流压，MPa。

以 4A 井为例，该井 12mm 油嘴测试制度下稳定产量为 $33.04\times10^4\text{m}^3/\text{d}$，稳定井口套压为 22.2MPa（图 4-1-1），折算为井底流压 25.67MPa，地层压力采用推算值 37.69MPa，根据压力校正产量公式计算该井压力校正产量为 $10.4\times10^4\text{m}^3/\text{d}$（表 4-1-1）。

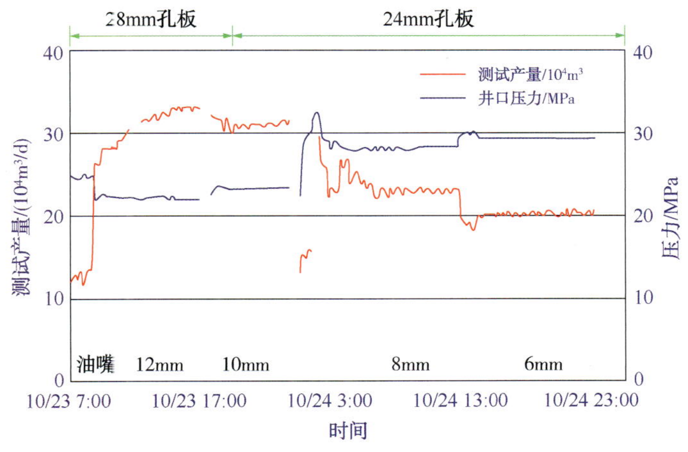

图 4-1-1　4A 井小时测试曲线

表 4-1-1　4A 井压力校正产量计算结果

测试数据					压力校正产量/($10^4\text{m}^3/\text{d}$)
油嘴/mm	地层压力/MPa	测试产量/($10^4\text{m}^3/\text{d}$)	井口套压/MPa	井底流压/MPa	
12	37.69	33.04	22.2	25.67	10.4

4.1.2　合理产能评价方法

合理产能是指页岩气井能够合理利用地层能量，同时具有一定稳产期的产量。合理产能的评价方法分为两类，一类是采气指示曲线法，该方法是从合理利用地层能量的角度出发所提出的；另一类是稳产年限法，该方法是从气井稳产期的角度出发所提出的。

1）采气指示曲线法评价结果

采气指示曲线法的基本理论出发点是，在降低气井井底附近非达西流效应引起的附加压降的同时，最大程度地利用地层能量。

由二项式方程 $p_{\text{e}}^2-p_{\text{wf}}^2=AQ+BQ^2$ 可以得到：

$$p_{\text{e}}-p_{\text{wf}}=\frac{AQ+BQ^2}{p_{\text{e}}+\sqrt{p_{\text{e}}^2-AQ-BQ^2}} \tag{4-1-18}$$

式中，p_e 为平均地层压力，MPa；p_{wf}为井底流压，MPa；Q 为气井日产量，10^4m^3；A、B 为回归系数。

由式(4-1-18)可知，气井生产压差是地层压力和气井产量的函数，以 4C 井为例，当产量较小时，生产压差与产量为线性关系，当气井产量大于某一值时，曲线突然上翘(图 4-1-2)，表现出明显的非达西效应，此时，气井生成过程中会把部分压力消耗到克服非达西流阻力上，因此，把偏离早期直线段那一点的产量定义为气井的最大合理产能。

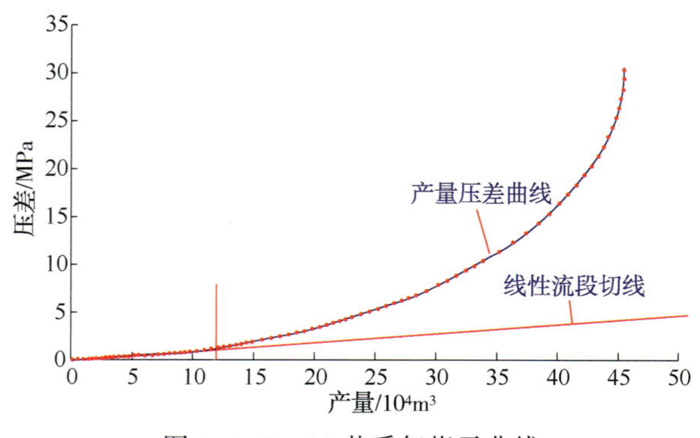

图 4-1-2 4C 井采气指示曲线

通过采气指示曲线法获得气井合理产能，需要气井具有产能试井资料，求取产能方程。借鉴常规气藏无阻流量经验配产系数法，利用采气指示曲线法可以确定不同无阻流量区间的合理配产系数(图 4-1-3、表 4-1-2)。

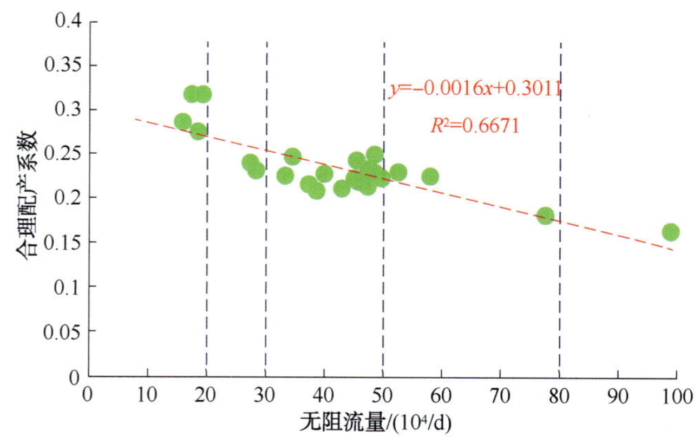

图 4-1-3 无阻流量与合理配产系数关系

表 4-1-2 无阻流量与合理产量系数关系

无阻流量/(10^4m^3/d)	合理配产系数	配产值/(10^4m^3/d)	无阻流量/(10^4m^3/d)	合理配产系数	配产值/(10^4m^3/d)
<10	1/2	<5	50~80	1/5~1/6	10~12
10~20	1/2~1/3	5~6	80~120	1/7~1/8	12~15
20~30	1/3~1/4	6~8	>120	1/8	>15
30~50	1/4~1/5	8~10			

2）稳产年限法评价结果

稳产年限法以方案设计稳产期为目标，在单井试采数据拟合的基础上，反算满足稳产期的合理产量。稳产期反算的方法通常包括不稳定产量分析法、数值模拟法。

页岩气井的生产动态表明，定压降产阶段（稳产期，生产时间5年内），生产动态数据显示在物质平衡时间与规整化产量图版上均呈现明显的直线段，表现出明显的不稳定线性流特征。

4A井生产时间长达4.5年，该井一直以$6\times10^4m^3/d$定产生产，通过对实测流压和产气数据进行分析可知，4A井生产过程中一直处于基质线性流阶段（特征线斜率为-1/2，图4-1-4），生产数据未捕捉到早期裂缝线性流（特征线斜率为-1/2）和裂缝-基质线性流（特征线斜率为-1/4），以上现象说明，4A井裂缝导流能力较强。

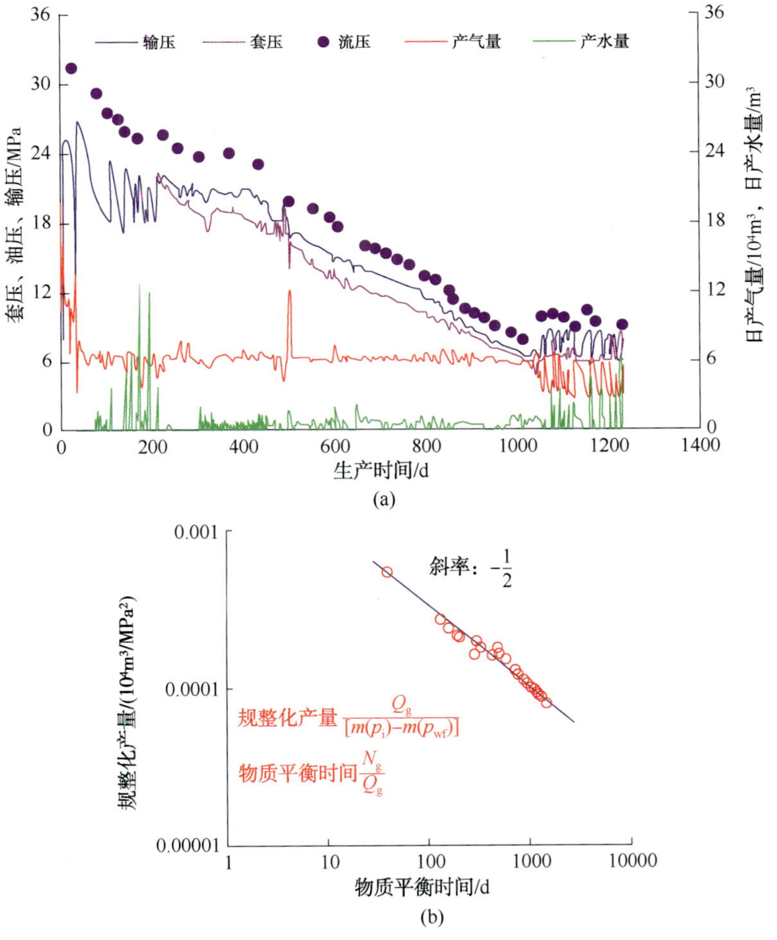

图4-1-4　4A井生产曲线图（a）及流态识别图版（b）

涪陵页岩气田具有流压测试数据的228口井生产数据均表现出共同的特征，即实测流压和产气量数据在流态诊断图版上都表现为基质线性流（特征线斜率为-1/2）。

页岩气分段压裂水平井在生产很长时间内表现出基质线性流特征，在此阶段不稳定线性流定产条件下的解析方程为：

$$m(p_i)-m(p_{wf})=\frac{1}{A\sqrt{K}\cdot\frac{\sqrt{\theta\mu C_t}}{6.63T}}(Q_g\cdot\sqrt{t}) \tag{4-1-19}$$

式中，$m(p_i)$为拟地层压力，$MPa^2/(mPa\cdot s)$；$m(p_{wf})$为拟井底流压，$MPa^2/(mPa\cdot s)$；Q_g为日产气量，10^4m^3；T为地层温度，K；C_t为综合压缩系数，1/MPa；K为压裂后的基质渗透率，$10^{-3}\mu m^2$；t为生产时间，d；A为裂缝截面积的一半，m^2。

令 $m=A\sqrt{K}\cdot\frac{\sqrt{\theta\mu C_t}}{6.63T}$，式(4-1-19)可以转换为：

$$m(p_{wf})=m(p_i)-\frac{1}{m}(Q_g\cdot\sqrt{t}) \tag{4-1-20}$$

通过式(4-1-20)可知，当页岩气井采用定产方式生产并且处于基质线性流阶段时，在直角坐标图版上，$[m(p_i)-m(p_{wf})]$与$(Q_g\cdot\sqrt{t})$的关系为一条斜率为$1/m$的直线(图4-3-4)。将m定义为页岩气井的产能系数；将$[m(p_i)-m(p_{wf})]$与$(Q_g\cdot\sqrt{t})$的关系定义为产能评价图版。

利用页岩气井产能评价图版求取已投产井的产能系数，以涪陵页岩气田一期产建方案设计稳产2.5~3年为目标，可以根据不稳定线性流渗流方程计算单井配产产量：

$$Q_g=\frac{m(p_i)-m(p_{wf})}{\sqrt{t}}\cdot m \tag{4-1-21}$$

以4A井为例，建立产能系数评价图版，求得产能系数为32(图4-1-5)。在生产1年期间井底流压拟合的基础上，对1年后的井底流压作出预测，结果表明，井底流压预测结果和实测结果吻合较好。预测该井到输压的生产天数是1314天，实际的生产天数是1302天(图4-1-6)，此后定产降压阶段结束，说明产能系数计算准确。根据合理产量计算公式计算得4A井稳产1年、2年、2.5年、2.7年、3年对应的产量分别为$11.9\times10^4m^3/d$、$8.4\times10^4m^3/d$、$7.5\times10^4m^3/d$、$7.3\times10^4m^3/d$、$6.9\times10^4m^3/d$(图4-1-7)。

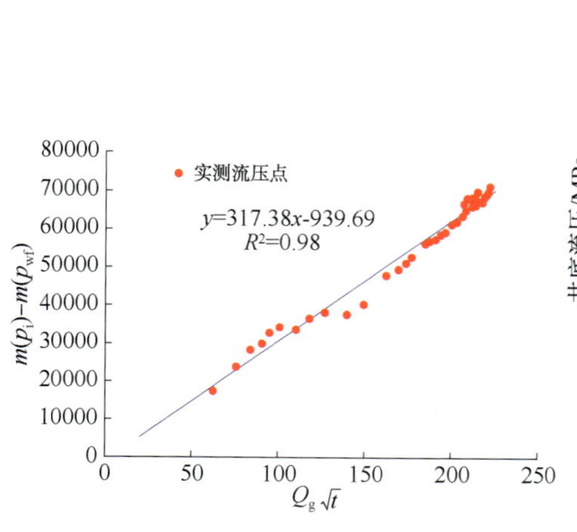

图4-1-5 4A产能系数评价图版

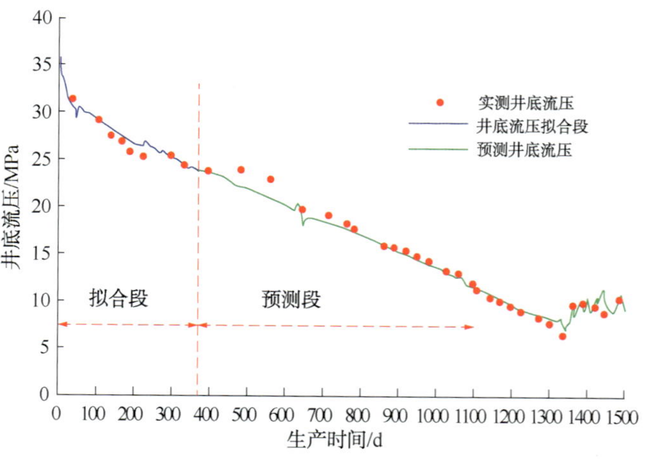

图4-1-6 4A井井底流压预测结果

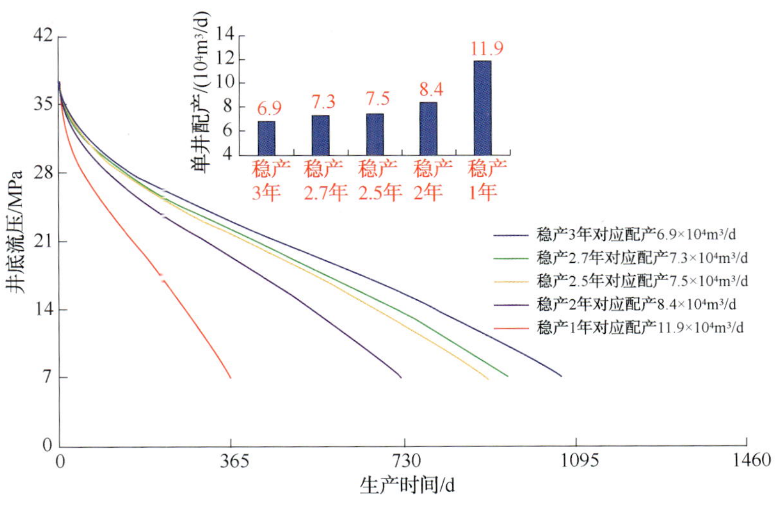

图 4-1-7　4A 井不同稳产期对应的配产图

4.1.3　生产动态产能评价方法

国外页岩气井普遍采用定压方式生产，此类页岩气井常用生产动态数据评价的气井产能称为生产动态产能，评价生产动态产能指标一般有 3 个：试采前 3 个月平均产能、试采前 3 个月最高产能及历史最高产能。本小节参考国外页岩气田的做法，用生产动态数据对产能进行评价。

以 4B 井为例，该井投产的前 3 个月平均产能为 $13.2\times10^4m^3/d$(图 4-1-8)，前 3 个月最高产能为 $20.4\times10^4m^3/d$，历史最高产能为 $20.4\times10^4m^3/d$(图 4-1-9)，年产能分别为 $0.44\times10^8m^3/a$、$0.67\times10^8m^3/a$、$0.67\times10^8m^3/a$。

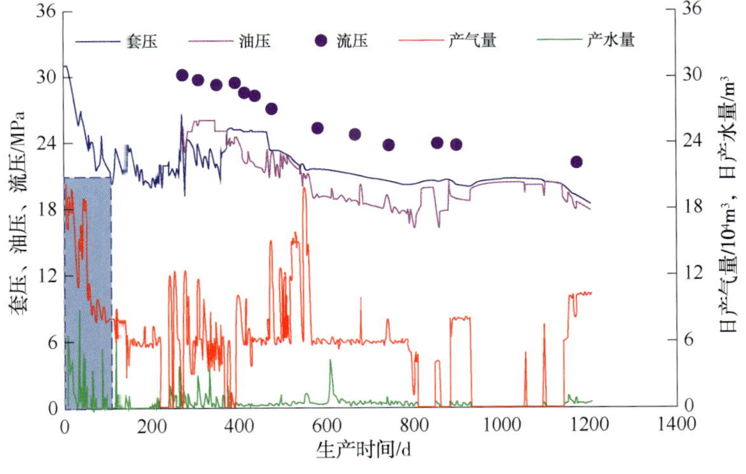

图 4-1-8　4B 井前 3 个月平均产能示意图

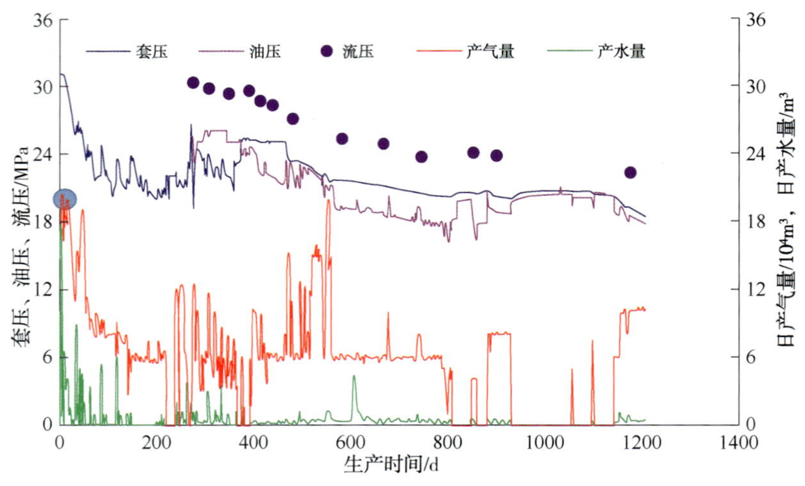

图 4-1-9　4B 井前 3 个月最高产能、历史最高产能示意图

4.2　页岩气井气液两相节流产能评价方法

常规气井节流过程通常基于干气临界节流模型进行描述，页岩气井主要采用长水平井分段压裂法进行开发，试气期间通常伴随压裂液返排，压裂液对气体产量的影响不可忽略。因此，需要在研究干气临界节流模型的基础上，考虑试气期间的产液影响，修正页岩气井气液两相节流产能评价方法。

4.2.1　气体单相节流临界流理论

1）嘴流基本理论

油嘴是气井安装在井口的节流装置，主要用于控制气井的产量。嘴流是当气体通过油嘴突缩部件时产生的流体，其流动规律基本一致（图 4-2-1）。

当流体流过油嘴时，假设上游压力（p_1）保持不变，在标准状况下的气体流量（q_{sc}）将随下游压力（p_2）的降低而增大。但当 p_2 达到某值 p_c 时流量将达到最大值，下游压力（p_2）再进一步降低时，流量也不再增加，此时的流量称为临界流量。油嘴产气量达到临界流量时，油嘴下游与上游压力之比称为临界压力比（图 4-2-2）。

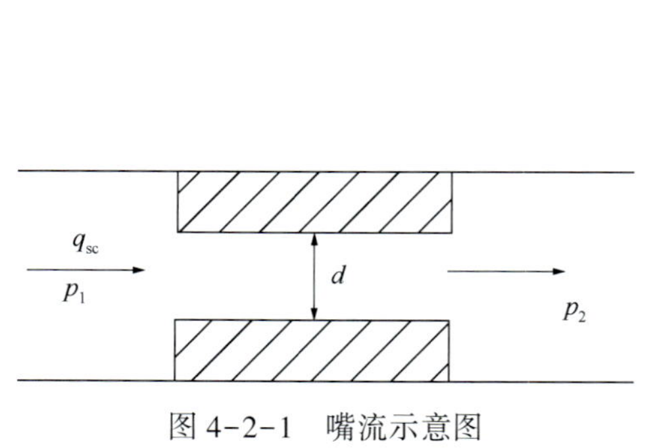

图 4-2-1　嘴流示意图

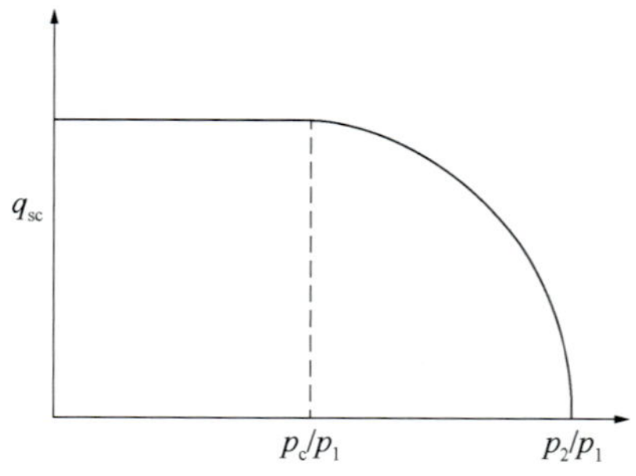

q_{sc}　p_c/p_1　p_2/p_1

图 4-2-2　嘴流特性曲线

所谓临界流，是指流体在油嘴中被加速到声速的流动状态。在临界流状态下，由于压力干扰，向上游的传播不会快于声速，因此油嘴下游压力变化对气井产量没有影响。所以预测嘴流动态就是研究产量与节流压降的关系。

根据热力学原理，临界压力比为：

$$\frac{p_c}{p_1}=\left(\frac{2}{k+1}\right)^{\frac{k}{k-1}} \tag{4-2-1}$$

式中，k 为气体绝热指数。

当$\frac{p_2}{p_1}<\left(\frac{2}{k+1}\right)^{\frac{k}{k-1}}$时，为临界流，否则为亚临界流。

根据气体嘴流等熵原理，对于亚临界流状态，流量与压力比的关系为：

$$q_{sc}=\frac{0.408p_1d^2}{\sqrt{r_gT_1Z_1}}\sqrt{\frac{k}{k-1}\left[\left(\frac{p_2}{p_1}\right)^{\frac{2}{k}}-\left(\frac{p_2}{p_1}\right)^{\frac{k+1}{k}}\right]} \tag{4-2-2}$$

式中，q_{sc}为通过油嘴的标况流量，$10^4m^3/d$；p_1、p_2 分别为上游、下游压力，MPa；d 为油嘴孔眼直径，mm；T_1 为嘴前温度，K；Z_1 为 T_1 和 p_1 条件下的偏差系数；r_g 为气体相对密度；k 为气体绝热指数。

对于临界流，嘴流最大产气量为：

$$q_{sc}=\frac{0.408p_1d^2}{\sqrt{r_gT_1Z_1}}\sqrt{\frac{k}{k-1}\left[\left(\frac{2}{k+1}\right)^{\frac{2}{k-1}}-\left(\frac{2}{k+1}\right)^{\frac{k+1}{k-1}}\right]} \tag{4-2-3}$$

根据式(4-2-3)，在不同油嘴条件下，计算上游压力(p_1)对应的临界流量，上游压力即测试压力(图4-2-3)。

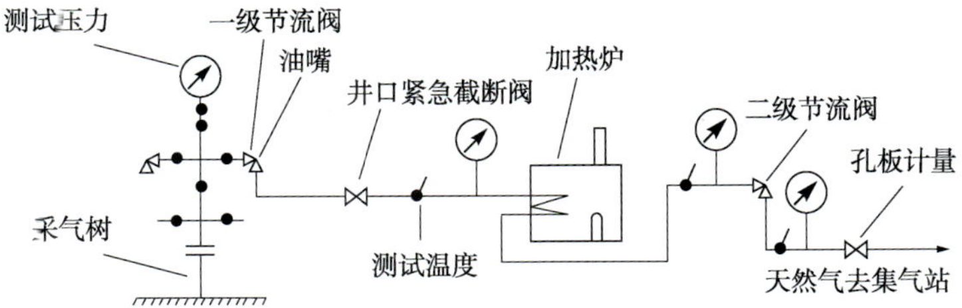

图4-2-3　页岩气井口生产流程图

2）绝热指数

气体定压比热容(C_p)与定容比热容(C_v)之比为气体的绝热指数。单组分气体的绝热指数为常数，混合气体的绝热指数一般由下式计算：

$$k=\frac{\sum_{i=1}^{n}C_{pi}\cdot M_i\cdot X_i}{\sum_{i=1}^{n}C_{pi}\cdot M_i\cdot X_i/k_i} \tag{4-2-4}$$

式中，k 为混合气体(n 组分)的绝热指数；C_{pi}为 i 组分的定压比热容，kJ/(kg·K)；M_i为 i 组分的摩尔质量，kg/kmol；X_i为 i 组分的体积分数；k_i为 i 组分的绝热指数。

由于混合气体的定压比热容服从叠加定律，混合气体的绝热指数计算公式可以简化为：

$$k = \sum_{i=1}^{n} X_i \cdot k_i \tag{4-2-5}$$

根据4C井页岩气组分分析测试结果，甲烷占总气体含量的98%左右(表4-2-1)，页岩气可视为纯甲烷气，其绝热指数值为1.30。

表4-2-1　4C井页岩气组分表

组　分	井流物组成(物质的量分数)/%	质量分数/%
CO_2	0.3415	0.9214
N_2	0.7007	1.2033
C_1	98.3231	96.6876
C_2	0.6142	1.1323
C_3	0.0205	0.0554
iC_4	0.0000	0.0000
nC_4	0.0000	0.0000
iC_5	0.0000	0.0000
nC_5	0.0000	0.0000
C_{6+}	0.0000	0.0000

3）平均井口温度

页岩气井井口温度数据统计结果表明，放喷测试期间，井口温度集中在40~65℃，平均井口温度为53℃(图4-2-4)；投产初期，井口温度集中在20~40℃，平均井口温度为35℃(图4-2-5)；生产期间，井口温度集中在20~40℃，平均井口温度为30℃(图4-2-6)。

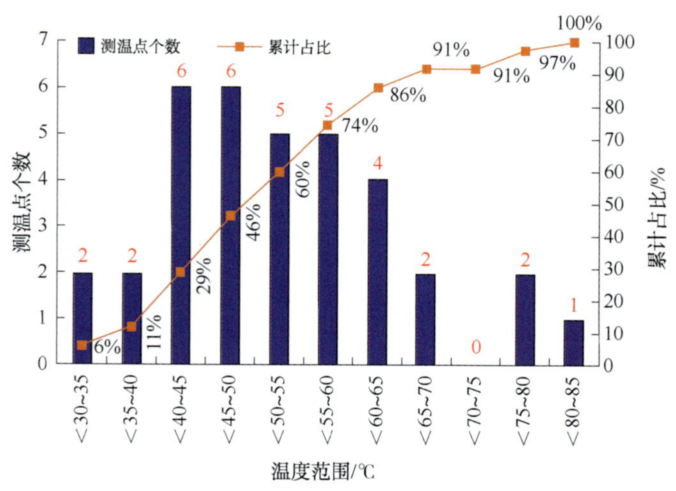

图4-2-4　放喷测试期井口温度分布

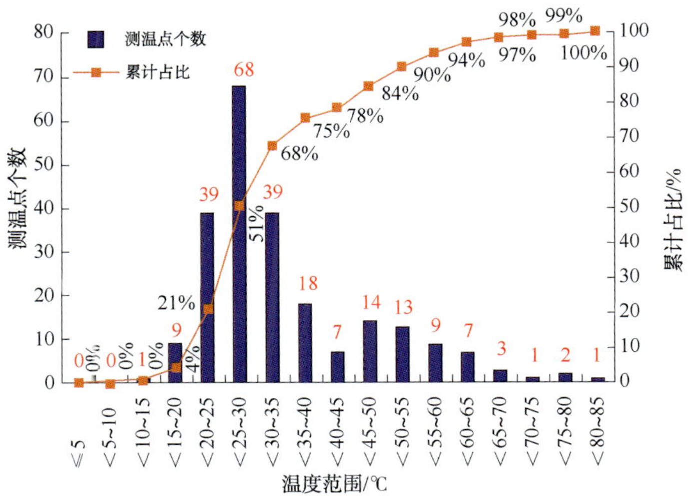

图 4-2-5 投产初期井口温度分布

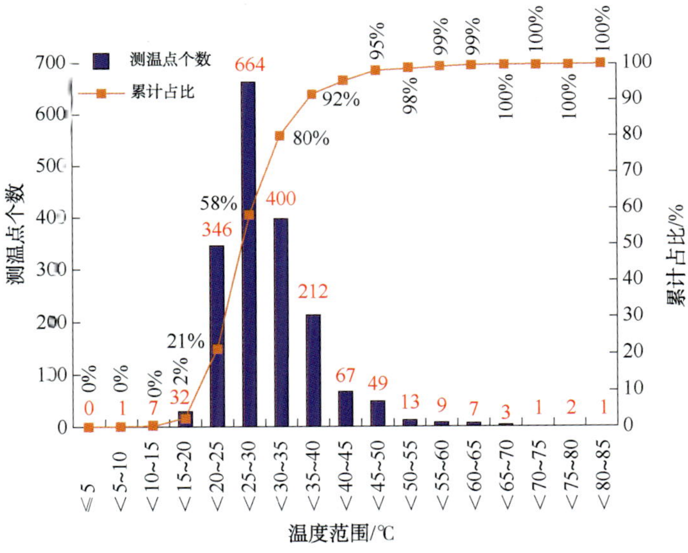

图 4-2-6 生产期井口温度分布

4）气体偏差系数

对比压力（p_{pr}）计算公式为：

$$p_{pr}=\frac{p_1}{p_c} \tag{4-2-6}$$

式中，p_1为上游压力，MPa；p_c为临界压力，MPa。

对比温度（T_{pr}）计算公式为：

$$T_{pr}=\frac{T_1}{T_c} \tag{4-2-7}$$

式中，T_1 为嘴前温度，℃；T_c 为临界温度，℃。

参考涪陵页岩气田高压物性资料，确定临界压力为4.592MPa，临界温度为190.85K。给定井口压力值后，可通过式(4-2-6)和式(4-2-7)求得对比温度及对比压力，查询偏差系数图版确定不同井口压力下的偏差系数(Z)，见表4-2-2。

表4-2-2　不同井口压力对应偏差系数

嘴前压力/MPa	嘴前温度/K	偏差系数	对比压力	对比温度
0	326.16	1	0.00	1.7
1	326.16	0.995	0.22	1.7
3	326.16	0.960	0.65	1.7
6	326.16	0.922	1.31	1.7
9	326.16	0.895	1.96	1.7
12	326.16	0.872	2.61	1.7
15	326.16	0.860	3.27	1.7
18	326.16	0.857	3.92	1.7
21	326.16	0.868	4.57	1.7
24	326.16	0.889	5.23	1.7
27	326.16	0.913	5.88	1.7
30	326.16	0.946	6.53	1.7
33	326.16	0.975	7.19	1.7
36	326.16	1.010	7.84	1.7

5）页岩气井单相节流计算结果

涪陵页岩气田页岩气井放喷测试常用油嘴尺寸分别为12mm、10mm、8mm，测试压力为3~36MPa。运用式(4-2-3)对气井节流临界流量进行计算，计算得理论数据图版(图4-2-7)。

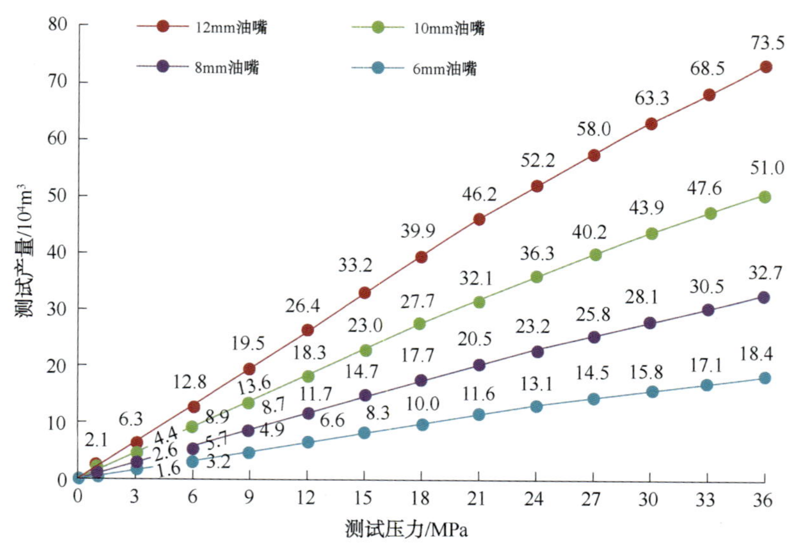

图4-2-7　页岩气井放喷测试临界流量理论图版

将页岩气井实际放喷测试数据与理论临界流量进行对比，结果表明，12mm、10mm、8mm 油嘴实际放喷测试数据整体符合单相节流理论，但是实际生产数据显示，相同测试压力、不同油嘴条件下测试产量差异较大，且测试数据大都小于临界流量计算值(图 4-2-8～图 4-2-10)。

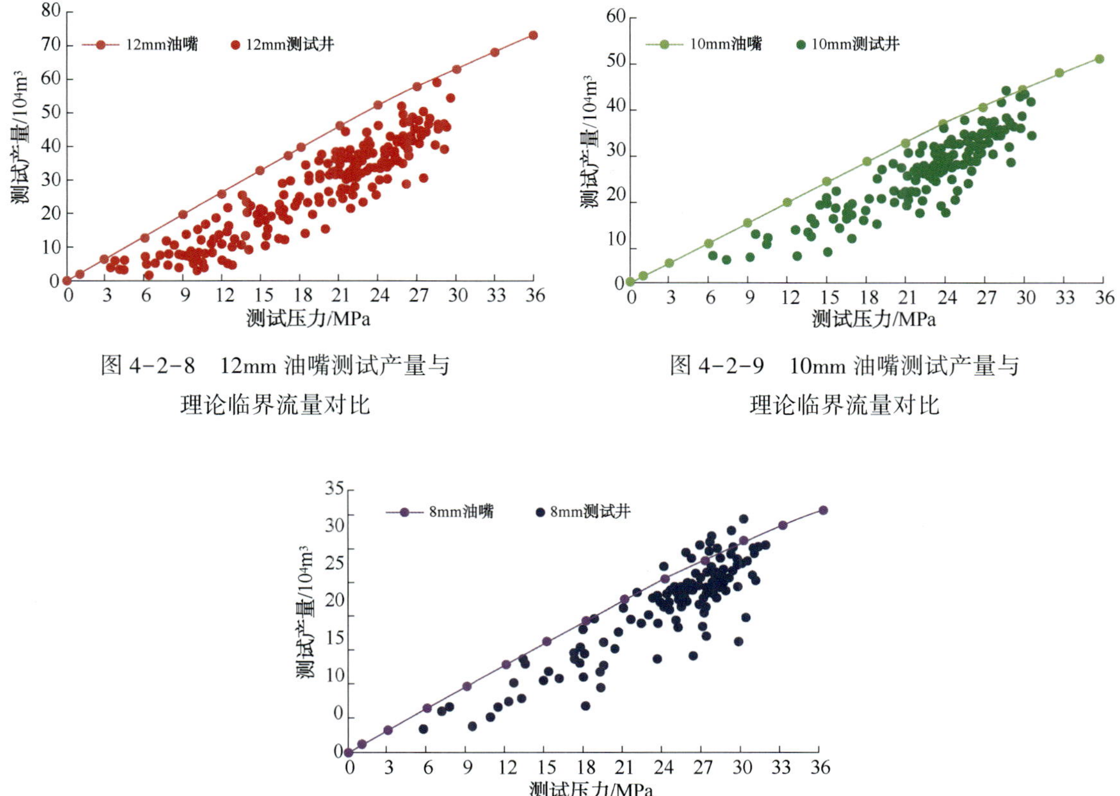

图 4-2-8　12mm 油嘴测试产量与理论临界流量对比

图 4-2-9　10mm 油嘴测试产量与理论临界流量对比

图 4-2-10　8mm 油嘴测试产量与理论临界流量对比

分析认为，测试产量受返排液量影响较大。测试期间返排液量越小的井，测试产量与理论临界流量越吻合。

4.2.2　页岩气井气液两相节流模型

单相气体节流模型未考虑液相产出对临界流量的影响。由于页岩气井从放喷测试到生产过程均有压裂液返排，需要在气体单相节流模型的基础上，充分考虑液相对各项气体物性参数的影响，将液相的密度通过修正的方法代入气相，最终将液相转换成气相，以混合气体的形式进行节流计算，建立页岩气井气液两相节流模型。

1) 气液混合物参数

气水混合物密度的关系为：

$$\rho_m=\rho_g(1-\varepsilon)+\rho_w\varepsilon \tag{4-2-8}$$

式中，ρ_m 为气水混合物的密度，kg/m^3；ρ_w 为水的密度，kg/m^3；ρ_g 为气体的密度，kg/m^3；ε 为持液率。

对高气液比气井而言，气液两相间的相对速度可视为零，持液率的表达式为：

$$\varepsilon=\frac{Q_w}{Q_g+Q_w}\approx\frac{Q_w}{Q_g} \tag{4-2-9}$$

式中，Q_w 为试气期间水产量，m^3/d；Q_g 为试气期间气产量，$10^4m^3/d$。

2）气液两相节流方程

在单相流条件下，油嘴尺寸(d)为圆形节流面积(A_c)的直径，面积计算公式为：

$$A_c=\frac{\pi d^2}{4} \tag{4-2-10}$$

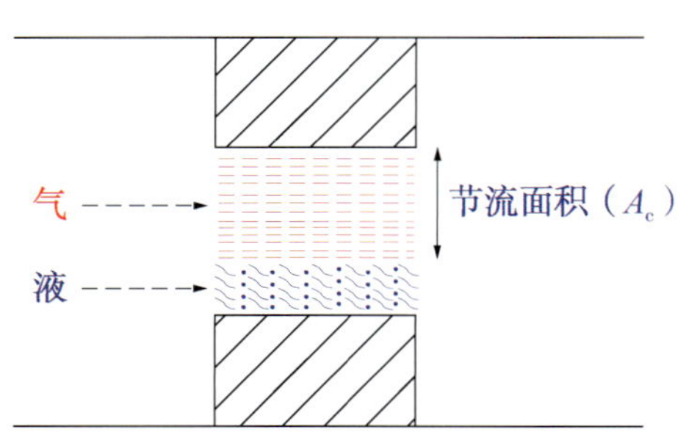

图 4-2-11　气水两相嘴流流动示意图

在产液量较高的情况下，液相并不一定以拟单相流(水相为雾状流)的状态通过节流嘴，在气液两相流的条件下，液相会占据一部分气体流动嘴流面积(图 4-2-11)。对节流面积(A_c)进行气液滑脱修正，定义有效流通面积(A_{c_eff})为：

$$A_{c\_eff}=\varepsilon_{slipe}A_c \tag{4-2-11}$$

式中，ε_{slipe} 为气液滑脱修正系数，此参数表示由于气液滑脱效应导致的有效流通面积变化率，该参数的大小与节流面温度、压力和气相质量比相关，即：

$$\varepsilon_{slipe}=\frac{\dfrac{(V_g\rho_g)_{sc}}{(\rho_g)_{choke}}}{\dfrac{(V_w\rho_w+V_g\rho_g)_{sc}}{(\rho_m)_{choke}}}=\left(\frac{\rho_m}{\rho_g}\right)_{choke}\left(\frac{V_g\rho_g}{V_w\rho_w+V_g\rho_g}\right)_{sc} \tag{4-2-12}$$

将气相质量分数(x_g)代入式(4-2-12)，简化整理得：

$$\varepsilon_{slipe}=\left(\frac{\rho_m}{\rho_g}\right)_{choke}x_g \tag{4-2-13}$$

考虑节流修正系数，式(4-2-3)可以变形为：

$$q_{sc}=5151.2\frac{\varepsilon_{slipe}A_c p_1}{\sqrt{r_m Z_1 T_1}}\sqrt{\frac{k}{k-1}\left(R^{\frac{2}{k}}-R^{\frac{k+1}{k}}\right)} \tag{4-2-14}$$

式中，q_{sc} 为通过油嘴的标况体积流量，$10^4m^3/d$；p_1 为上游压力，MPa；A_c 为节流面积，mm^2；ε_{slipe} 为气液滑脱修正系数；T_1 为上游温度，K；Z_1 为 T_1 和 p_1 条件下的偏差系数；r_m 为气相相对密度；k 为气体绝热指数；R 为油嘴后端(下游)与前端(上游)压力之比。

3）两相节流临界流计算结果

选取页岩气井在 12mm 油嘴生产条件下的放喷测试数据，运用式(4-2-14)计算气井节流临界流量，结果如图 4-2-12 所示。

气液两相嘴流修正方程计算后的测试产量与实测无阻流量相关性(R^2)达到 0.85，说明该方程可以很好地定量描述测试期间返排液量与测试产量的关系。

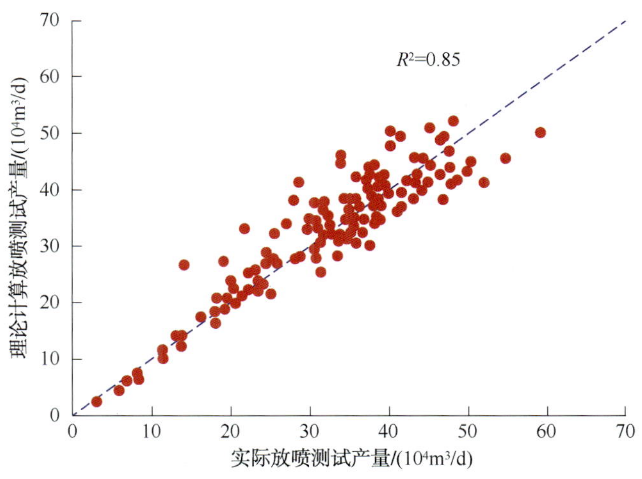

图 4-2-12 12mm 油嘴理论计算测试产量与气液两相理论临界流量对比

4.2.3 压裂液返排对节流临界流量的影响

页岩气井气液两相节流计算结果表明，当试气期间的返排液量小于 $7m^3/h$($168m^3/d$)时，返排液产量对气体通过嘴流面积的影响小于 10%，对气体产量影响较小。当返排期间返排液量大于 $13m^3/h$($312m^3/d$)时，返排液量对气体通过嘴流面积的影响大于 20%(图 4-2-13)。

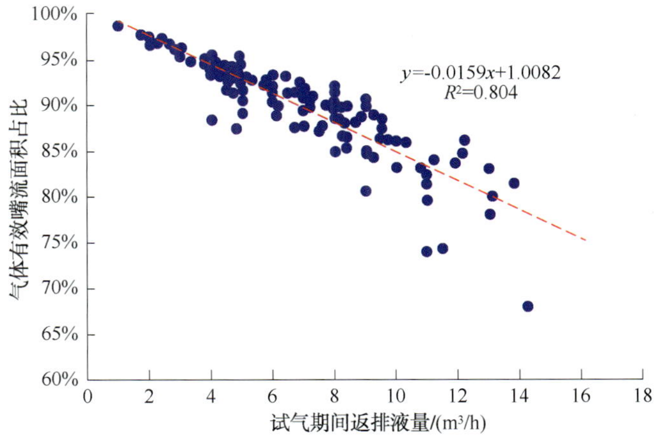

图 4-2-13 试气期间返排液量与气体有效嘴流面积的关系

4.3 页岩气井产能影响因素

4.3.1 产能测试情况

以涪陵页岩气田为例，通过分析可知，完成井试气初期产能较高。其中，无阻流量大于 $100\times10^4m^3/d$ 的井为 8 口，占总井数的 3%；无阻流量为 $50\times10^4\sim100\times10^4m^3/d$ 的井为 68

口，占总井数的 27%；无阻流量为 $20\times10^4\sim50\times10^4m^3/d$ 的井为 96 口，占总井数的 38%；无阻流量低于 $20\times10^4m^3/d$ 的井为 80 口，占总井数的 32%(图 4-3-1)。平均测试产量大于 $40\times10^4m^3/d$ 的井为 41 口，占总井数的 16%；平均测试产量为 $30\times10^4\sim40\times10^4m^3/d$ 的井为 73 口，占总井数的 29%；平均测试产量为 $20\times10^4\sim30\times10^4m^3/d$ 的井为 48 口，占总井数的 19%；平均测试产量低于 $20\times10^4\times10^4m^3/d$ 的井为 90 口，占总井数的 36%(图 4-3-2)。

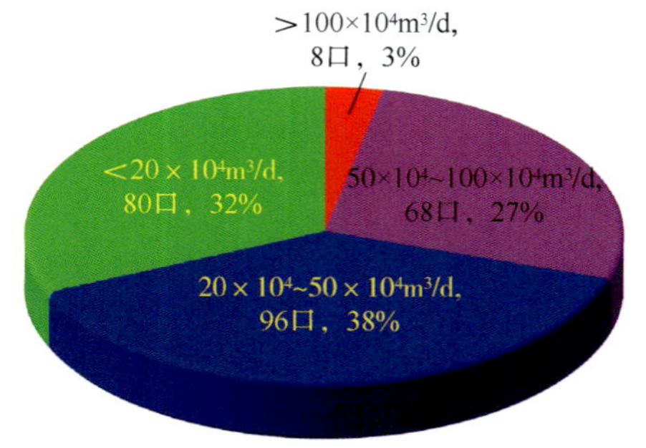

图 4-3-1 单井无阻流量饼状图

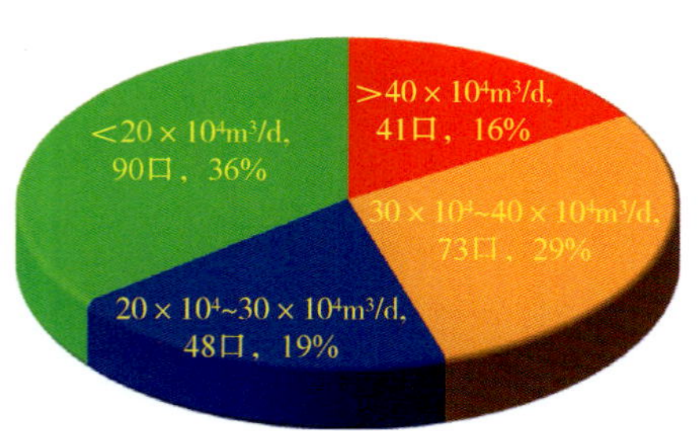

图 4-3-2 单井平均测试产量饼状图

4.3.2 产能分区特征

涪陵焦石坝一期产建区页岩气地质特征分区明显(图 4-3-3)，压裂工程工艺在不同的分区有所差异，从而导致页岩气井产能在平面上也存在明显的分区特征。

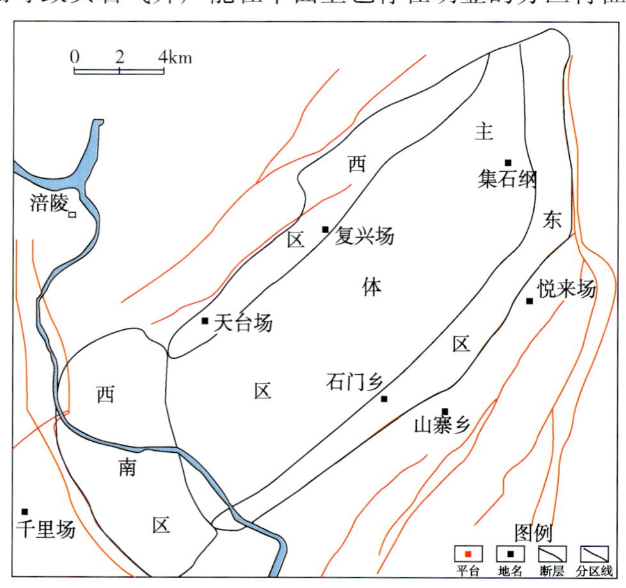

图 4-3-3 涪陵页岩气田焦石坝区块分区图

高产井集中在主体区，无阻流量为 $51.1\times10^4m^3/d$；西区无阻流量大于东区和西南区，为 $45\times10^4m^3/d$；东区和西南区无阻流量在全区最低，分别为 $19.3\times10^4m^3/d$、$8.1\times10^4m^3/d$(图 4-3-4)。测试产量和无阻流量一样，高产井主要集中在主体区，测试产量为 $33.0\times10^4m^3/d$；西区测试产量为 $31.0\times10^4m^3/d$；东区和西南区最低，分别为 $16.2\times10^4m^3/d$、$6.4\times10^4m^3/d$(图 4-3-5)。

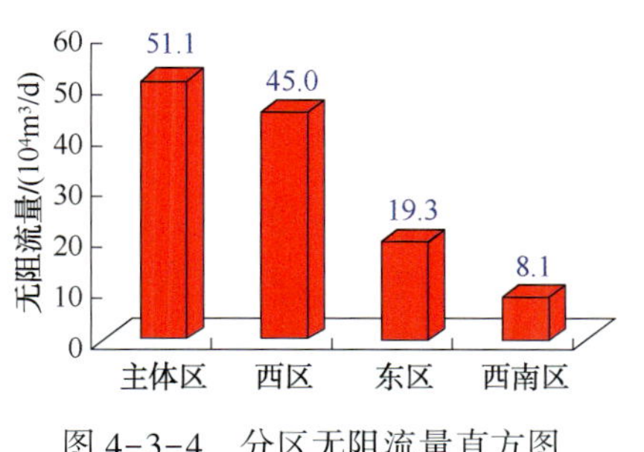

图 4-3-4 分区无阻流量直方图

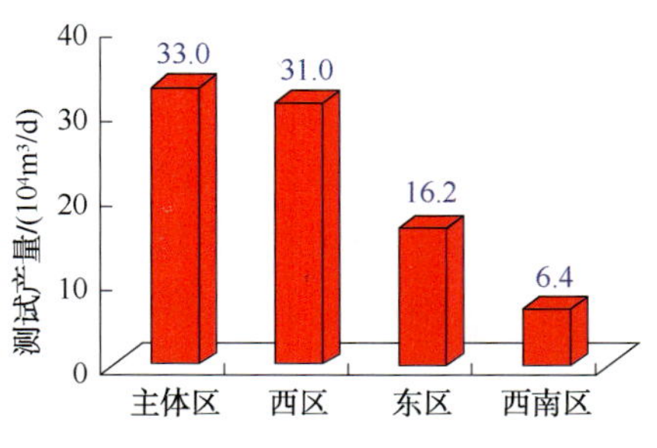

图 4-3-5 分区测试产量直方图

4.3.3 产能影响因素分析

1）产能影响单因素分析

页岩气藏是水平井压裂后形成的“人造气藏”，产能不是单因素影响的结果，而是受地质、工程因素的共同影响。

用页岩气井产能数据（无阻流量、测试产量）与相关地质参数建立关系图，涪陵气田焦石坝区块页岩气单井产能受含气量×水平段长度（L）、石英含量×水平段长度（L）影响较大，相关性较好，相关系数（R^2）分别为 0.2807 和 0.2771（图 4-3-6）。与压裂施工各参数建立关系图，结果表明，压裂液量与初始无阻流量相关性相对较好，与其他压裂措施参数相关性较弱（图 4-3-7）。通过与单因素的线性关系可以大致判断出页岩气水平井的无阻流量、测试产量与地质、工程参数的关系，但是相关系数较低，只能大致在一定范围内进行参考。

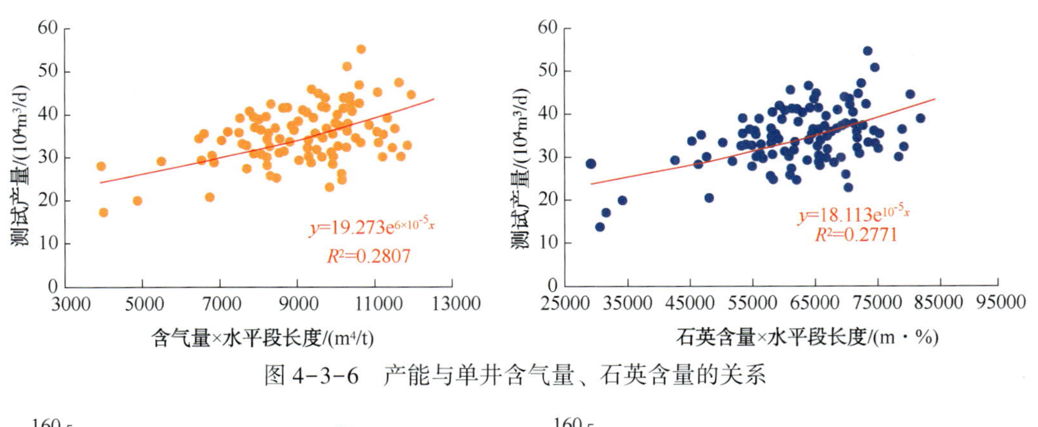

图 4-3-6 产能与单井含气量、石英含量的关系

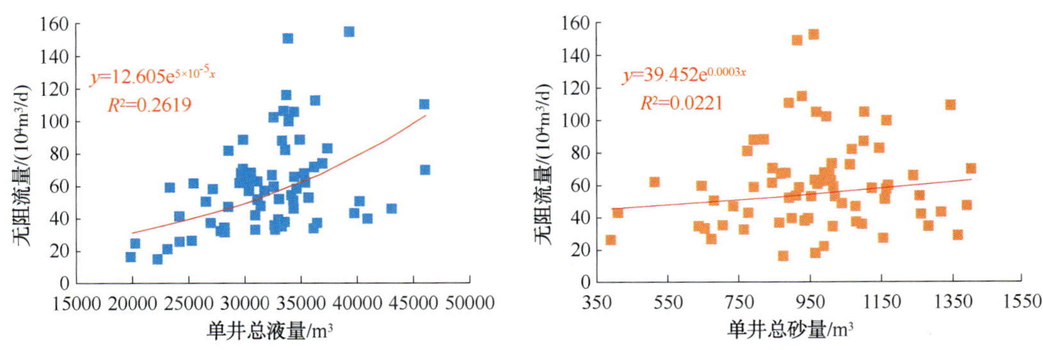

图 4-3-7 产能与单井总液量、总砂量的关系

2）不同分区产能影响因素分析

（1）主体区产能影响因素。

① 水平段小层平面穿行率对产能的影响。

分区统计一期产建区已完成试气的252口井小层穿行率(表4-3-1)，主体区①~③小层穿行率最高(83.24%)；西区①~⑤小层穿行率最高(97.17%)，西区③小层穿行率最高(55.81%)；东区①小层、①~③小层、①~⑤小层穿行率均最低(分别是17.02%、69.86%，93.70%)；西南区③小层穿行率最低(45.92%)。①小层、①~③小层穿行率差异较大，主体区最高，东部最低；①~⑤小层穿行率差异不大，西区高，西南区低。统计数据与初始无阻流量、测试产量分布较为吻合。

表4-3-1 水平井小层穿行率统计

构造区	涧草沟穿行率/%	①小层穿行率/%	②小层穿行率/%	③小层穿行率/%	④小层穿行率/%	⑤小层穿行率/%	⑥小层穿行率/%	⑦小层穿行率/%	⑧小层穿行率/%	⑨小层穿行率/%	①~③小层穿行率/%	①~⑤小层穿行率/%
主体区	1.54	30.16	5.92	47.17	9.19	3.77	0.97	0.89	0.25	0.16	83.24	96.19
西区	1.13	19.50	4.16	55.81	12.74	4.97	0.54	0.32	0.40	0.45	79.46	97.17
东区	2.56	17.02	4.57	48.27	14.09	9.76	1.64	0.63	1.02	0.35	69.86	93.70
西南区	3.84	20.62	10.57	45.92	13.20	4.55	0.98	0.23	0.09	0.00	77.11	94.86
合计	2.27	21.82	6.30	49.29	12.30	5.76	1.03	0.52	0.44	0.24	77.42	95.48

涪陵气田焦石坝区块4个分区252口水平井段穿行位置和产能关系图表明，单井测试无阻流量与①~③小层穿行长度呈正相关(图4-3-8)，且水平井段穿行位置越靠近①~③小层优质页岩气层段，底部无阻流量越高(图4-3-9)。这说明目前优选的穿行层段①~③小

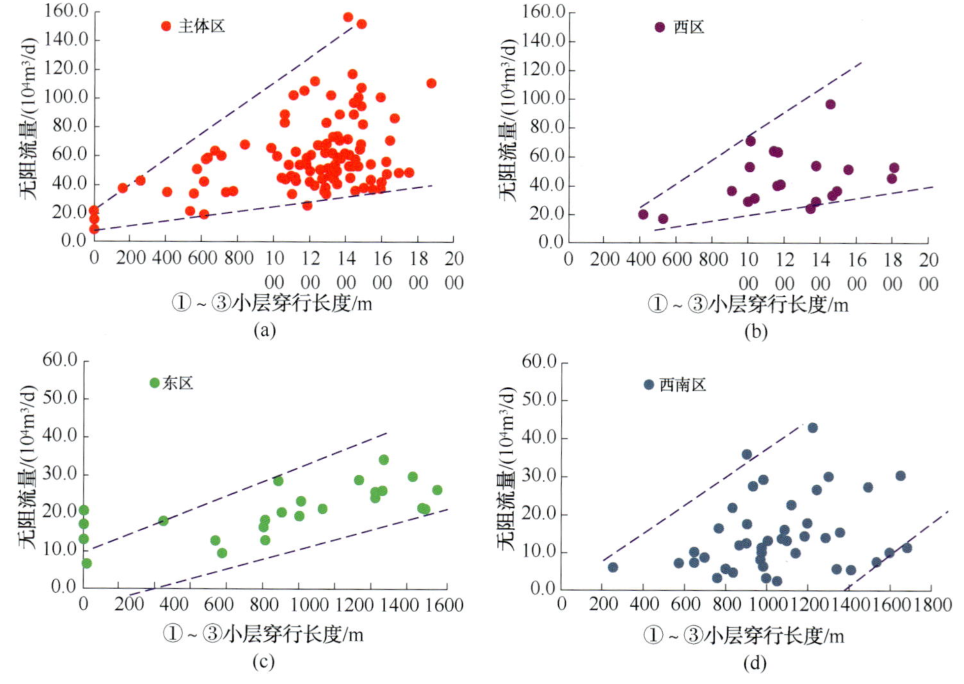

图4-3-8 不同分区单井测试无阻流量与水平段①~③小层穿行长度的关系

层适应性较好，因此，水平井轨迹穿行层段选择五峰-龙马溪组①~③小层，且穿行位置要尽可能靠近气层底部。

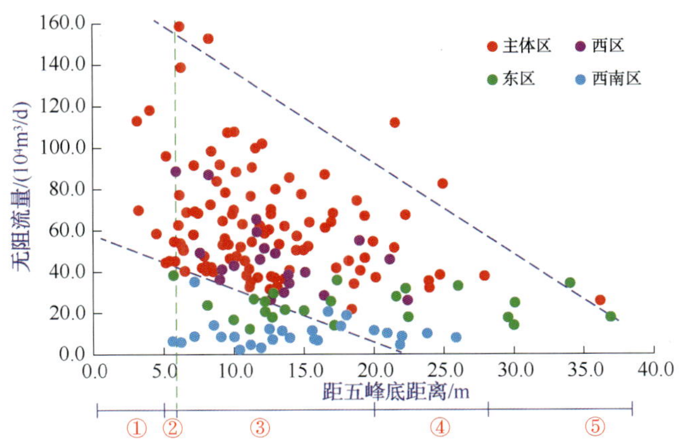

图 4-3-9　页岩气井水平段穿行位置与单井无阻流量的关系

② 破裂压力对产能的影响。

综合压裂参数统计分析结果表明，主体区单井平均破裂压力与测试产量、无阻流量呈现良好的负相关关系，破裂压力(反映水平地应力差异)越高，产能越低(图 4-3-10、图 4-3-11)。同时，最小、最大水平主应力平面分布都表现为西南区高、东北区低的特点，构造主体区应力差异系数较低，有利于压裂时形成复杂缝网，结合压力预测的结果，北区为压裂优势改造区域，与初始无阻流量、测试产量的平面分布较为吻合。这也证明主体压裂受破裂压力的影响较为明显。

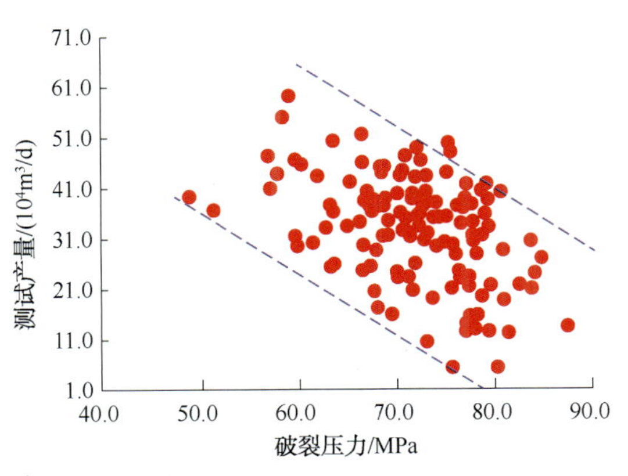

图 4-3-10　主体区破裂压力与测试产量的关系

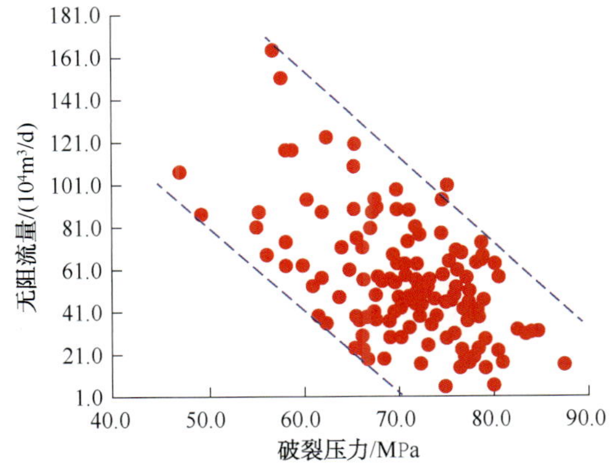

图 4-3-11　主体区破裂压力与无阻流量的关系

分析结果表明，页岩气井水平段①~③小层穿行率及破裂压力是影响主体区产能的主要因素。

(2) 西区产能影响因素。

① 钻井井漏对产能的影响。

涪陵气田焦石坝西区靠近天台场-吊水岩断裂，天然裂缝较为发育，钻井过程漏

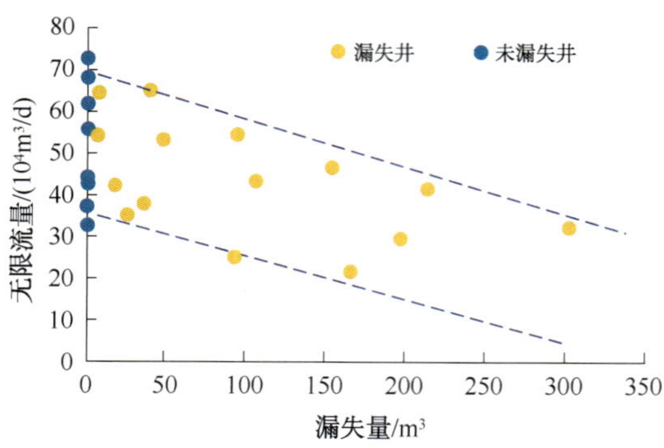

图 4-3-12　钻井漏失量与无阻流量的关系

失频繁，可以通过统计漏失量与产能的关系来判断裂缝的发育程度对产能的影响。分析结果表明，漏失量越大，单井产能越低(图 4-3-12)。

② 构造变形程度对产能的影响。

西区靠近断裂，构造变形较强，曲率变化大，影响压裂改造效果。以西区 4D 井为例，该井水平段处于构造变形较强烈带，结合曲率平面分布图(图 4-3-13)及水平段微地震解释结果(图 4-3-14)可以看出，水平段微地震监测反映出井筒东侧相对容易起裂，西侧可能受到条带状曲率的影响，裂缝发育较差。

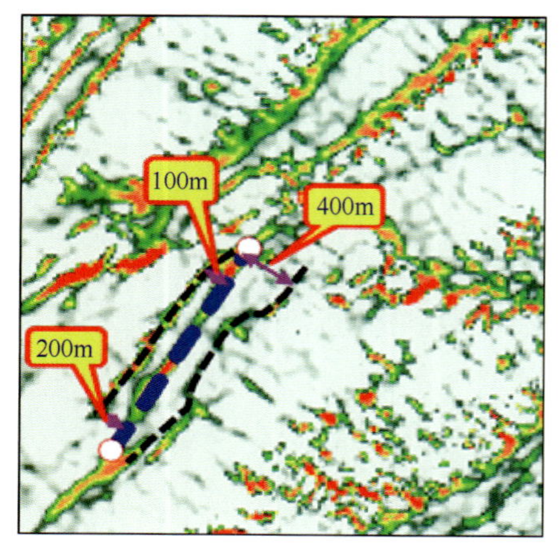

图 4-3-13　4D 井曲率平面分布图

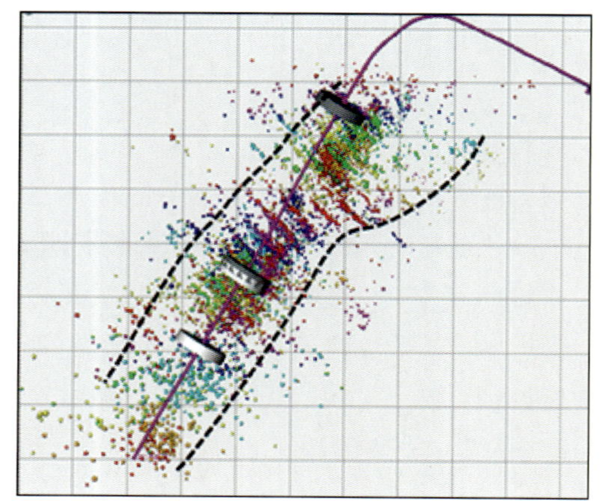
图 4-3-14　4D 井微地震解释结果俯视图

单井产能与曲率为较好的负相关关系，单井平均曲率越大，产能越小。因此，构造变形程度强弱(曲率大小)是焦石坝一期产建区(西区)产能的主要影响因素。

③ 试气水平段长度对产能的影响。

西区 27 口页岩气井的地质及工程因素与初始产能相关分析结果表明，西区单井产能受试气水平段长度影响明显，单井产能与压裂试气水平段长度呈现良好的正相关关系，由此可知，压裂试气水平段长度是焦石坝西区产能的主要影响因素(图 4-3-15)。

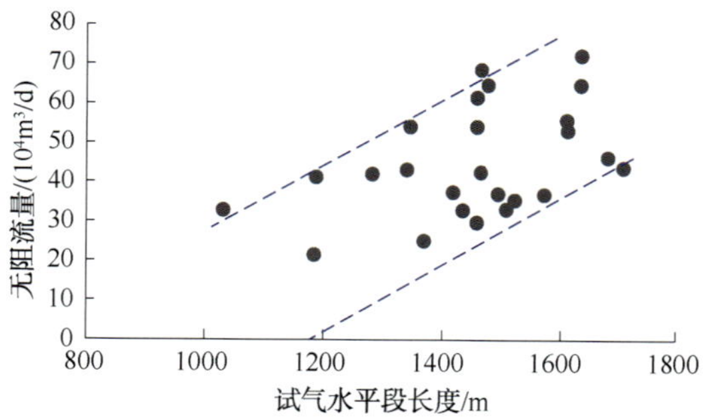

图 4-3-15　焦石坝西区单井试气水平段长度与无阻流量的关系

以4E号平台的4E1井及4E2井为例，两口井的地质参数几乎一致，但由于试气水平段长度存在差异，导致无阻流量存在约两倍的差异(表4-3-2)。

表4-3-2 水平井小层穿行分区统计表

井号	完井情况			地质参数					工程参数							产能
	水平段长度/m	①~③小层比例/%	漏失量/m^3	构造位置	气层深度/m	孔隙度/%	TOC/%	石英含量/%	段数	簇数	总液量/m^3	总砂量/m^3	平均砂比/%	破裂压力/MPa	停泵压力/MPa	无阻流量/($10^4m^3/d$)
4E1	980	51.93	无	西区	2480.8	4.06	3.57	42.09	14	38	26004	905	8.6	77.1	30.9	17.79
4E2	1504	58.70	无		2417.2	4.27	3.92	44.37	20	55	37749	1291	8.4	76.4	31.2	37.83

综合分析表明，天然裂缝发育程度(影响钻井漏失)、构造变形程度(曲率大小)、试气水平段长度是影响西区产能的主要因素。

(3)东区产能影响因素。

①钻井井漏对产能的影响。

焦石坝东区靠近大耳山大断裂，具有多级断裂，造成志留系厚度增大明显，曲率变化大，天然裂缝发育。钻井过程中，水平段漏失量大、漏速快、井漏频率较高，漏失井12口，约占部署井(28口)的42.86%，约占完钻井(13口)的92.31%。东部漏失带平均漏失速度较大，试气效果较差，产能随平均漏失量、漏失速度的增大而减小(图4-3-16、图4-3-17)，反映了裂缝发育对产能的影响。

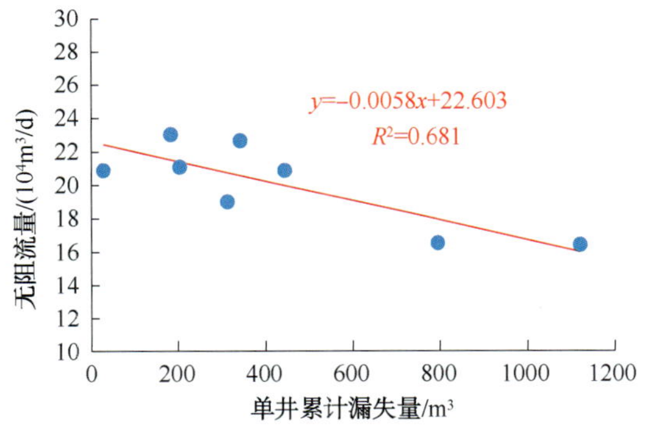

图4-3-16 东区水平段漏失量与无阻流量的关系

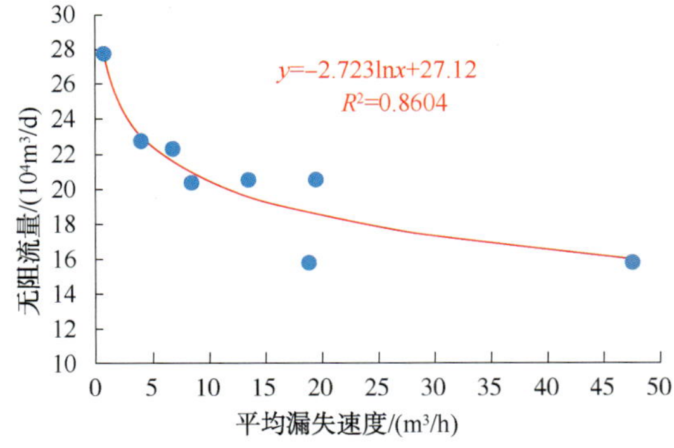

图4-3-17 东区水平段漏失速度与无阻流量的关系

②含气量对产能的影响。

东区页岩气井水平段具有较高的密度，较低的有机碳含量(图4-3-18、图4-3-19)，导致东区页岩气井储层物性及含气性较差。岩心含气量实测结果表明，东区主要页岩气层总含气量为0.44~2.96m^3/t，平均值约1.57m^3/t，明显低于主体区平均值2.86m^3/t，反映了含气量是东区的产能影响因素之一。

③地层压力对产能的影响。

根据投产前实测压后静压，焦石坝区块平均压力系数为1.47，平面上存在一定差异，东部大耳山断裂带压力系数小于1.3，为常压带，东区低于其他区。压力系数是影响该区单井产能的主要因素。

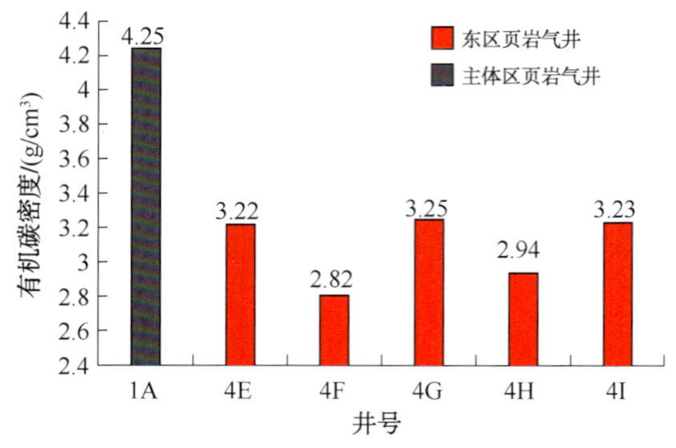

图4-3-18　东区与主体区井有机碳对比

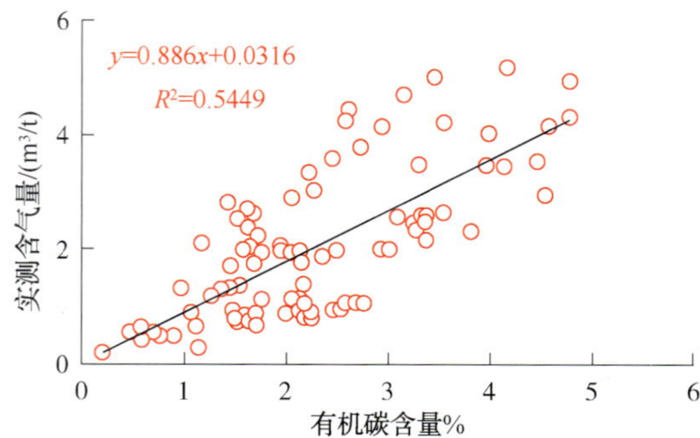

图4-3-19　实测含气量与有机碳含量的关系

综合分析结果表明，天然裂缝发育程度(影响钻井漏失)、含气量及地层压力是影响东区产能的主要因素。

(4) 西南区产能影响因素。

① 气层深度对产能的影响。

统计分析表明，焦石坝区块西南区井气层深度最大，平均气层深度达3106.5m(图4-3-20)，从产能与深度相关图可以看出，随着气层深度增大，产能呈现减小的趋势，因此，深度较大导致了西南区产能较低的特征(图4-3-21)。

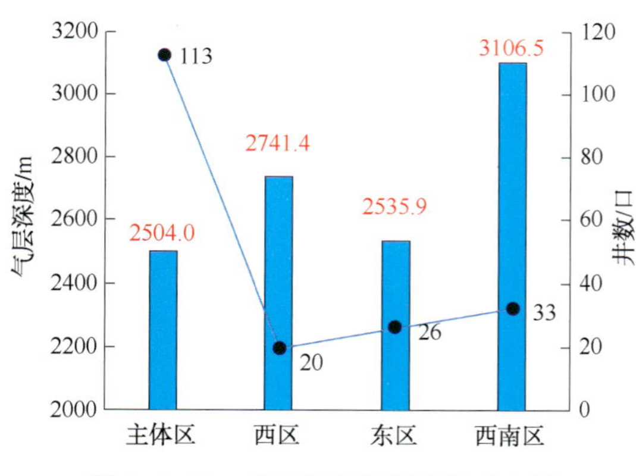

图4-3-20　分区气层深度统计直方图

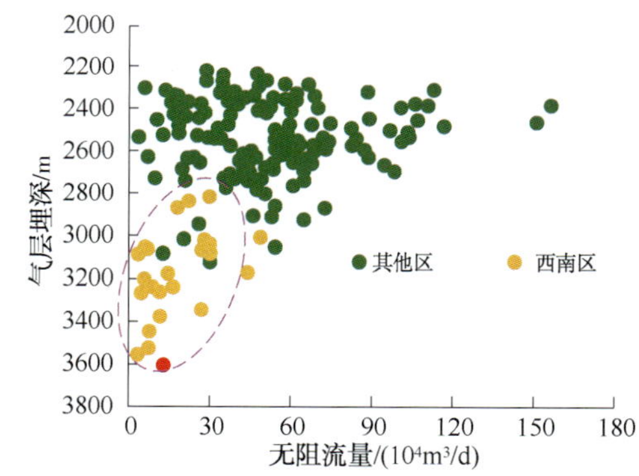

图4-3-21　无阻流量与气层埋深统计分布图

② 曲率对产能的影响。

焦石坝西南区构造特征复杂，在主体构造形成后，再次受到东西方向的挤压，形成以乌江断裂为主的北西向构造，沿江鞍部内部的小型断背斜与乌江断层同期形成，小型断背斜以南至乌江断层为构造变形强烈区域，地层变形强烈，单井产能随曲率增大而减小，表明构造变形程度(曲率大小)是西南区产能的主要影响因素。分析结果表明，页岩气层深度大、构造复杂(曲率变化大)导致了西南区产能较低的特征(图4-3-22)。

焦石坝区块各分区的产能影响因素存在差异，不同分区页岩气井产能影响因素综合评价结果（表4-3-3）表明，主体区页岩气井产能主要受水平段①~③小层穿行率及破裂压力影响；西区页岩气井产能主要受裂缝发育程度、构造变形程度、试气水平段长度及破裂压力影响；东区页岩气井产能主要受裂缝发育程度、含气量及地层压力影响；而西南区页岩气井产能的主要影响因素则是气层深度、构造变形程度。

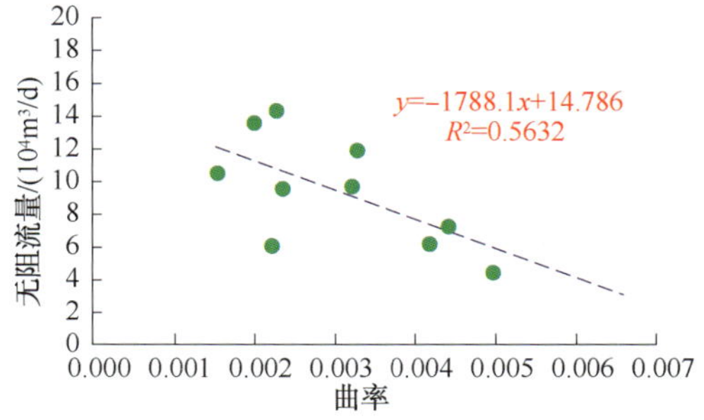

图4-3-22 西南区曲率与无阻流量的关系

表4-3-3 焦石坝区块各分区产能影响因素综合评价结果

区块	完井因素		地质因素				工程因素		测试产量/(10^4m^3/d)	无阻流量/(10^4m^3/d)
	①~③小层比例/%	漏失量/m^3	气层深度/m	含气量/(m^3/t)	地层压力/MPa	曲率	试气段长度/m	破裂压力/MPa		
主体区	√							√	20~60	30~150
西区		√				√	√		15~40	20~50
东区		√		√	√				5~30	10~40
西南区			√			√			2~10	5~15
地质及工程意义	小层穿行率	裂缝发育程度	气层深度	含气量	地层压力	构造变形程度	试气水平段长度	地应力		

4.3.4 大数据影响因素分析

完成试气的页岩气井的完井参数、地质参数、压裂施工参数及产能参数（无阻流量、测试产量）等41项共18332个数据的分类统计分析后，采用偏最小二乘法（PLS），以产能为判别依据，探寻影响压裂效果的主控因素，可以明确在多种因素共同影响下，各因素对产能的影响程度。

具体方法是通过偏最小二乘法计算得到各参数的权重（VIP值）并进行排序，按照排列顺序和参数数量的由少到多进行BP神经网络训练，最终得到影响页岩气井产能的主控因素。

1）大数据分析方法

页岩气井产能受气藏地质、完井条件及压裂工艺等因素控制，影响因素多且类型复杂，各因素之间存在多重线性相关性，进一步增加了分析难度，为此，引入了在许多领域应用较为广泛的数据挖掘技术——偏最小二乘法。

偏最小二乘法是一种新型的多元统计分析法，适用于多种自变量对单一因变量的影响分析。该方法优点在于在回归建模过程中采用了信息综合与筛选技术，它不再直接考虑因变量集合与自变量集合的回归建模，而是在变量系统中提取若干对系统具有最佳解释能力的新综合变量（又称“成分”）。将偏最小二乘法运用于压裂效果分析中时，在其回归建模中，能计算出具有最佳解释能力的自变量作用系数矩阵 VIP 值，可以根据 VIP 值的大小进行排序(图 4-3-23)。

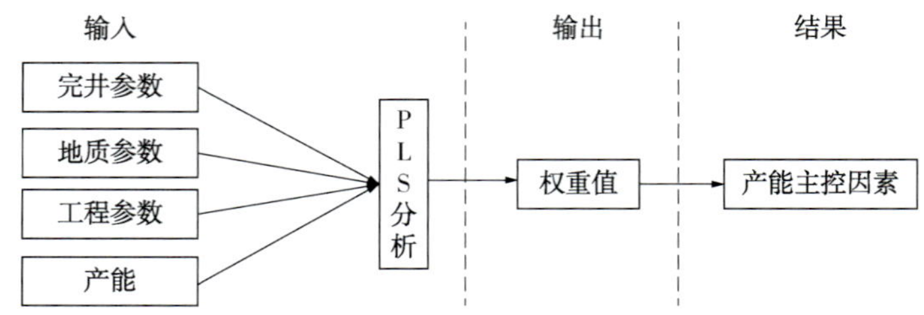

图 4-3-23　偏最小二乘法模块大数据分析技术路线图

2）不同分区产能影响因素

利用焦石坝区块页岩气完井、地质及工程三大类 41 项参数(表 4-3-4)作为自变量，产能(无阻流量、测试产量)测试结果为因变量，应用偏最小二乘法模块大数据分析方法，明确各参数对产量的影响程度，通过选取 VIP 值可以得到影响产能的主控因素。

表 4-3-4　焦石坝 254 口页岩气井偏最小二乘法模块大数据分析参数

自变量			产能
类别	主要参数	参数个数	
完井参数	水平段长度、与最大主应力夹角、①小层比例、②小层比例、③小层比例、④小层比例、⑤小层比例、⑥~⑨小层比例、①+③小层比例、AB 靶高程差、钻速、漏失量	12	无阻流量、测试产量
地质参数	气层深度、有机碳含量、孔隙度、渗透率、含气量、甲烷显示、全烃显示、含气饱和度、石英含量、曲率、地层压力	11	
工程参数	试气水平段长度、段数、簇数、酸量、滑溜水含量、线性胶、泵送液量、总液量、总砂量、40 目/70 目支撑剂、30 目/50 目支撑剂、100 目支撑剂、砂比、开井压力、酸降压力、破裂压力、停泵压力、泵送压力	18	
合　计		41	

在已有数据的基础上，建立压裂效果分析模型：

$$y=f(x_1,\ x_2,\ x_3,\ x_4,\ x_5,\ x_6,\ x_7,\ x_8,\ x_9,\ x_{10},\ \cdots,\ x_{40},\ x_{41}) \tag{4-3-1}$$

式中，y 为产能，m^3/d；x_n分别为完井、地质及工程三大类 41 项参数。

利用偏最小二乘法对表 4-3-4 中的 41 项数据进行处理，通过编程，建立多元线性回归经验公式。

VIP 值可用以评价自变量对因变量的解释能力，其计算公式为：

$$\mathrm{VIP}_j=\sqrt{\frac{p}{Rd(y;\ t_1,\ t_2,\ \cdots,\ t_r)}\sum_{k=1}^{r}Rd(y;\ t_k)w_{kj}^2} \tag{4-3-2}$$

式中，$Rd(y;\ t_k)$和 $Rd(y;\ t_1,\ t_2,\ \cdots,\ t_r)$是单个主成分($t_k$)对产能($y$)的解释能力和所有主成分($t_1,\ t_2,\ \cdots,\ t_r$)对 y 的累计解释能力。自变量 x_j在解释因变量 y 时所发挥作用的重要性，可以用变量投影重要性指标 VIP_j来表示。VIP_j 越大，说明 x_j 对 y 的解释能力越强，即各影响因素对产能的贡献越大。焦石坝区块不同分区自变量 VIP 值如表 4-3-5~表 4-3-8 所示。

表 4-3-5　主体区无阻流量影响因素权重排序表

因变量	影响排序	影响参数	VIP 值	因变量	影响排序	影响参数	VIP 值
无阻流量	1	①+③小层比例/%	1.85	测试产能	1	①+③小层比例/%	1.89
	2	破裂压力/MPa	1.71		2	破裂压力/MPa	1.51
	3	孔隙度/%	1.54		3	孔隙度/%	1.50
	4	有机碳含量/%	1.32		4	有机碳含量/%	1.49
	5	试气水平段长度/m	1.23		5	试气水平段长度/m	1.36
	6	簇数/簇	1.21		6	簇数/簇	1.28
	7	含气量/(m^3/t)	1.15		7	含气量/(m^3/t)	1.25
	8	石英含量/%	1.09		8	含气饱和度/%	1.25
	9	含气饱和度/%	1.05		9	开井压力/MPa	1.24
	10	地层压力/MPa	1.01		10	地层压力/MPa	1.20
	11	气层深度/m	1.01		11	泵送压力/MPa	1.18
	12	开井压力/MPa	0.99		12	泵送液量/m_3	1.16
	13	酸降压力/MPa	0.99		13	酸降压力/MPa	1.10
	14	泵送压力/MPa	0.98		14	总砂量/m_3	0.98
	15	总砂量/m_3	0.94		15	气层深度/m	0.98

表 4-3-6　西区无阻流量影响因素权重排序表

因变量	影响排序	影响参数	VIP 值	因变量	影响排序	影响参数	VIP 值
无阻流量	1	漏失量/m^3	1.33	测试产能	1	漏失量/m^3	1.267
	2	曲率	1.25		2	曲率	1.266
	3	试气水平段长度/m	1.24		3	试气水平段长度/m	1.250
	4	破裂压力/MPa	1.24		4	破裂压力/MPa	1.201
	5	地层压力/MPa	1.21		5	地层压力/MPa	1.187
	6	①+③小层比例/%	1.15		6	AB 靶高程差/m	1.170
	7	含气量/(m^3/t)	1.15		7	全烃显示/%	1.141
	8	有机碳含量/%	1.14		8	①+③小层比例/%	1.123
	9	全烃显示/%	1.12		9	簇数/簇	1.103
	10	总砂量/m^3	1.11		10	酸降压力/MPa	1.101
	11	停泵压力/MPa	1.11		11	有机碳含量/%	1.098
	12	滑溜水含量/m^3	1.09		12	石英含量/%	1.073
	13	含气饱和度/%	1.08		13	停泵压力/MPa	1.073
	14	簇数/簇	1.07		14	水平段长度/m	1.064
	15	孔隙度/%	1.07		15	①小层比例/%	1.052

表 4-3-7　东区无阻流量影响因素权重排序表

因变量	影响排序	影响参数	VIP 值	因变量	影响排序	影响参数	VIP 值
无阻流量	1	漏失量/m^3	1.68	测试产能	1	漏失量/m^3	2.54
	2	含气量/(m^3/t)	1.60		2	含气量/(m^3/t)	1.62
	3	地层压力/MPa	1.51		3	地层压力/MPa	1.49
	4	曲率	1.47		4	曲率	1.47
	5	气层深度/m	1.35		5	气层深度/m	1.20
	6	试气水平段长度/m	1.25		6	簇数/簇	1.19
	7	总砂量/m^3	1.25		7	试气水平段长度/m	1.16
	8	簇数/簇	1.23		8	停泵压力/MPa	1.16
	9	总液量/m^3	1.17		9	破裂压力/MPa	1.16
	10	砂比/%	1.16		10	总液量/m^3	1.11
	11	滑溜水含量/m^3	1.09		11	①+③小层比例/%	1.09
	12	泵送液量/m^3	1.02		12	石英含量/%	1.05
	13	AB 靶高程差/m	0.87		13	砂比/%	1.00
	14	破裂压力/MPa	0.84		14	总液量/m^3	0.97
	15	停泵压力/MPa	0.83		15	孔隙度/%	0.95

表 4-3-8　西南区无阻流量影响因素权重排序表

因变量	影响排序	影响参数	VIP 值	因变量	影响排序	影响参数	VIP 值
无阻流量	1	气层深度/m	1.85	测试产能	1	漏失量/m^3	1.53
	2	曲率	1.83		2	气层深度/m	1.43
	3	破裂压力/MPa	1.83		3	曲率	1.38
	4	地层压力/MPa	1.63		4	破裂压力/MPa	1.36
	5	①小层比例/%	1.57		5	地层压力/MPa	1.33
	6	漏失量/m^3	1.53		6	①小层比例/%	1.31
	7	停泵压力/MPa	1.28		7	停泵压力/MPa	1.28
	8	有机碳含量/%	1.15		8	有机碳含量/%	1.20
	9	泵送压力/MPa	1.06		9	泵送压力/MPa	1.19
	10	①+③小层比例/%	1.04		10	簇数/簇	1.18
	11	簇数/簇	0.96		11	含气量/(m^3/t)	1.18
	12	泵送液量/m^3	0.86		12	泵送液量/m^3	1.13
	13	总液量/m^3	0.67		13	总砂量/m^3	1.13
	14	总砂量/m^3	0.66		14	段数/段	1.13
	15	滑溜水含量/m^3	0.63		15	总液量/m^3	1.10

采用偏最小二乘法模块大数据分析方法计算 VIP 值，进而量化评价页岩气井产能影响因素，所得结论与分区地质综合评价结果一致，证实了焦石坝区块不同分区页岩气井产能的影响因素存在差异。

4.3.5 BP 神经网络模块页岩气井产能预测

1）BP 神经网络模块分析方法

BP 神经网络是按误差逆向传播算法训练的多层前馈网络，通过信号的前向传播，误差的反向传播(即首先由输出层开始逐层计算各层神经元的输出误差，然后根据误差梯度下降法来调节各层的权值和阈值)，使修改后的网络最终输出接近期望值(图 4-3-24)。因为 BP 网络能学习和存入大量的输入-输出模式映射关系，所以无需事前揭示描述这种映射关系的数学方程。它的学习过程使用的是梯速下降法，通过误差反向传播来不断调整 VIP 值，使网络的误差平方和最小。

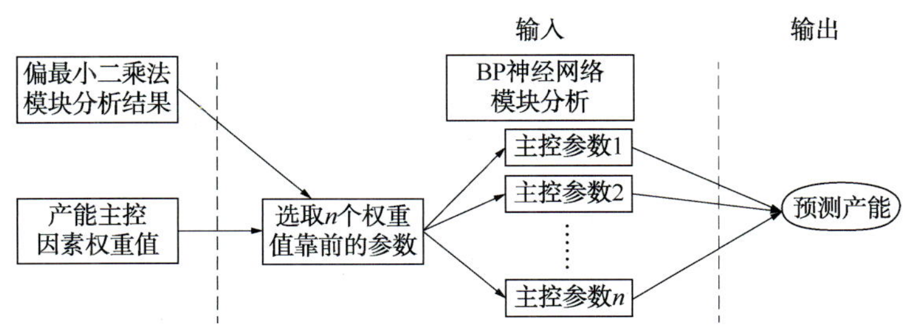

图 4-3-24　BP 神经网络模块分析技术路线图

2）BP 神经网络模块特征参数及分析

由于页岩气井产能受诸多因素影响，根据样本参数数量由少到多建立模型，检测所建立模型的预测精度，优选出预测精度最高的模型。当样品参数过少时，映射不能完全反应各因素与压裂后产能的关系；样品参数过多时，全部输入后极易造成无法收敛，从而影响预测精度。因此，建议对样本参数数量由少到多建模模拟。可以采用预留的一定数量的样本检测所建立模型的预测精度，优选出预测精度最高的模型，从而预测新完井的产能。

3）BP 神经网络模块分析及预测结果

根据偏最小二乘法模块大数据分析出来的页岩气井产能主控因素 VIP 值靠前的参数，对焦石坝主体区、西区及东区单井产能进行了预测(西南区井数相对少，故未进行预测)。

(1) 主体区产能预测。

结合偏最小二乘法模块大数据分析产能主控因素结果，当取 VIP 值>1.4 时(6 隐层)，优选出的预测模型精度最高，主体区预测单井产能与实际值吻合率达 91.4%(图 4-3-25)。预测结果表明，主体区产能主控因素为小层穿行率、破裂压力的认识是合理的。

(2) 西区产能预测。

结合偏最小二乘法模块大数据分析产能主控因素结果，当取 VIP 值>1.25 时(7 隐层)，优选出的预测模型精度最高，西区预测单井产能(最大化值)与实际值吻合率达 93.5%(图 4-3-26)。预测结果表明，西区产能主控因素为构造变形程度、裂缝发育程度及试气水平段长度的认识是合理的。

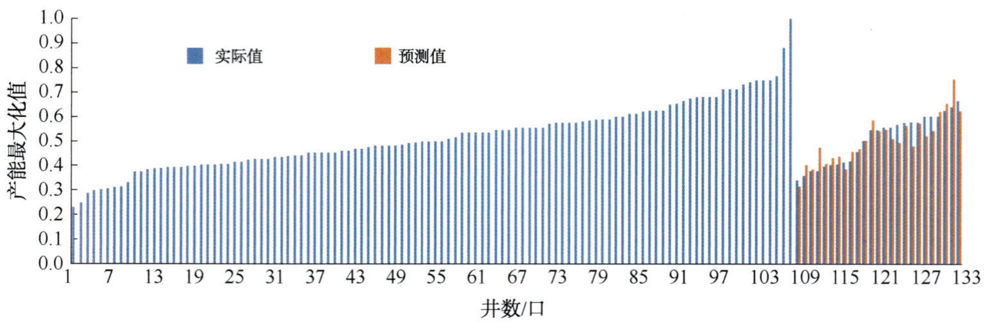

图 4-3-25　主体区预测单井产能与实际值对比直方图

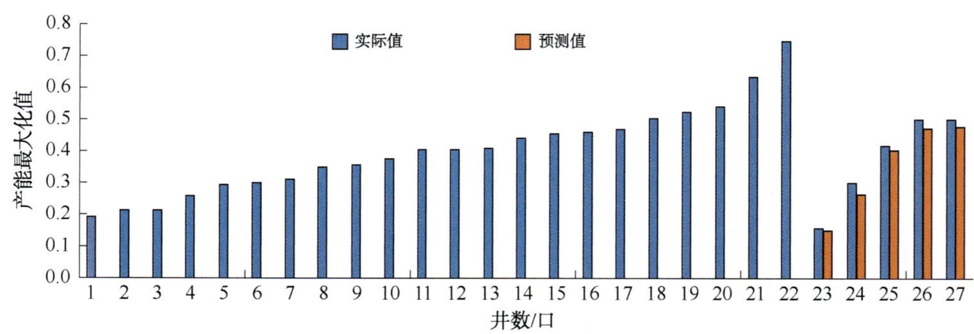

图 4-3-26　西区预测单井产能与实际值对比直方图

（3）东区产能预测。

结合偏最小二乘法模块大数据分析产能主控因素结果，当取 VIP 值>1.25 时(5 隐层)，优选出的预测模型精度最高，东区预测单井产能(最大化值)与实际值吻合率达 91.4%(图 4-3-27)。预测结果证明，东区产能主控因素为裂缝发育程度、含气量及地层压力的认识是合理的。

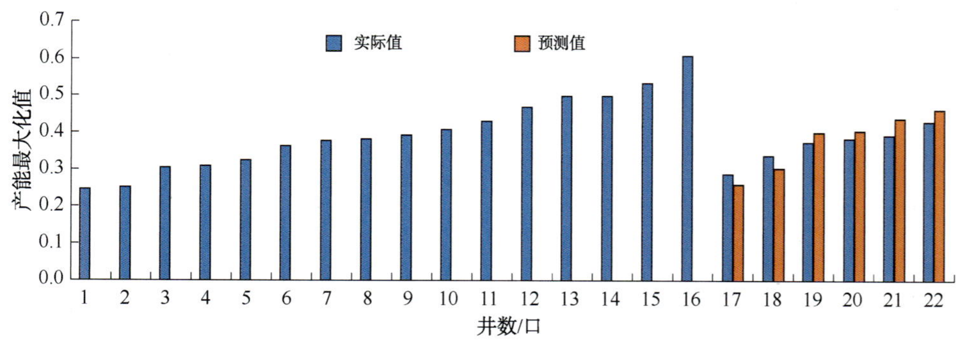

图 4-3-27　东区预测单井产能与实际值对比直方图

参 考 文 献

[1] 吴奇，胥云，刘玉章，等. 美国页岩气体积改造技术现状及对我国的启示[J]. 石油钻采工艺，2011，33(2)：1-7.

[2] 吴奇，胥云，王晓泉，等. 非常规油气藏体积改造技术——内涵、优化设计与实现[J]. 石油勘探与开发，2012，39(03)：352-358.

[3] 郑爱维，梁榜，舒志国，等. 基于大数据PLS法的页岩气产能影响因素分析—以涪陵焦石坝区块为例[J]. 天然气地球科学，2019，313(4)：542-550.

[4] 吕玮，张建，董建国，等. 水平井固井预置滑套多级分段压裂完井技术[J]. 石油机械，2013，41(11)：88-90.

[5] 陈作. 水平井分段压裂工艺技术现状及展望. 天然气工业，2007，27(9)：78-80.

[6] 邓燕. 重复压裂工艺技术研究及应用. 天然气工业，2005；25(6)：67-69.

[7] 唐颖. 页岩气井水力压裂技术及其应用分析. 天然气工业，2010，30(10)：33-38.

[8] 马超群，黄磊，范虎，等. 页岩气压裂技术及其效果评价[J]. 吐哈油气，2011，16(03)：243-246.

[9] 张怀文，杨玉梅，程维恒，等. 页岩气藏压裂工艺技术[J]. 新疆石油科技，2013，23(02)：31-35+45.

[10] 魏漪，宋新民，冉启全，等. 致密油藏压裂水平井非稳态产能预测模型[J]. 新疆石油地质，2014，01：67-72.

[11] Cipolla C L，Lolon E P，Dzubin B. Evaluating stimulation effectivenessin unconventional gas reservoirs [R]. SPE124843，2009.

[12] 段永刚，魏明强，李建秋，等. 页岩气藏渗流机理及压裂井产能评价[J]. 重庆大学学报，2011，34(4)：62-66.

[13] 何更生. 油层物理[M]. 北京：石油工业出版社，1994：40-41.

[14] Javadpour F，Fisher D. Nanoscale gas flow in shale gassediments[J]. Journal of Canadian Petroleum Technology，2007，46(10)：55-61.

[15] Beskok A，Karniadakis G E. A model for flow in channels，pipes，and ducts at micro and nano scales[J]. Microscale Thermophysical Engineering，1999，3(1)：4377.

[16] Guo J，Zhang L，Wang H，et al. Pressure transient analysis for multi-stage fractured horizontal wells in shale gasreservoirs[J]. Transport in Porous Media，2012，93(3)：635-653.

[17] Wang H T. Performance of multiple fractured horizontal wells in shale gas reservoirs with consideration of multiplemechanisms[J]. Journal of Hydrology，2014，510：299-312.

[18] 于荣泽，张晓伟，卞亚南，等. 页岩气藏流动机理与产能影响因素分析[J]. 天然气工业，2012，32(9)：10-15.

[19] 袁淋，李晓平，程子洋，等. 页岩气藏压裂水平井产能及影响因素分析[J]. 天然气与石油，2014，32(2)：57-61.

[20] Freeman C M，Moridis G，Ilk D，et al. A numerical study of performance for tight gas and shale gas reservoirsystems[J]. Journal of Petroleum Science and Engineering，2013，108：22-39.

[21] Yang F，Ning Z，Wang Q，et al. Pore structure of Cambrian shales from the Sichuan Basin in China and implications to gasstorage[J]. Marine and Petroleum Geology，2016，70：14-26.

[22] Van E A F，Hurst W. The application of the Laplace transformation to flow problems inreservoirs[J]. Trans，Aime，1949，186(305)：97-104.

[23] 刘建仪，李颖川，杜志敏. 高气液比气井气液两相节流预测数学模型[J]. 天然气工业，2005，25(8)：85-87+12.

[24] 徐兵祥，李相方，张磊，等. 页岩气产量数据分析方法及产能预测[J]. 中国石油大学学报(自然科学版)，2013，37(3)：119-125.

[25] 李建秋，曹建红，段永刚，等. 页岩气井渗流机理及产能递减分析[J]. 天然气勘探与开发，2011，34(2)33-37.

[26] Wu Y S, George M, Bai B J. A multi-continuum method for gas production in tight fracture reservoirs[R] SPE 118944, 2009.

[27] Bello R O, Wattenbarger R A. Multi-stage hydraulically fractured horizontal shale gas well rate transient analysis[R]. SPE126754, 2010.

[28] Ozkan E, Raghavan R, Apaydin O G. Modeling of fluid transfer from shale matrix to fracture network[R], SPE134830, 2010.

[29] 程远方. 页岩气体积压裂缝网模型分析及应用. 天然气工业[J]，2013，33(9)：53-59.

[30] 田冷，申智强，王猛，等. 基于滑脱、应力敏感和非达西效应的页岩气压裂水平井产能模型[J]. 东北石油大学学报，2016，40(06)：106-113+10-11.

[31] 贾爱林，位云生，刘成，等. 页岩气压裂水平井控压生产动态预测模型及其应用[J]. 天然气工业，2019，39(06)：71-80.

[32] 张磊，李相方，徐兵祥，等. 考虑滑脱效应的页岩气压裂水平井产能评价理论模型[J]. 大庆石油地质与开发，2013，32(03)：157-163.

[33] 李志强，赵金洲，胡永全，等. 页岩气压裂水平井产能模拟与布缝模式[J]. 大庆石油地质与开发，2015，34(05)：162-165.

[34] 刘华，胡小虎，王卫红，等. 页岩气压裂水平井拟稳态阶段产能评价方法研究[J]. 西安石油大学学报(自然科学版)，2016，31(02)：76-81.

[35] 张海翔. 基于非均质模型的页岩气压裂水平井产能评价分析[D]. 徐州：中国矿业大学，2017.

[36] 侯腾飞，张士诚，马新仿，等. 支撑剂沉降规律对页岩气压裂水平井产能的影响[J]. 石油钻采工艺，2017，39(05)：638-645.

[37] 张晋. 页岩气分段压裂水平井产能评价方法及应用[D]. 北京：中国石油大学(北京)，2016.

[38] 任文希. 考虑多组分渗流影响的页岩气压裂水平井产能模型研究[D]. 北京：中国石油大学(北京)，2018.

[39] 黄世军，张雄君，贾振，等. 页岩气压裂水平井开发效果的数值模拟[J]. 油气井测试，2016，25(01)：4-8+75.

[40] 曹铭. 基于三孔双渗模型的页岩气水平井压裂产能分析[D]. 大庆：东北石油大学，2018.

[41] 龙川. 基于多尺度非线性渗流的页岩气压裂水平井产能研究[D]. 成都：西南石油大学，2017.

[42] 刘湘. 涪陵页岩气压裂试验参数对产能的影响分析[J]. 江汉石油职工大学学报，2015，28(04)：23-25+28.

[43] Curtis J B. Fractured shale-gassystems[J]. AAPG Bulletin, 2002, 86(11): 1921-1938.

[44] George E K. Thirty years of gas shale fracturing: what have we learned? [R]. SPE 133456, 2010.

[45] Lancaster D E, Mcketta S F, Hill R E, et al. Reservoir evaluation, completion, and recent results from barnett shale development in Fort Worth Basin[R]. SPE 24884, 1992.

[46] Travis V, Tim C, Charles P, et al. Applying hydraulic fracture diagnostics to optimize stimulations in the woodford shale[R]. SPE 110029, 2007.

[47] Warpinski N R, Teutel L W. Influence of geological discontinuities on hydraulic fracture prppagation [R]. SPE 13224, 1987.

[48] Gu H R, Weng X, Lund J B, et al. Hydraulic fracture crossing natural fracture at nonorthogonal angles: A criterion and itsvalidation[J]. SPE Production & Operations, 2012, 27(1): 20-26.

5 页岩气井关键生产参数预测方法

页岩气井生产规律分析是合理评价生产井产能、评价区块开发效果与制定合理开发技术政策的基础和保障。国外页岩气井普遍采用放大压差方式生产，国内页岩气藏分段压裂水平井采用早期定产、晚期定压的方式进行生产，与国外页岩气井完全不同。本章主要从国内涪陵页岩气田分段压裂水平井独有的生产方式出发，在页岩气分段压裂水平井渗流特征研究的基础上，分析页岩气井压力、产气、产水特征及关键生产参数预测方法。

5.1 页岩气井地层压力预测方法

在传统物质平衡模型的基础上，考虑页岩气流动的特征并将产水页岩气井物质平衡与产能预测模型和井筒多相流模型结合，可以建立考虑吸附气解吸影响的页岩气井双压力系统物质平衡模型。结合现场实际生产数据，运用多参数最优化拟合算法，获得页岩气井压裂改造区(SRV)有效体积、动态控制储量等地层参数，预测不同时间气井的生产动态。

1936 年，Schilthuis 根据物质守恒原理，首先建立了油藏的物质平衡方程，该方程在气藏工程中得到了广泛的应用和发展。物质平衡法基本适用于各种类型的气藏，它能够确定气藏的原始地质储量，预测气藏生产动态，等等。物质平衡法只需要高压物性资料和生产数据，计算方法比较简单，广泛应用于国内外各种类型的气藏中。

在建立气藏物质平衡方程之前，需要几个基本假设条件：①气藏的储层物性和流体物性是均匀分布的；②相同时间内气藏各点的地层压力都处于平衡状态，即各点的折算压力相等；③整个开发过程中，气藏保持热动力学平衡，即地层温度保持不变；④不考虑气藏内毛管压力和重力的影响；⑤气藏无连通边水、底水。在这些假设的前提下，就可以把储集天然气的多孔介质系统简化为储集气体的地下容器(图 5-1-1)。在这个地下容器内，随着气藏开发，气、水的体积变化服从物质守恒原理，从而可以建立气藏的物质平衡方程：

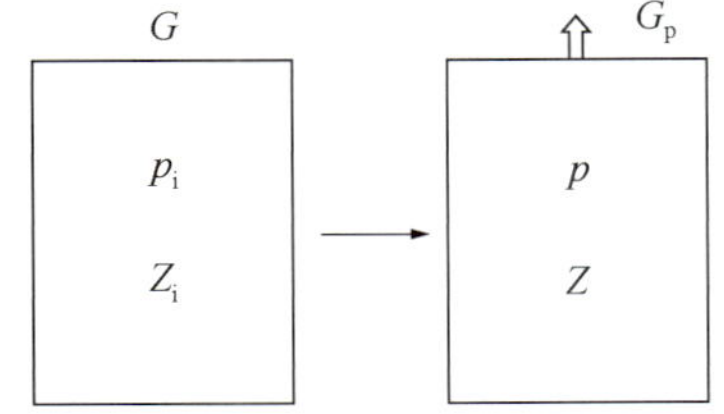

图 5-1-1　气藏物质平衡基本原理

$$\frac{p}{Z}=\frac{p_i}{Z_i}\left(1-\frac{G_p}{G}\right) \tag{5-1-1}$$

式中，p 为目前地层压力，MPa；Z 为目前地层压力下对应的偏差因子；p_i 为原始地层压力，MPa；Z_i 为原始地层压力下对应的偏差因子；G_p 为累计产气量，10^8m^3；G 为动态地质储量，10^8m^3。

相较于纯渗流理论，物质平衡理论在气藏产能评价领域具有以下 4 个方面的优势：①不用考虑地下井自身的控制范围形态(如平面流、径向流等)；②适用于各种生产制度(包括定压生产、定产生产等)；③可以有效评价储层的地层压力变化规律；④可以进行生产井参数(如采收率等)的预测。

5.1.1 页岩气井压力系统及流动过程划分

常规气藏物质平衡的建立过程中，一般假设整个储层具有良好的压力传导能力，并将储层作为单个压力系统，带有边底水的气藏一般加入存水系数(ω)，并用陈元千提出的水侵系数(β)对水侵进行描述。总之，在常规气藏平衡中仅需要用地层压力来表征储层能量变化规律即可。页岩气井在生产之前均经过了多级水力压裂，使用压裂液的总量在 $1\times10^4 m^3$ 级别，较大体积的水力压裂裂缝改变了页岩气由储层到井筒的流动方式，同时也改变了储层与井筒之间的压力传导方式(图 5-1-2)。

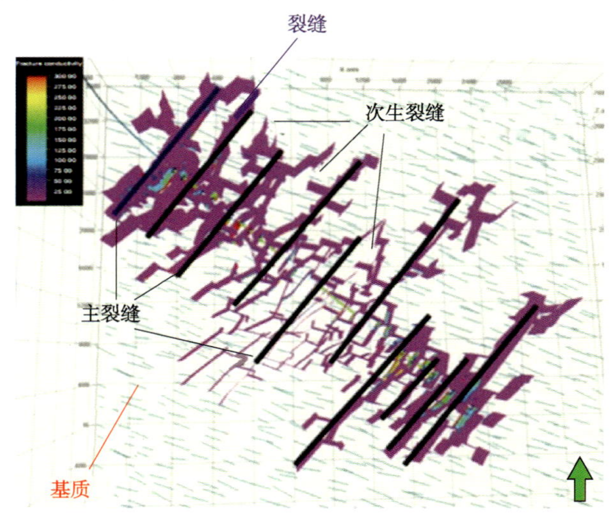

图 5-1-2　页岩水平井压裂后缝网分布示意图

与常规气藏相比，页岩气藏富含有机质，大量发育的有机质孔隙对储层孔隙微观结构、气体赋存和产出机理都具有显著影响。在页岩储层中，气体主要以吸附态和游离态存在，此外，干酪根中还存在少量的溶解气。同时，页岩孔隙类型丰富，孔隙尺度分布范围大，从低至数纳米到高至微米级的微裂缝、裂缝均有发育。由于气体分子与孔隙壁面的相互作用，扩散已成为气体分子在其中的主要传质方式。因此，区别于常规气藏，页岩气藏中气体的产出是一个包含了解吸、扩散和渗流的多尺度传质过程，气体由基质向裂缝的流动包括窜流和扩散两个流动过程(图 5-1-3、图 5-1-4)。

常规气藏气体从基质向裂缝的窜流能力较强，裂缝系统与基质系统的压差不明显；但是对于基质窜流能力极低的页岩气藏而言，裂缝系统与基质系统的压差便不可忽略。其次，页岩气藏除具有常规气藏的窜流过程外，还具有由于吸附气解吸引起的扩散过程，因此，由于页岩气藏富含有机质，使得页岩气由基质系统向裂缝系统的流动多了扩散过程。

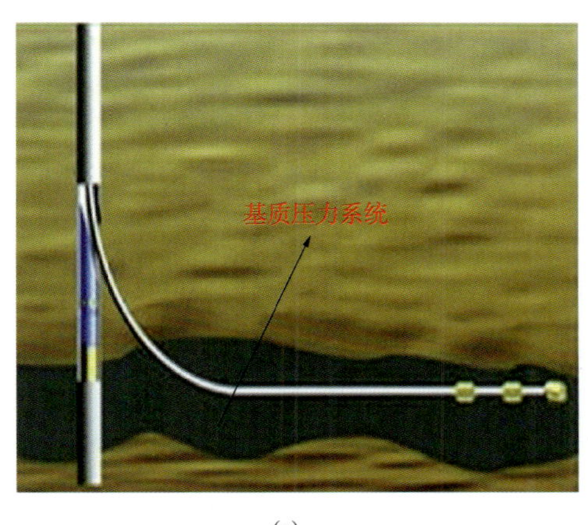

(a)

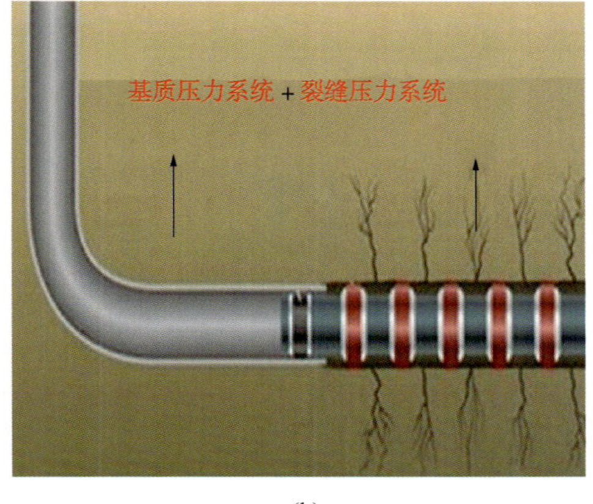

(b)

图 5-1-3　不压裂水平井(a)与多级压裂页岩气井(b)压力系统区别

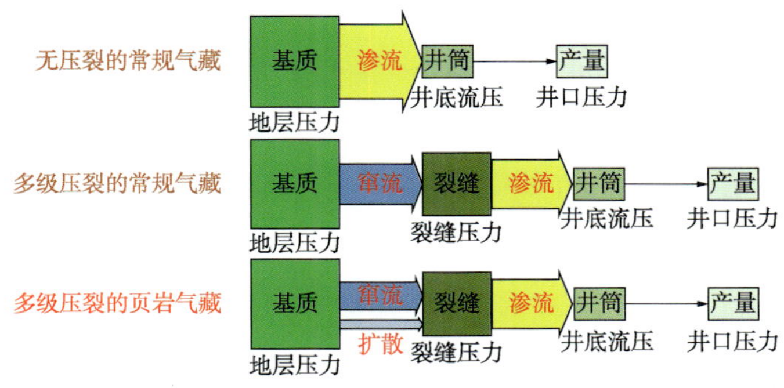

图 5-1-4　常规气藏与页岩气藏物质平衡的区别

本小节所述物质平衡模型考虑了压裂后缝网系统对井底流压的补给和缓冲效应，按照不同的流动能力和物性条件将地层分为 3 类储量容积(储容)，包括基质储容、裂缝储容和井筒储容(图 5-1-5)。

裂缝储容的大小与压裂液量和压裂效果相关，涪陵页岩气井在完成多级水力压裂后的裂缝缝网地下有效孔隙体积至少应为约 $2\times10^4\sim10\times10^4\mathrm{m}^3$，气体在裂缝与井筒间的流动方式为线性渗流，在裂缝与基质间的流动方式为渗流和扩散。基质储容大小与压裂效果、储层物性条件和储层层间缝发育程度有关，不同的生产井压裂后的 SRV 差别较大，导致无法明确界定出 SRV 的大小，应通过页岩气井生产数据的实际表现进行计算。井筒储容与裂缝储容、基质储容相比非常小，若忽略该储容会导致压力瞬时恢复到裂缝压力，然而这对于评价气井生产动态的拟合计算结果准确性毫无影响，因此，在本小节的物质平衡推导过程中忽略井筒储容。

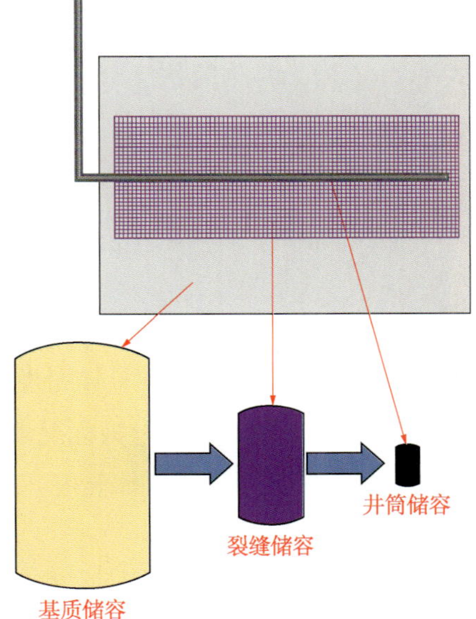

图 5-1-5　页岩气藏物质平衡模型储容分布关系

综上所述，页岩气藏包含裂缝网络和基质两个压力系统，流动过程包括：①气体由基质向裂缝的流动方式为渗流和扩散；②气体由裂缝向井筒的流动方式是多级压裂裂缝线性流；③气体由井底向井口的流动方式是气水两相井筒流动。

5.1.2 页岩气井无限导流物质平衡模型的建立

单压力系统将裂缝和基质视为一个整体，页岩气基质中的气体直接扩散至井底。所以，k 时刻的累计产气量(G_{p}^{k})应等于 k 时刻气体由基质向井底的扩散量与 k 时刻地层孔隙体积变化后的气体流出量之和，有如下推导过程：

k 时刻基质向井底的扩散量(G_{REV-b}^{k})：

$$G_{REV-b}^{k}=V_{REV}(1-\phi_{m})V_{L}\left(\frac{p_{m}^{0}}{p_{m}^{0}+p_{L}}-\frac{p_{m}^{k}}{p_{m}^{k}+p_{L}}\right) \tag{5-1-2}$$

式中，G_{REV-b}^{k} 为 k 时刻基质向井底的扩散量，m^3；V_{REV} 为基质表观体积，m^3；ϕ_{m} 为基质孔隙度；V_{L} 为兰格缪尔体积，m^3/m^3；p_{L} 为兰格缪尔压力，MPa；p_{m}^{0} 为基质原始压力，MPa；p_{m}^{k} 为基质 k 时刻的压力，MPa。

k 时刻地层孔隙体积变化后的流出量(G_{REV}^{k})：

$$G_{REV}^{k}=V_{REV}\left(\frac{1}{B_{gm}^{k}}-\frac{1}{B_{gm}^{0}}\right) \tag{5-1-3}$$

式中，G_{REV}^{k} 为第 k 时刻地层孔隙体积变化后的流出量，m^3；B_{gm}^{k} 为 k 时刻基质体积系数；B_{gm}^{0} 为基质初始体积系数。

所以有：

$$G_{p}^{k}=G_{REV}^{k}+G_{REV-b}^{k} \tag{5-1-4}$$

式中，G_{p}^{k} 为 k 时刻的累计产量，m^3。

由气体状态方程可以推导出：

$$\frac{\rho_{gm}^{k}}{\rho_{sc}}=\frac{p_{m}^{k}}{Z_{gm}^{k}T_{m}^{k}}\frac{Z_{gsc}T_{sc}}{p_{sc}} \tag{5-1-5}$$

$$\frac{1}{B_{g}}=\frac{V_{sc}}{V_{g}}=\frac{m_{g}/\rho_{sc}}{m_{g}/\rho_{g}}=\frac{\rho_{g}}{\rho_{sc}} \tag{5-1-6}$$

式中，ρ_{sc} 为标况条件下的气体密度，kg/m^3；ρ_{gm}^{k} 为 k 时刻地下气体密度，kg/m^3；Z_{gm}^{k} 为 k 时刻地下气体偏差因子；Z_{gc} 为标况条件下的气体密度偏差因子；T_{m}^{k} 为 k 时刻地下气体温度，K；T_{sc} 为标况条件下的气体温度，K；p_{sc} 为标况条件下的气体压力，MPa。

通过上式可以得到：

$$G_{p}^{k}=V_{REV}\left[\phi_{m}\frac{Z_{gsc}T_{sc}}{p_{sc}T_{m}}\left(\frac{p_{m}^{0}}{Z_{m}^{0}}-\frac{p_{m}^{k}}{Z_{m}^{k}}\right)+(1-\phi_{m})V_{L}\left(\frac{p_{m}^{0}}{p_{m}^{0}+p_{L}}-\frac{p_{m}^{k}}{p_{m}^{k}+p_{L}}\right)\right] \tag{5-1-7}$$

式中，ϕ_{m} 为储层孔隙度,%。

最终求解得到关于基质压力的表达式：

$$\begin{cases} ax^2+bx+c=0 \\ x=\dfrac{p_m^k}{Z_m^k} \end{cases} \tag{5-1-8}$$

其中:

$$a=\phi_m \frac{Z_{gsc}T_{sc}}{p_{sc}T_m} \tag{5-1-9}$$

$$b=\frac{G_p^k}{V_{REV}}-a\frac{p_m^0}{Z_m^0}+ap_L-\frac{(1-\phi_m)V_L\dfrac{p_m^0}{Z_m^0}}{\dfrac{p_m^0}{Z_m^0}+p_L}+(1-\phi_m)V_L \tag{5-1-10}$$

$$c=\frac{G_p^k}{V_{REV}}p_L-a\frac{p_m^0}{Z_m^0}p_L-\frac{(1-\phi_m)V_L\dfrac{p_m^0}{Z_m^0}}{\dfrac{p_m^0}{Z_m^0}+p_L}p_L \tag{5-1-11}$$

5.1.3 页岩气井有限导流物质平衡模型的建立

1）裂缝压力系统

裂缝压力系统由自生的气体储量及相连的基质表征单元(REV)供给:

$$G_{fi}+G_{REV-f}=G_p+G_{fr} \tag{5-1-12}$$

式中，G_{fi}为主裂缝区原始储量，10^8m^3；G_{REV-f}为基质表征单元(REV)向主裂缝的补给量，10^8m^3；G_p为气井累计采出量，10^8m^3；G_{fr}为主裂缝区剩余储量，10^8m^3。

对上式进行变形得到:

$$G_{REV-f}=G_p+V_f\left(\frac{1}{B_{gf}^k}-\frac{1}{B_{gf}^0}\right) \tag{5-1-13}$$

式中，B_{gf}^k为 k 时刻裂缝体积系数；B_{gf}^0为裂缝初始体积系数。

2）基质压力系统

基质压力系统由自生的气体储量及基质解吸供给:

$$G_{mi}=G_{REV-f}+G_{mr} \tag{5-1-14}$$

$$G_m=V_{REV}\phi_m\frac{1}{B_{gm}^0}+V_{REV}(1-\phi_m)V_L\frac{p_{mi}}{p_{mi}+p_L} \tag{5-1-15}$$

$$G_{mr}=V_{REV}\phi_m\frac{1}{B_{gm}^k}+V_{REV}(1-\phi_m)V_L\frac{p_m^k}{p_m^k+p_L} \tag{5-1-16}$$

上述各式中，G_{mi}为基质区原始储量，10^8m^3；G_{REV-f}为基质表征单元 REV 向主裂缝的补给量，10^8m^3；G_{mr}为基质区剩余储量，10^8m^3；p_{mi}为基质原始地层压力，MPa；p_m^k 为基质 k 时刻的压力，MPa；B_{gm}^k为 k 时刻基质体积系数；B_{gm}^0为基质初始体积系数。

联立三式可得：

$$G_{\mathrm{REV-f}}=V_{\mathrm{REV}}\left[\phi_{\mathrm{m}}\left(\frac{1}{B_{\mathrm{gm}}^{0}}-\frac{1}{B_{\mathrm{gm}}^{k}}\right)+(1-\phi_{\mathrm{m}})V_{\mathrm{L}}\left(\frac{p_{\mathrm{m}}^{0}}{p_{\mathrm{m}}^{0}+p_{\mathrm{L}}}-\frac{p_{\mathrm{m}}^{k}}{p_{\mathrm{m}}^{k}+p_{\mathrm{L}}}\right)\right] \tag{5-1-17}$$

3）基质向裂缝的流动过程

假设基质表征单元(REV)中的天然层间缝满足拟稳定窜流，则：

$$Q_{\mathrm{mf}}=\frac{\alpha K_{\mathrm{m}}}{\mu_{\mathrm{g}}}\rho_{\mathrm{gm}}(p_{\mathrm{m}}-p_{\mathrm{f}}) \tag{5-1-18}$$

$$\Delta V_{\mathrm{mf-f_{sc}}}^{k}=V_{\mathrm{mf}}\alpha\frac{T_{\mathrm{sc}}}{T_{\mathrm{m}}}\frac{Z_{\mathrm{sc}}K_{\mathrm{mf}}}{p_{\mathrm{sc}}\mu_{\mathrm{g}}}\Delta t\frac{p_{\mathrm{m}}}{Z_{\mathrm{m}}}(p_{\mathrm{m}}-p_{\mathrm{f}})^{k} \tag{5-1-19}$$

式中，p_{m} 为基质系统压力，MPa；p_{f} 为裂缝系统压力，MPa；ρ_{gm} 为基质气体密度，$\mathrm{kg/m^3}$；K_{m} 为基质渗透率，$10^{-3}\mu\mathrm{m}^2$；μ_{g} 为气体黏度，Pa·s；α 为窜流系数；Q_{mf} 为基质系统日产气量，m^3；V_{mf} 为基质系统体积，m；T_{sc} 为标况条件下的气体温度，K；Z_{sc} 为标况条件下气体偏差因子；K_{mf} 为基质向裂缝的渗透率，$10^{-3}\mu\mathrm{m}^2$；Δt 为单位时间步长，d；T_{m} 为基质系统温度，K；p_{sc} 为标况条件下的气体压力，MPa。

假设基质向天然层间缝的扩散满足拟稳态扩散，则：

$$\frac{\mathrm{d}C_{\mathrm{m}}}{\mathrm{d}t}=D_{\mathrm{F}}F_{\mathrm{S}}[C_{\mathrm{E}}(p)-C_{\mathrm{m}}] \tag{5-1-20}$$

$$C_{\mathrm{m}}=\frac{p_{\mathrm{m}}}{ZRT} \tag{5-1-21}$$

$$Q_{\mathrm{F}}=M_{\mathrm{g}}F_{\mathrm{g}}V_{\mathrm{m}}\frac{\mathrm{d}C_{\mathrm{m}}}{\mathrm{d}t} \tag{5-1-22}$$

式中，C_{m} 为基质系统的气体浓度，$\mathrm{kg/m^3}$；D_{F} 为扩散系数，$\mathrm{m^2/s}$；F_{S} 为单位转换系数；$C_{\mathrm{E}}(p)$为原始气体浓度，$\mathrm{kg/m^3}$。

联立求解得到：

$$\Delta V_{\mathrm{m-mf_{sc}}}=V_{\mathrm{m}}\frac{FD_{\mathrm{F}}Z_{\mathrm{sc}}}{p_{\mathrm{sc}}}\frac{T_{\mathrm{sc}}}{T_{\mathrm{m}}}\left(\frac{p_{\mathrm{m}}}{Z_{\mathrm{m}}}-\frac{p_{\mathrm{mf}}}{Z_{\mathrm{mf}}}\right)^{k}\Delta t \tag{5-1-23}$$

k 时刻的供给量为 k 时刻的累计供给量减去 $k-1$ 时刻的累计供给量：

$$G_{\mathrm{REV-f}}^{k}=G_{\mathrm{REV-f}}^{k-1}+\Delta V_{\mathrm{mf-f_{sc}}}^{k}+\Delta V_{\mathrm{m-mf_{sc}}}^{k} \tag{5-1-24}$$

结合上述各式得到：

$$G_{\mathrm{REV-f}}^{k}=G_{\mathrm{REV-f}}^{k-1}+V_{\mathrm{SRV}}\frac{T_{\mathrm{sc}}}{T_{\mathrm{m}}}\frac{Z_{\mathrm{sc}}}{p_{\mathrm{sc}}}\Delta t\left[(1-\phi_{\mathrm{m}})FD_{\mathrm{F}}\left(\frac{p_{\mathrm{m}}}{Z_{\mathrm{m}}}-\frac{p_{\mathrm{f}}}{Z_{\mathrm{f}}}\right)^{k}+\phi_{\mathrm{m}}\alpha\frac{K_{\mathrm{mf}}}{\mu_{\mathrm{g}}}\frac{p_{\mathrm{m}}}{Z_{\mathrm{m}}}(p_{\mathrm{m}}-p_{\mathrm{f}})^{k}\right] \tag{5-1-25}$$

4）裂缝向井筒的流动

Wattenbarger(1998)提出了线性流动的理论解析解：

$$x_{\mathrm{f}}\sqrt{K}=\frac{200.8TQ}{h\sqrt{(\phi\mu_{\mathrm{g}}C_{\mathrm{t}})_{\mathrm{i}}}}\frac{1}{m} \tag{5-1-26}$$

式中，x_{f}为裂缝半长，ft(1ft=0.3048m)；K 为基质渗透率，$10^{-3}\mu\mathrm{m}^2$；h 为储层有效厚度，m；

μ_g 为气体黏度，mPa · s；ϕ 为储层孔隙度,%；C_t 为储层综合压缩系数，1/psi（1psi = 0.89kPa）；m 为直角坐标系下特定图版上的直线斜率，$psi^2/(mPa\cdot s)d^{1/2}$；$T$ 为温度,°R（1°R = 9/5℃ + 527.69）；Q 为气体地面产量，10^3ft^3。

Song(2011)进一步推导出多级压裂水平井的流动方程：

$$n_f x_f \sqrt{K} = \frac{40.93QT}{h\sqrt{(\phi\mu_g C_t)_i}} \frac{1}{m} \tag{5-1-27}$$

将上式中绝对不变的已知参数和可能变化的未知参数分别用 C_1 和 a_1 表示得：

$$C_1 = \frac{n_f h}{40.93T} \tag{5-1-28}$$

$$a_1 = x_f \sqrt{K} \sqrt{(\phi\mu_g C_t)_i} \tag{5-1-29}$$

$$Q = C_1 a_1 \frac{1}{\sqrt{t}} \int_{p_{wf}}^{p_i} \frac{p}{\mu_g Z} dp \tag{5-1-30}$$

式中，p_i为供给源的压力，假设多级压裂水平井中井筒的供给源为压裂后产生的压裂裂缝，即 p_i记为 p_f，则变为：

$$Q = C_1 a \frac{1}{\sqrt{t}} \int_{p_{wf}}^{p_f} \frac{p}{\mu_g Z} dp \tag{5-1-31}$$

结合页岩气井物质平衡基本方程，最终得到页岩气井物质平衡模型：

$$\begin{cases} G_{REV-f}^k = G_p + V_f\left(\dfrac{1}{B_{gf}^k} - \dfrac{1}{B_{gf}^0}\right) \\ G_{REV-f}^k = V_{REV}\left[\phi_m\left(\dfrac{1}{B_{gm}^0} - \dfrac{1}{B_{gm}^k}\right) + (1-\phi_m)V_L\left(\dfrac{p_m^0}{p_m^0 + p_L} - \dfrac{p_m^k}{p_m^k + p_L}\right)\right] \\ G_{REV-f}^k = G_{REV-f}^{k-1} + V_{SRV}\dfrac{T_{sc}}{T_m}\dfrac{Z_{sc}}{p_{sc}}\Delta t\left[(1-\phi_m)FD_F\left(\dfrac{p_m}{Z_m} - \dfrac{p_f}{Z_f}\right)^k + \phi_m\alpha\dfrac{K_{mf}}{\mu_g}\dfrac{p_m}{Z_m}(p_m - p_f)^k\right] \\ \dfrac{n_f h}{40.93T}\left[x_f\sqrt{K_{mf}}\sqrt{(\phi\mu_g C_t)_i}\right]\dfrac{m(p_f) - m(p_{wf})}{\sqrt{t}} = Q \end{cases} \tag{5-1-32}$$

式中，G_p 为当前累计产气量，m^3；V_f 为裂缝表观体积，m^3；V_{REV}为基质表观体积，m^3；ϕ_m 为基质孔隙度,%；B_{gf}^0为裂缝初始体积系数；B_{gf}为裂缝当前体积系数；B_{gm}^0为基质初始体积系数；B_{gm}^k为基质当前体积系数；B_{gm}^{k-1}为前一时刻的基质体积系数；V_L 为兰格缪尔体积，m^3/m^3；p_L 为兰格缪尔压力，MPa；p_m 为基质当前平均压力，MPa；x_f 为裂缝半长，m；n_f 为压裂段数；h 为储层厚度，m；K_{mf}为基质渗透率，$10^{-3}\mu m^2$；V_{SRV}为压裂改造区表观体积，m^3；μ_g 为气体黏度，mPa · s；Δt 为时间间隔，s。

5.1.4 算法建立和模型验证

两种物质平衡模型需要拟合的参数包括裂缝半长(x_f)、渗流和扩散系数(β_m)、储层外边界半长(x_e)、裂缝平均渗透率(K_f)、裂缝体积修正系数(ε_{fv})、裂缝紊流修正系数(B_v)。以5A1井为例，对模型进行验证。模型中，算法参数主要分为遗传算法参数、产能评价参数、井筒流动参数和预测阶段参数4种，参数设置如表5-1-1所示。

表5-1-1　5A1井物质平衡基本参数表

参　数	数　值	参　数	数　值
定产量预测/10^4m^3	6	群体数	200
最长预测时间/d	10000	二进制精度(一般选24)	24
后期定压生产压力/MPa	6	基因交叉概率	0.85
最小产量/m^3	1000	基因变异概率	0.45
原始地层压力/MPa	37.69	群体交配代数	100
地层温度/℃	89.96	交配提前结束所需方差	1E-07
压裂总液量/m^3	22045	井口温度/℃	30
孔隙度/%	4	天然气相对密度	0.56
兰格缪尔体积/(m^3/m^3)	7	井深/m	2300
兰格缪尔压力/MPa	6	粗糙度/mm	0.016
裂缝条数	15	水相黏度/(mPa·s)	1
储层厚度/m	35	水相相对密度/10^3	1.05
基质渗透率/$10^{-3}\mu m^2$	0.0001	油管内径/m	0.062
气体黏度/(mPa·s)	0.0247	套管内径/m	0.115
综合压缩系数/MPa^{-1}	0.0179	计算测深步长/m	10
综合渗透率/$10^{-3}\mu m^2$	0.98	井筒流动系数	1

运用气水两相井筒流动压力计算方法对5A1井进行井底流压计算，该井实际生产数据与计算出的预拟合井底流压如图5-1-6所示。预拟合的井底流压与实测流压点具有较好的匹配度，因此，选用预拟合流压代入模型中进行参数计算。

1）无限导流物质平衡模型

运用页岩气井无限导流物质平衡模型对5A1井进行历史拟合，拟合结果如图5-1-7所示。

通过实测井底流压与物质平衡模型拟合的井底流压进行对比，可以看出，物质平衡模型结果具有较高的适应性。

图5-1-8所示为实际生产数据与拟合得的井底流压及地层压力的关系图，对于5A1井而言，前中期相对稳定的生产期间与当前不稳定生产导致的井底流压跳动均能在物质平衡模型中体现，模型较为准确地还原了压力跳动规律。

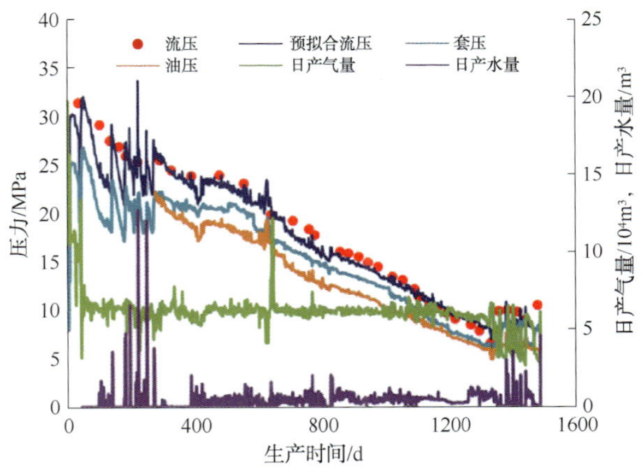

图 5-1-6　5A1 井井底流压计算结果

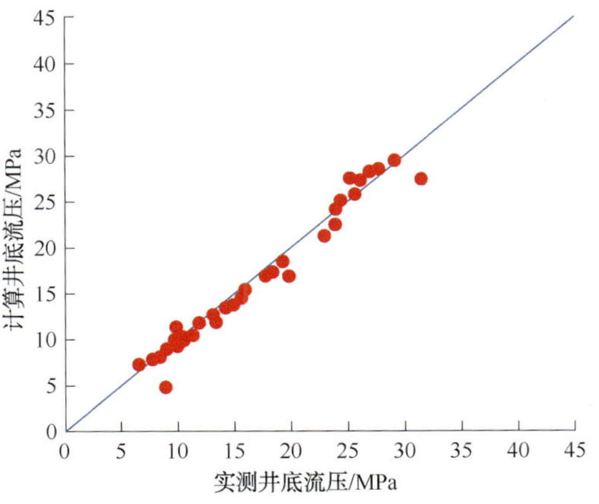

图 5-1-7　无限导流物质平衡模型井底流压拟合结果

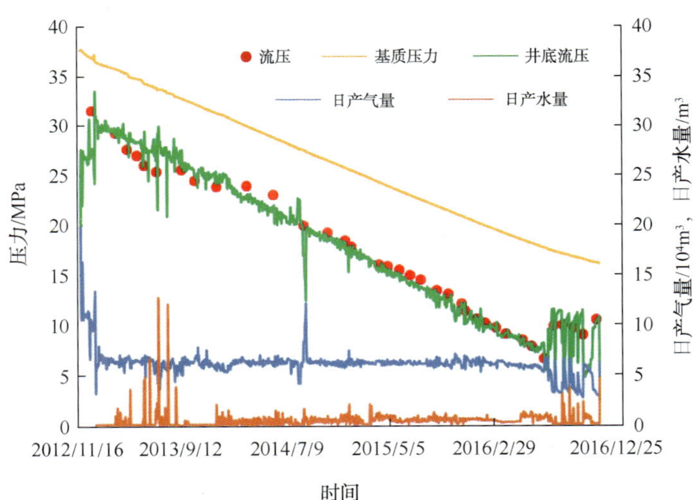

图 5-1-8　无限导流物质平衡模型地层压力和井底流压拟合结果

2）有限导流物质平衡模型

运用页岩气井有限导流物质平衡模型对 5A1 井进行历史拟合，拟合结果如图 5-1-9 所示。表征物质平衡算法的拟合结果中，流压为真实测试流压点，拟合流压为物质平衡算法中由压裂裂缝向井筒供气过程中井底流压的数值，与之前从井口压力转井底流压的计算原理不同，这里的拟合流压表征在当前流动条件下，地层中的流体供给到井筒后，井筒应有的井底流压。计算得到的拟合流压与实测流压相差越大，表明计算结果偏离实际地层供给能力的程度越大，即模型的评价

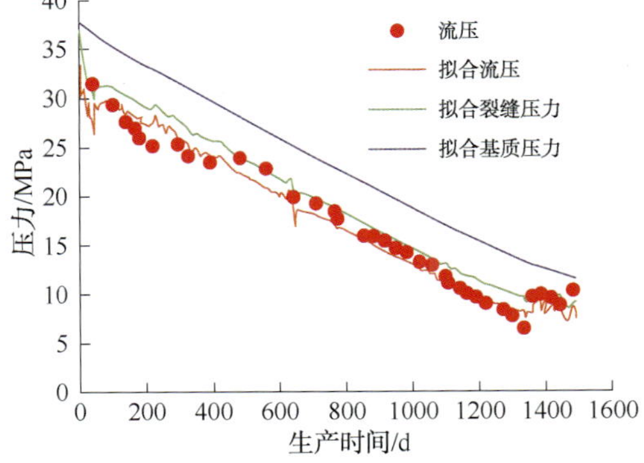

图 5-1-9　有限导流物质平衡模型地层压力和井底流压拟合结果

结果误差越大，可信度越低。从当前对 5A1 井的计算结果上看，拟合流压与实测流压有较高的匹配度，计算结果可靠。

5.1.5 地层压力计算实例

以涪陵页岩气田 5A2 井、5A3 井等 4 口连续测定静压力的页岩气井为例，采用物质平衡模型对 26 口连续测定静压力的页岩气井进行拟合，最终拟合精度大于 85%(图 5-1-10~图 5-1-13)。

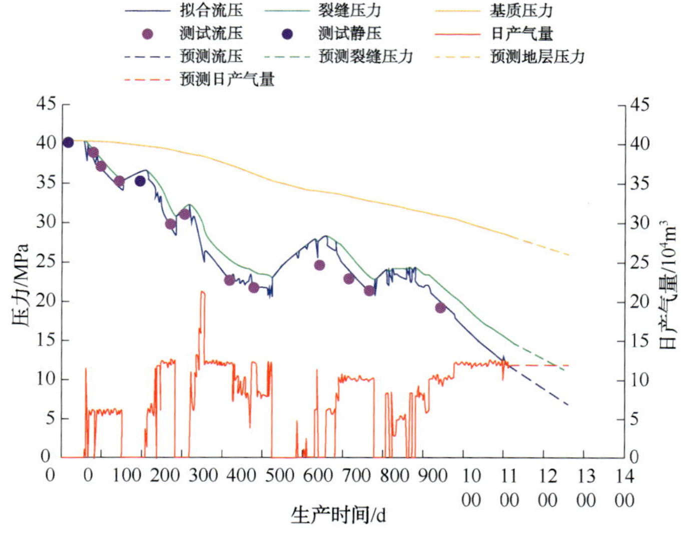

图 5-1-10　5A2 井地层静压拟合及预测图

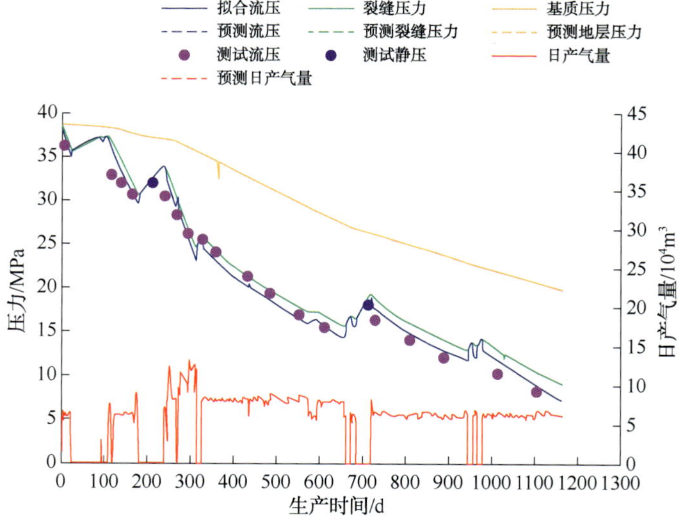

图 5-1-11　5A3 井地层静压拟合及预测图

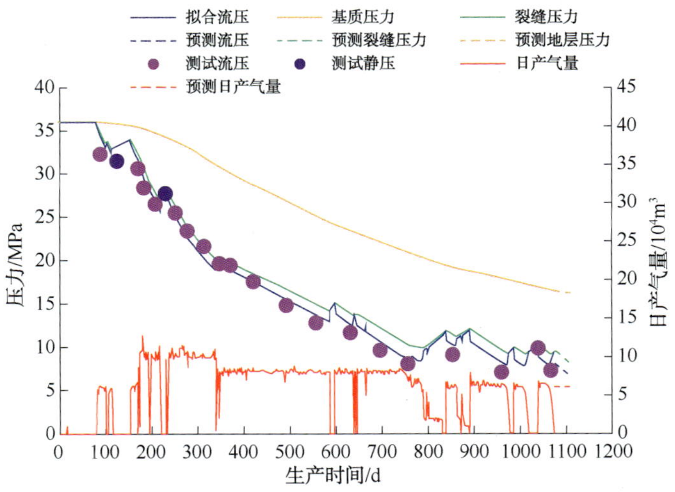

图 5-1-12 5A4 井地层静压拟合及预测图

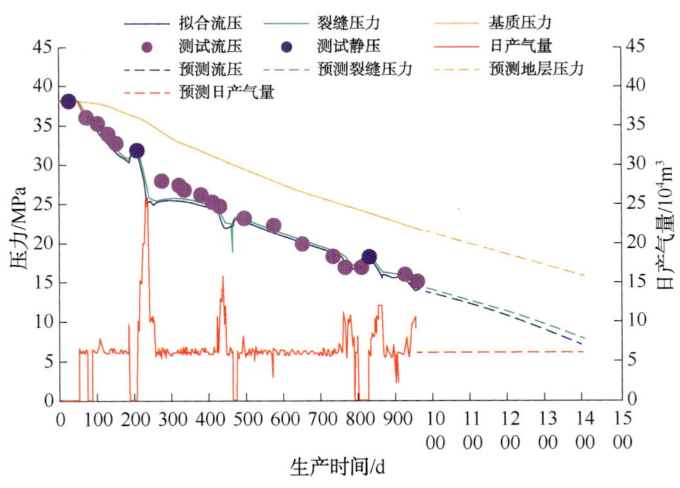

图 5-1-13 5A5 井地层静压拟合及预测图

5.2 页岩气井井底流压预测方法

目前，常规气井井底流压的预测方法大致可以分为 4 类：①基于井口压力预测井底流压方法；②基于生产动态数据的压降法；③不稳定产量分析法(RTA)；④数值模拟法。

5.2.1 基于井口压力预测井底流压方法

涪陵页岩气井在生产过程中采用的方法是累产气量达到某一数值时进行一次井底流压测试，而产能计算过程中，多数方法需要连续的井底流压数值才能进行计算。涪陵页岩气井生产日报数据测试并记录的是生产井每日的平均油套压(即井口压力)，因此，研究两相流动条件的井筒压力计算方法，可以将井口压力转换为井底流压，从而提供页岩气井产能评价中连续的井底流压。

通过调研发现，现有的基于井口压力计算井底流压的方法(即井筒压力计算方法)，根据井型大致上可以分为垂直井筒计算方法和倾斜井筒计算方法；根据井筒流体的相态可以分为单相流计算方法和两相流计算方法。

1）气井井筒流动压力计算理论

页岩气藏大多采用水平井进行开发，如果继续采用单相垂直井筒的井底流压计算方法，会对计算结果造成很大的误差，所以有必要研究带有倾斜角的井筒压力计算方法。

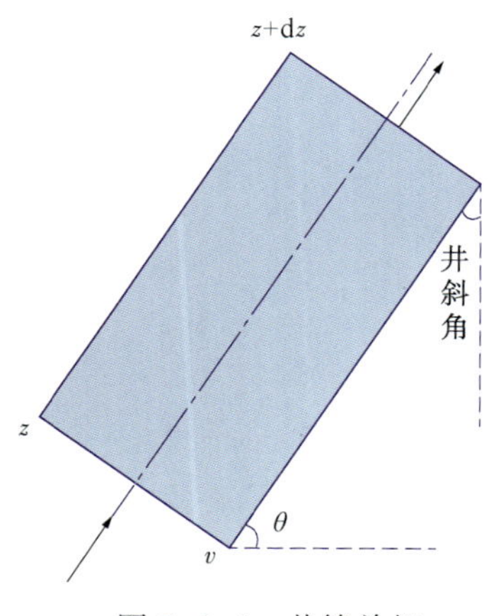

图 5-2-1 井筒单相倾斜管模型示意图

（1）单相倾斜井筒流动理论。

在垂直井筒中，将气相管流视为稳定的一维问题。在管流中取一个控制体，以管子轴线为坐标轴 z 轴，规定坐标轴正向与流向一致(图 5-2-1)。

由井筒中流入流出的流体质量守恒，同时，作用于控制体的外力应等于流体的动量变化，由此可得到如下关于该控制体的压力梯度表达式：

$$\frac{\mathrm{d}p}{\mathrm{d}z}=\rho_{\mathrm{g}}g\sin\theta+f\frac{\rho_{\mathrm{g}}v_{\mathrm{g}}^{2}}{2D}+\rho_{\mathrm{g}}v_{\mathrm{g}}\frac{\mathrm{d}v_{\mathrm{g}}}{\mathrm{d}z} \tag{5-2-1}$$

式中，ρ_{g} 为天然气密度，kg/m^3；f 为摩阻系数；D 为管子内径，m；v_{g} 为天然气表观流动速度，m/s。

科尔博洛克和怀特提出了比较完善的摩阻系数基本公式：

$$\frac{1}{\sqrt{f}}=1.74-21\mathrm{g}\left(\frac{2e}{D}+\frac{18.7}{Re\sqrt{f}}\right) \tag{5-2-2}$$

（2）气水两相倾斜井筒流动理论。

页岩气井生产过程中，井筒中的流体流动不可能自始至终都是单相流动。随着开发的推进，地层水、压裂液等液相会伴随着气体一并返排出来。通过已有的生产井数据可以发现，西南区的部分井处于高产水状态，此时井筒中的流体流动方式变为气水两相流动，所以有必要研究气井两相井筒流动计算方法。

与单相井筒流动计算方法类似，两相井筒流动计算方法也划分为垂直井筒流动和水平井筒流动。本小节主要通过分析气井两相水平井筒的流动计算方法来探究该方法与单相流动计算方法的不同之处。

与单相倾斜井筒类似，两相倾斜井筒管模型如图 5-2-2 所示。

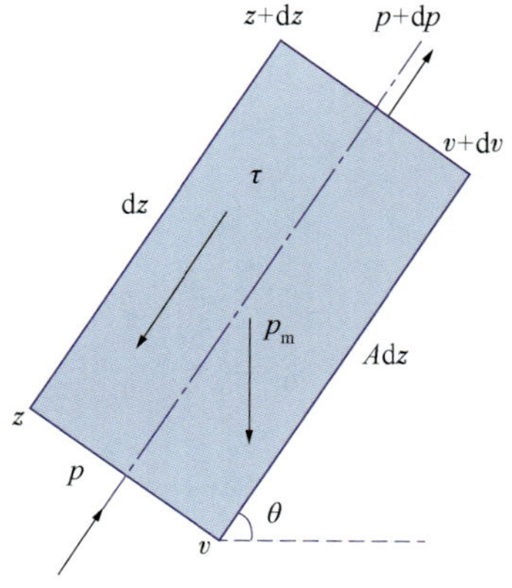

图 5-2-2 井筒两相倾斜管模型示意图

由井筒中流入流出的流体质量守恒，同时，作用于控制体的外力应等于流体的动量变化，由此可得到如下关于该控制体的压力梯度表达式：

$$\frac{\mathrm{d}p}{\mathrm{d}z}=\rho_{\mathrm{m}}g\sin\theta+f_{\mathrm{m}}\frac{\rho_{\mathrm{m}}v_{\mathrm{m}}^{2}}{2D}+\rho_{\mathrm{m}}v_{\mathrm{m}}\frac{\mathrm{d}v_{\mathrm{m}}}{\mathrm{d}z} \tag{5-2-3}$$

式中，ρ_m 为气水两相混合密度，kg/m^3；f_m 为气水两相摩阻系数；D 为管道直径，m；v_m 为气水两相表观流动速度，m/s。

与单相计算公式相比，压力梯度仍然表示为 3 个分量之和，但重力、摩阻和动能项中的密度、速度等参数此时都应该变为两相的参数。

2）气井井筒两相流流态判别理论

目前，国内外有多种判别流态的图版与经验公式，大多数都是在给定的参数范围内以特定流动介质进行实验测试得到的。其中，适用于垂直管流态判别的常用判别方式有 Duns-Ros 流态图、Aziz 流态图及 Kaya 机理模型等，本小节就如何采用 Aziz 流态图和 Kaya 机理模型来判别气水流动时的流动状态进行分析。

（1）Aziz 流态图。

Aziz 和 Govior(1972) 等通过实验，得出了垂直管气液两相流态图，流态图垂直管流态可分为泡流、段塞流、过渡流及环雾流 4 个流态区域(图 5-2-3)。

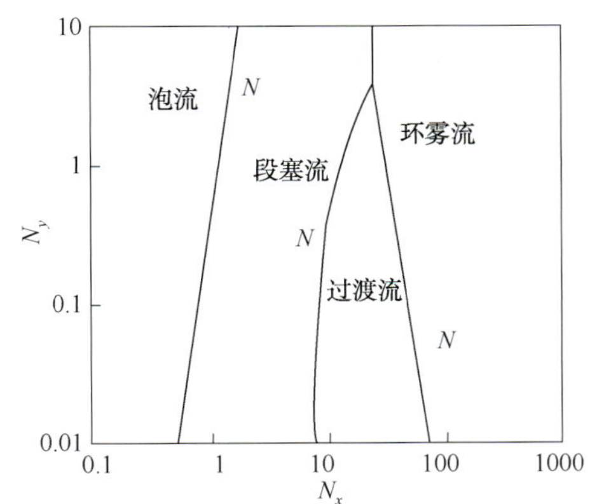

图 5-2-3　Aziz 图版气水两相流态划分图

Aziz 流态图的横坐标变量为 N_x，为气相速度准数；纵坐标变量为 N_y，为液相速度准数。二者表达式分别为：

$$N_x = 3.28 v_{sg} \left(\frac{\rho_g}{\rho_{air}}\right)^{1/3} \left(\frac{\rho_l \sigma_w}{\rho_{air} \sigma_l}\right)^{1/4} \quad (5-2-4)$$

$$N_y = 3.28 v_{sl} \left(\frac{\rho_l \sigma_w}{\rho_{air} \sigma_l}\right)^{1/4} \quad (5-2-5)$$

上述两式中，v_{sg} 为气体表观流速，m/s；v_{sl} 为液体表观流速，m/s。

流态图中各流态转换曲线计算公式分别为：

$$N_1 = 0.51(100N_y)^{0.172} \quad (5-2-6)$$

$$N_2 = 8.61 + 3.8N_y \quad (5-2-7)$$

$$N_3 = 70(100N_y)^{-0.152} \quad (5-2-8)$$

过渡流向环雾流转换的条件为：当 $N_y \leqslant 4$ 时，则 $N_x > N_3$；当 $N_y > 4$ 时，则 $N_x > 26.5$。

（2）Kaya 机理模型。

Kaya(2001) 等建立了倾斜管与垂直管气液两相流态判别机理模型，将流态分为泡状流、分散泡状流、段塞流、过渡流和环状流(图 5-2-4)。

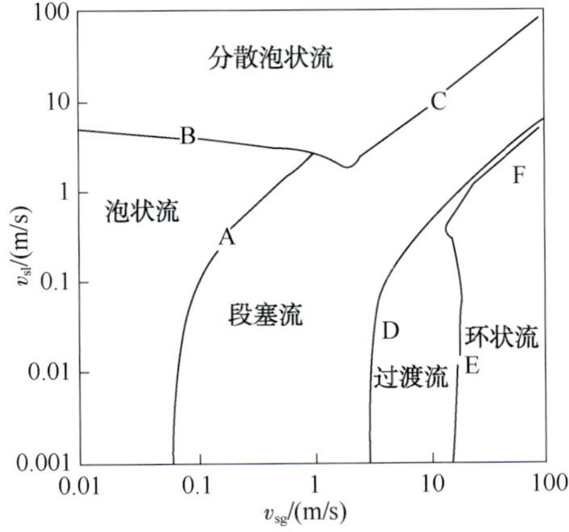

图 5-2-4　Kaya 图版气水两相流态划分图

Kaya 流态图的横坐标变量为 v_{sg}，横坐标变量为 v_{sl}，其表达式为：

流型图中过渡流至环状流(曲线 E)的计算式为：

$$Y_M \leqslant \frac{2-1.5H_{LF}}{H_{LF}^3(1-1.5H_{LF})} X_M^2 \quad (5-2-9)$$

式中，H_{LF}为持液率；X_M，Y_M为修正的 Lockhart-Martinelli 参数：

$$X_M=\sqrt{(1-f_E)^2\frac{f_F}{f_{sl}}\frac{(dp/dl)_{sl}}{(dp/dl)_{sc}}} \tag{5-2-10}$$

$$Y_M=\frac{g\sin\theta(\rho_l-\rho_c)}{(dp/dl)_{sc}} \tag{5-2-11}$$

（3）临界携液流量方法。

根据环雾流和段塞流的分界条件，当液滴直径达到最大时，即为液滴能被气体携带出井筒的最大直径。结合气井井筒临界携液流量计算方法，得到井底温度压力对应的气体表观流速和液体表观流速，通过在 Kaya 图版上作图，散点均值对应的气体表观流速即环雾流和段塞流的分界气体流速。

3）气井井筒流动压力求解

以单相流体一维稳定管流压力梯度基本方程为基础，根据井口压力计算井底流压。基本方程中的各项参数采用现场实际两相参数，充分考虑气井产水量和井斜角的影响，考虑产气量增大时管流流速增大而引起的动能变化，采用压力增量迭代的方法结合井斜数据计算井底流压。

（1）计算步骤。

① 记计算节点序号为 $i=1$，确定管长增量并任意假设压力增量初值。

② 计算第 i 个节点位置及其控制体的平均温度、平均压力。

③ 计算 $\bar{T}$、$\bar{p}$ 条件下的有关物性参数。

④ 计算各相体积流量、表观流速及混合物流速。

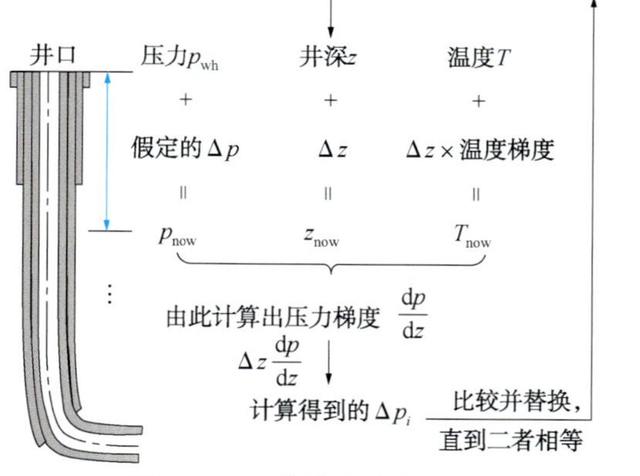

图 5-2-5　井筒流动模型计算过程

⑤ 计算无滑脱持液率、两相混合密度、摩阻系数和压力梯度 dp/dz。

⑥ 根据公式计算出新的压力增量(Δp_i)。

⑦ 若$|\Delta p_i-\Delta p_0|\leqslant\varepsilon$，则转向步骤⑧；否则，令 $\Delta p_0=\Delta p_i$ 并转向步骤②。

⑧ 若 $z_i\geqslant H$(H 为实际测试井底流压折算点的测深)，计算结束；否则，令 $i=i+1$，并转向步骤②，最终得到井底流压的计算值，计算过程如图 5-2-5 所示。

用软件编制的井底流压计算程序界面如图 5-2-6 所示。

（2）参数获取。

① 温度：井口温度为现场实际井口流动温度(30℃)，井底温度为 5A1 井的测试地层温度(89.96℃)。

② 流体密度：天然气的相对密度为 5A1 井的温压报告中干气相对密度(0.56)，水相相对密度为正常值(1.05)。

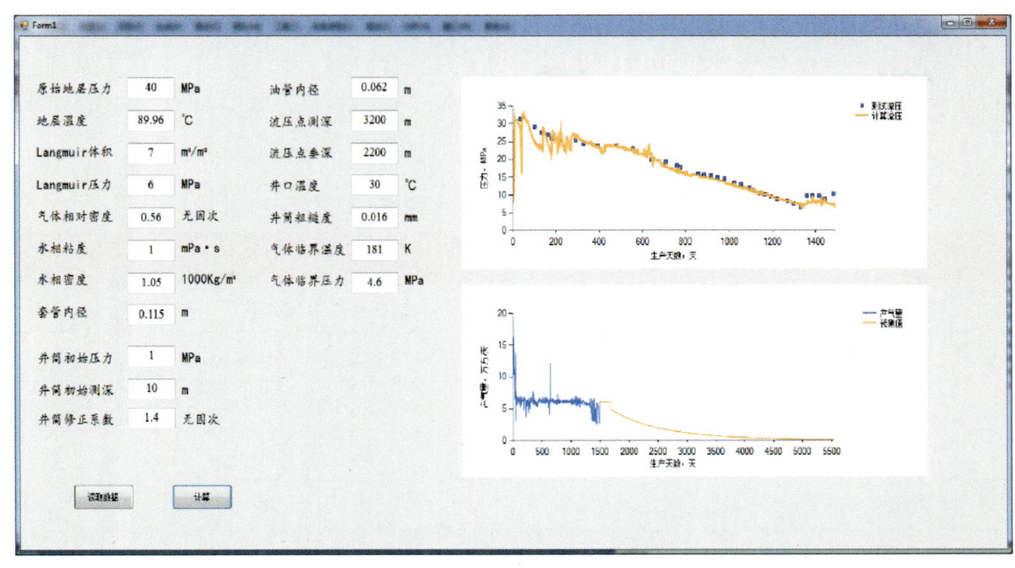

图 5-2-6　软件编制的井底流压计算程序界面

③ 流体黏度：天然气的黏度根据温度、压力计算得到，水相黏度为 1mPa·s。

④ 井筒尺寸：油套管内径根据每口井的实际数据获取，且默认选择新管的粗糙度为 0.016mm。

⑤ 折算点深度：计算终止点的井深和垂深均为现场人员测试压力折算点的井深和垂深。

⑥ 其他参数：取计算管长步长为 10m，初始压力增量为 1MPa。

（3）参数处理。

① 油压套压：根据所选井的实际生产数据，划分为套管生产、油管生产和油套环空生产 3 种制度，分别对应不同的井筒流体流动的截面。

② 截止点测深：根据所选井的井斜数据，将 A、B 靶点各自的垂深、斜深取折中值，即程序中的折算点的垂深和斜深。以 5A6 井为例，计算思路如图 5-2-7 所示。

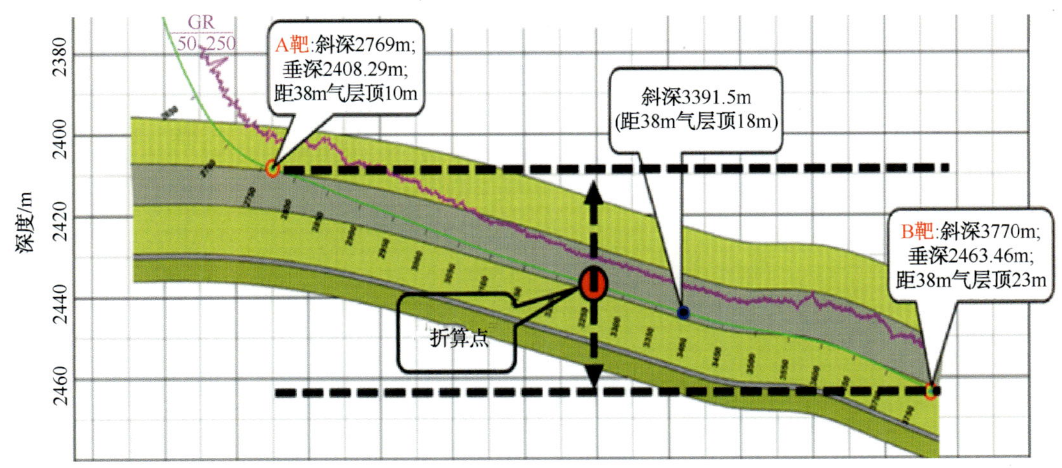

图 5-2-7　井筒压力计算终点取值规则示意图

（4）方法验证。

对井筒两相流动条件下井口压力转井底流压的准确性进行验证，以5A1井为例，代入5A1井的天然气物性参数及井身结构数据，计算得到井底流压结果，通过与实测井底流压对比，可以确定计算误差，计算基本参数如表5-2-1所示。

表5-2-1　5A1井井底流压计算基本参数表

基本参数	数　值	基本参数	数　值
井口温度/℃	30	水相相对密度/10^3	1.05
井底温度/℃	89.96	油管内径/m	0.062
天然气相对密度	0.56	套管内径/m	0.115
折算点测深/m	3146.09	计算管长步长/m	10
粗糙度/mm	0.016	原始地层压力/MPa	37.69
水相黏度/(mPa·s)	1		

5A1井井口压力转换为井底流压计算结果如图5-2-8所示。

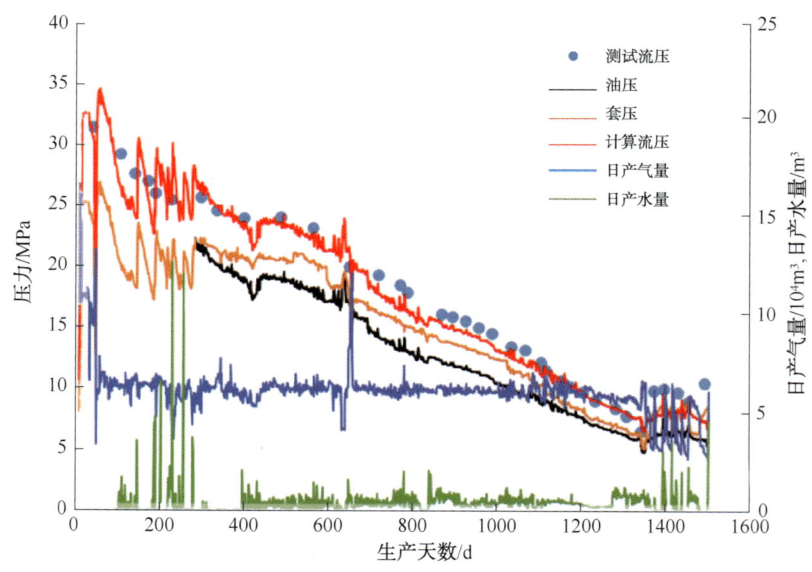

图5-2-8　5A1井井口压力转换为井底流压计算结果图

4）压裂液对井底流压计算误差的影响

页岩气井采用大型分段水力压裂法进行开发，生产过程中均存在压裂液返排的情况。因此，地层中剩余压裂液的存在会对井底流压计算值的匹配性产生影响。以涪陵页岩气田试验区的5A1井、5A7井、5A8井和5A9井的井底流压计算结果误差为例进行分析。

由图5-2-9～图5-2-11可知，井底流压计算结果与实际测量的井底流压相比，在不同生产方式条件下，总体呈现出油管生产时计算误差小于环空生产时计算误差的规律，这与3种生产方式对应的气井井筒两相流态密切相关。

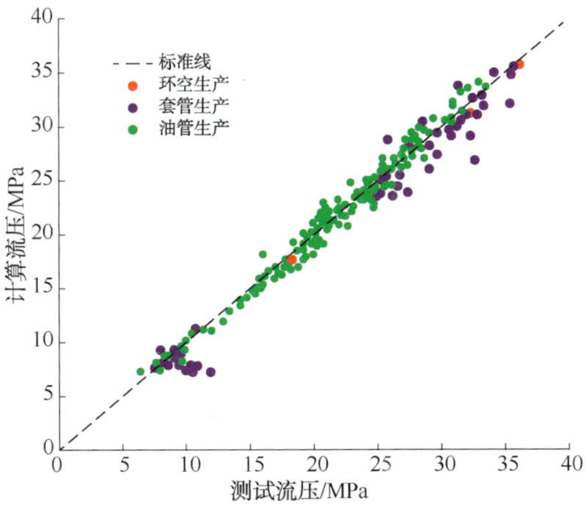

图 5-2-9 不同管柱生产条件下井底流压计算准确性统计图

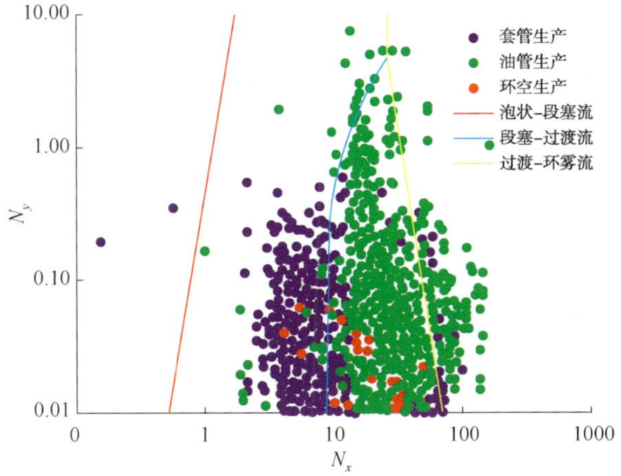

图 5-2-10 不同管柱生产条件下 Aziz 图版流态判别图

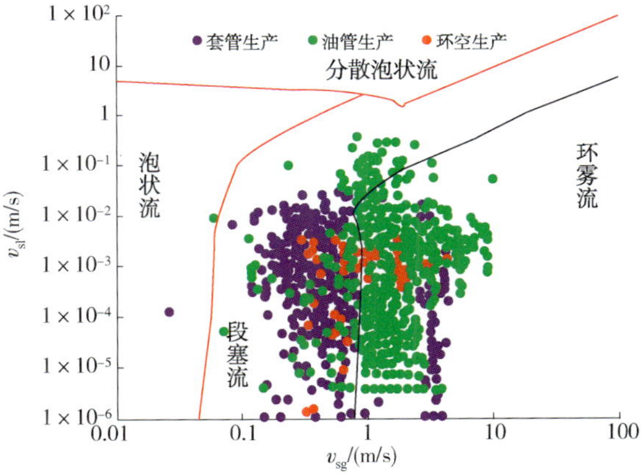

图 5-2-11 不同管柱生产条件下修正 Kaya 图版流态判别图

由图 5-2-12～图 5-2-14 可知，当采用油管生产时，几乎所有生产井的计算流压数值都与标准线对应的数值完全重合，表明井底流压的计算方法在采用油管生产时准确性较高。结合 Aziz 图版可知，当采用油管生产时，井筒气水两相流动的流动状态绝大部分为过渡流，部分为环雾流，极其特殊的时期为段塞流；Kaya 图版中，当采用油管生产时，井筒气水两相流动的流动状态绝大部分为环雾流，部分为段塞流。所以，以环雾流为流动状态的模型具有很好的适应性。

由图 5-2-15～图 5-2-17 可知，当采用套管生产时，页岩气生产井的计算流压数值部分与标准线对应的数值完全重合，部分分散在标准线上下两侧，表明井底流压的计算方法在采用套管生产时准确性偏低。结合 Aziz 图版可知，当采用套管生产时，井筒气水两相流动的流动状态部分为过渡流和段塞流，甚至个别时期出现了泡状流；Kaya 图版中，当采用套管生产时，井筒气水两相流动的流动状态绝大部分为段塞流，部分为环雾流。所以，当采用套管生产时计算的井底流压与实际测量值相比，绝大部分吻合程度较低，少许情况吻合度良好(图 5-2-18)。

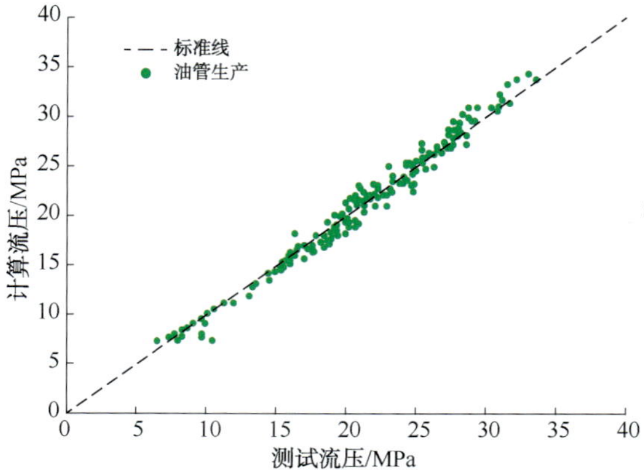

图 5-2-12　油管生产条件下
井底流压计算准确性统计图

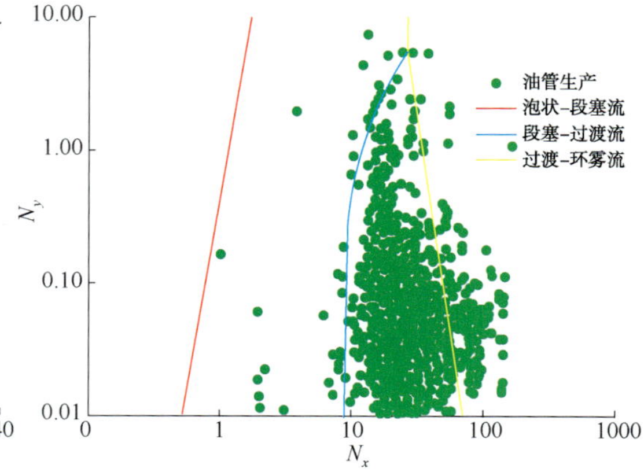

图 5-2-13　油管生产条件下
Aziz 图版流态判别图

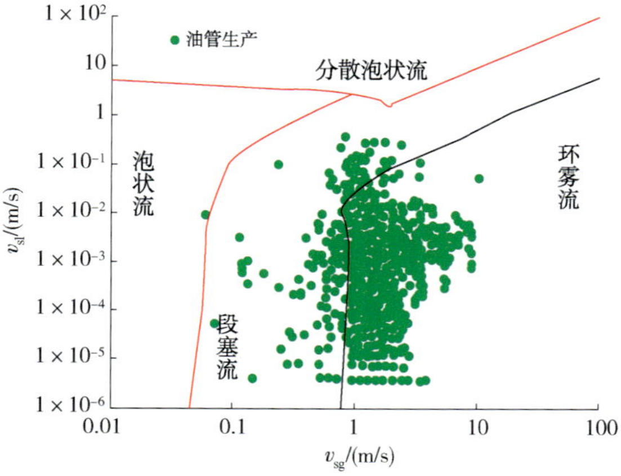

图 5-2-14　油管生产条件下
修正 Kaya 图版流态判别图

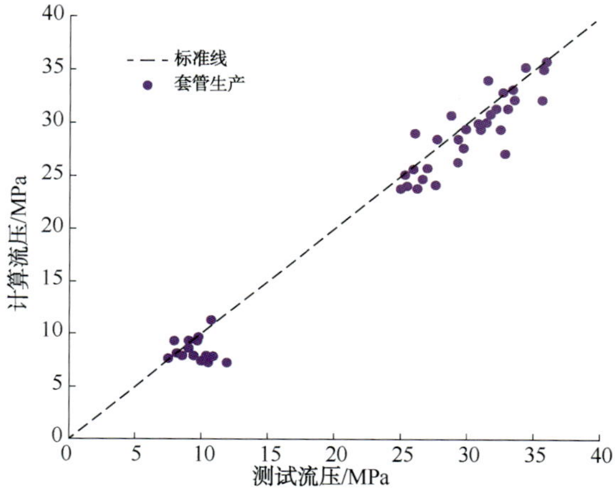

图 5-2-15　套管生产条件下
井底流压计算准确性统计图

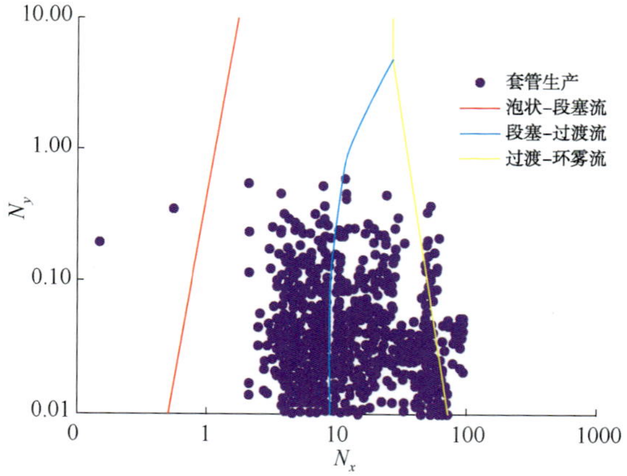

图 5-2-16　套管生产条件下
Aziz 图版流态判别图

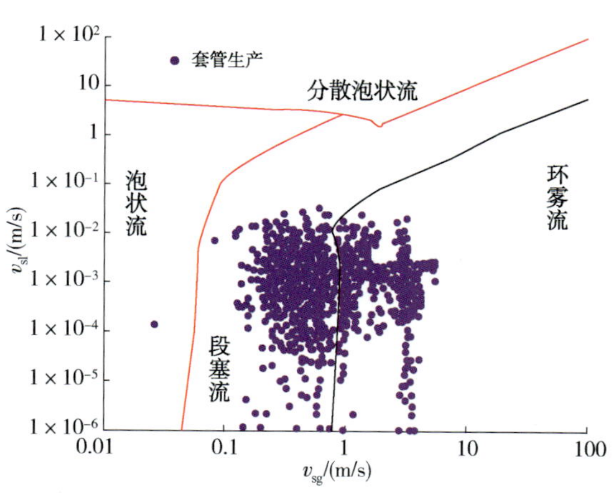

图 5-2-17　套管生产条件下
Kaya 图版流态判别图

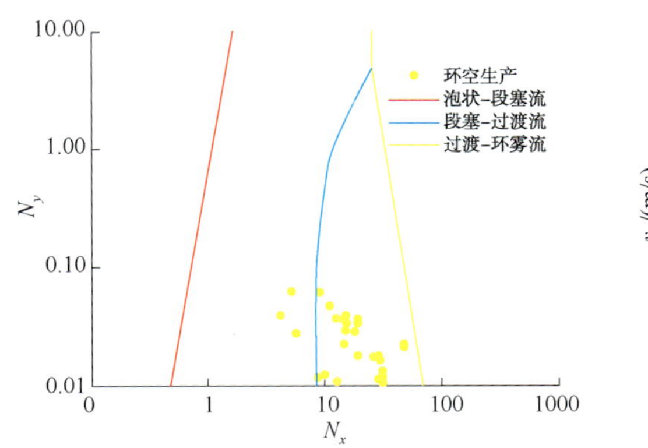

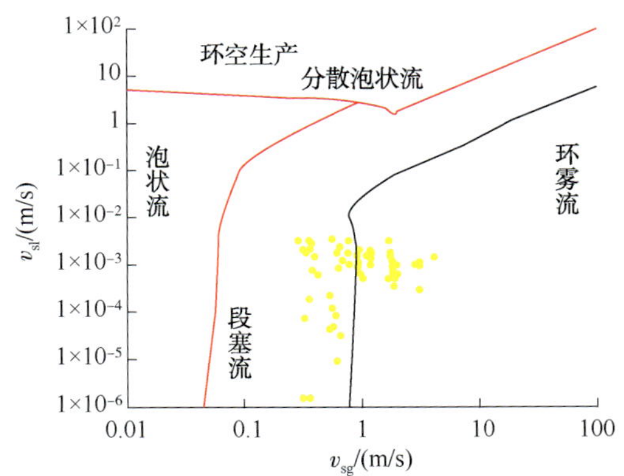

图 5-2-18 环空生产条件下 Aziz 和 Kaya 图版流态判别图

环空生产的计算点数较少，这是因为页岩气生产井在实际生产过程中大多采用套管生产，后续下入油管再采用油管生产，只有个别井在生产过程中会有一段时间采用环空生产。当采用环空生产时，井底流压的计算值与标准线对应数值的匹配性良好，表明井底流压的计算方法在环空生产时也具有较高的准确性。结合 Aziz 图版可知，当采用环空生产时，井筒气水两相流动的流动状态绝大部分为过渡流，极其特殊的时期为段塞流；Kaya 图版中，井筒气水两相流动的流动状态部分为段塞流，部分为环雾流。因此，以环雾流为流动状态的模型具有很好的适应性。

5.2.2 基于气井流态预测井底流压方法

目前常规气井井底流压的预测方法大致可以分为 4 类：①基于井口压力转换井底流压法；②基于生产动态数据的压降法；③不稳定产量分析法（RTA）；④数值模拟法。国内外页岩气田大量生产动态数据表明，页岩气井将长期处于不稳定线性流阶段，基于生产动态数据的压降法已经不适合页岩气藏；而不稳定产量分析法和数值模拟法需要建立准确的压后缝网模型，计算复杂。这就限制了以上 3 种方法在页岩气分段压裂水平井井底流压预测中的应用。以涪陵页岩气田为例，气井采用分段压裂的开发方式进行开发，气井生产制度以定产生产为主，定产期间配产与井底流压之间的相互联动关系一直是制约页岩气井稳产期预测的关键难题。

1）页岩气分段压裂水平井流动阶段划分

（1）页岩气分段压裂水平井流动阶段划分理论。

页岩气分段压裂水平井渗流特征与常规气藏的不同之处，主要体现在页岩基质渗透率一般仅为致密低渗气藏的几百分之一到几十分之一，压力传播慢，压力干扰时间晚，基质到裂缝的瞬态流动时间长；页岩气藏天然裂缝在压裂之前是闭合的，因此产气主要来自压裂改造区，难以形成拟径向流阶段。结合页岩气藏的上述特征，采用数值模拟方法研究页岩气藏分段压裂水平井渗流特征。

利用数值模拟软件，建立页岩气分段压裂水平井单井数值模型。页岩气体积压裂过程中形成形态复杂的网状缝，为了更准确地研究复杂网缝的渗流特征，通过网格对数加密方法刻画人工压裂主缝，可以建立能够反映页岩体积压裂裂缝特征的数值模型，如均匀矩形网缝分段压裂水平井模型(图 5-2-19)。

在数值模拟模型中，裂缝采用局部网格对数加密处理(图 5-2-20)，裂缝宽度为 0.1m，网状裂缝导流能力为 $2\times10^{-3}\mu m^3\cdot m$，主裂缝导流能力为 $10\times10^{-3}\mu m^2\cdot m$，水平井长度为 1000m，主裂缝半长为 120m。均匀矩形网缝模型共有 15 条主缝，网状缝间距(l_x)为 25m。

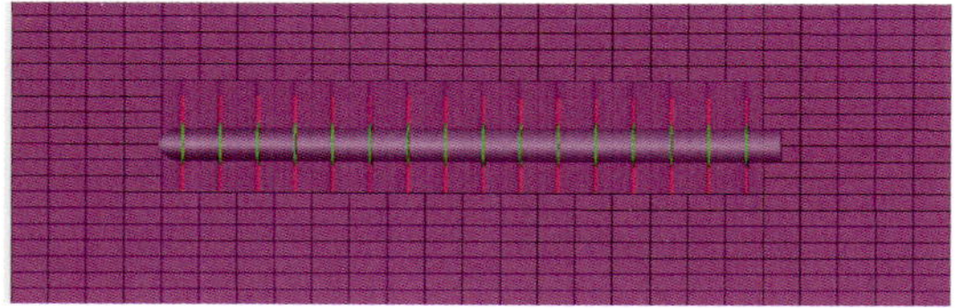

图 5-2-19 均匀矩形网缝分段压裂水平井模型

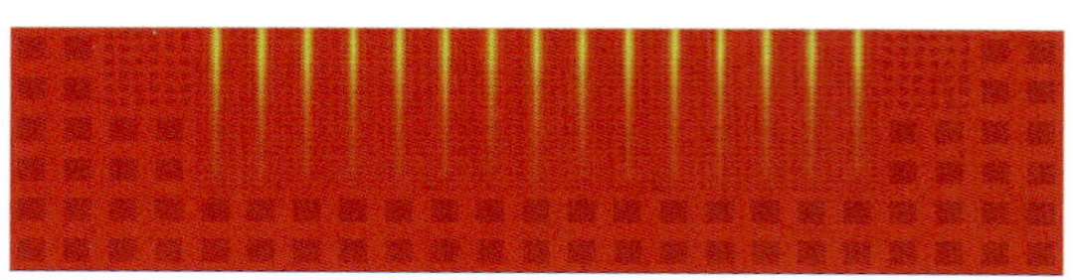

图 5-2-20 裂缝局部网格对数加密图

采用以上数值模型，定产 $6\times10^4m^3/d$，生产 30 年，根据数值模拟计算得到的产量、压力数据，进行试井分析，通过压力及压力导数特征来分析各个流动阶段的渗流情况。通过数值模拟计算得到了均匀矩形网缝模型定产生产条件下不同时间段的压力平面分布(图 5-2-21~图 5-2-23)。

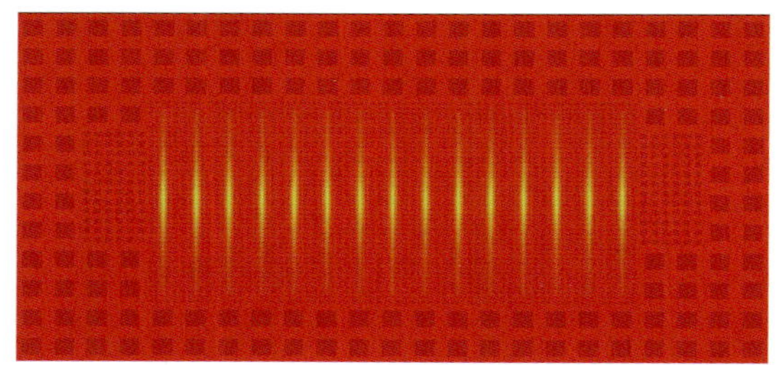

图 5-2-21 生产 1 天时压力分布

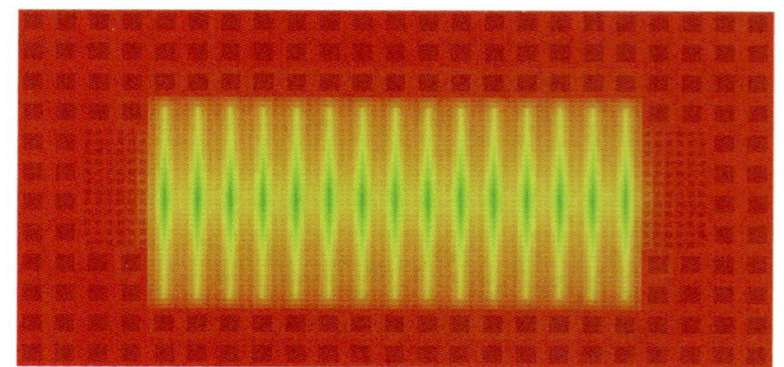

图 5-2-22 生产 10 天时压力分布

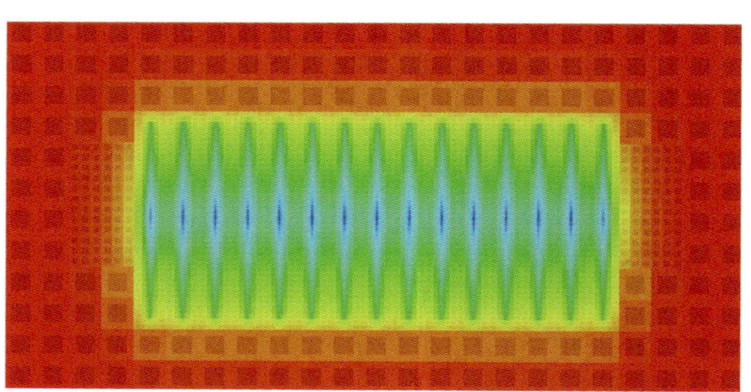

图 5-2-23 生产 1 年时压力分布

通过压力及压力导数双对数曲线(图 5-2-24)可以看出，均匀矩形网缝分段压裂水平井在生产过程中，当生产时间为 1h 左右时，人工压裂裂缝内的气体流动属于线性流，斜率为 1/2；当生产时间为 2h 左右时，出现基质与压裂裂缝的双线性流动阶段，斜率为 1/4；当生产时间为 10h 左右时，出现持续较长时间的基质到压裂裂缝的线性流阶段，斜率为 1/2；当生产时间为 1000h 左右时，进入漫长的过渡流阶段；大约在生产时间为 10 年时，出现外围线性流阶段；非常长的时间后才能出现边界流。具体每个流动阶段能否出现，以及其出现的早晚、时间长短，均与模型的基本参数取值有关。

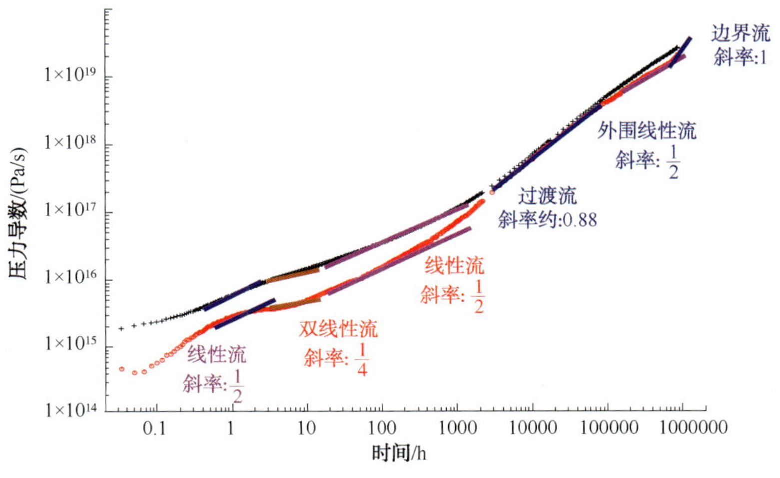

图 5-2-24 压力及压力导数双对数曲线

(2) 页岩气分段压裂水平井流动阶段划分。

试井解释双对数导数图版是一种识别气井流态的重要工具，然而该方法是针对关井后的压降或压恢数据进行分析。对于连续生产数据，一般采用 $q_g/[(m(p_i)-m(p_{wf})]$、Q_g/q_g 双对数图版来识别流态。

涪陵页岩气田目前已投产井中定产生产井占 99%，在生产过程中页岩气井按照一定累产定期测定井底流压。投产井中，生产过程中已测定流压井 228 口，未进行流压测定井 24 口。对已测定流压井生产数据作 $q_g/[(m(p_i)-m(p_{wf})]$、Q_g/q_g 双对数图版进行流态识别。

5A1 井为该页岩气田第一口投产井，已投产 4.5 年，该井一直以 $6\times10^4m^3/d$ 定产生产。通过对实测流压和产气数据进行分析，5A1 井生产过程中一直处于基质线性流阶段(特征线斜率为-1/2，图 5-2-25)，生产数据未捕捉到早期裂缝线性流(特征线斜率为-1/2)和裂缝-基质线性流(特征线斜率为-1/4)，以上现象说明 5A1 井裂缝导流能力较强。

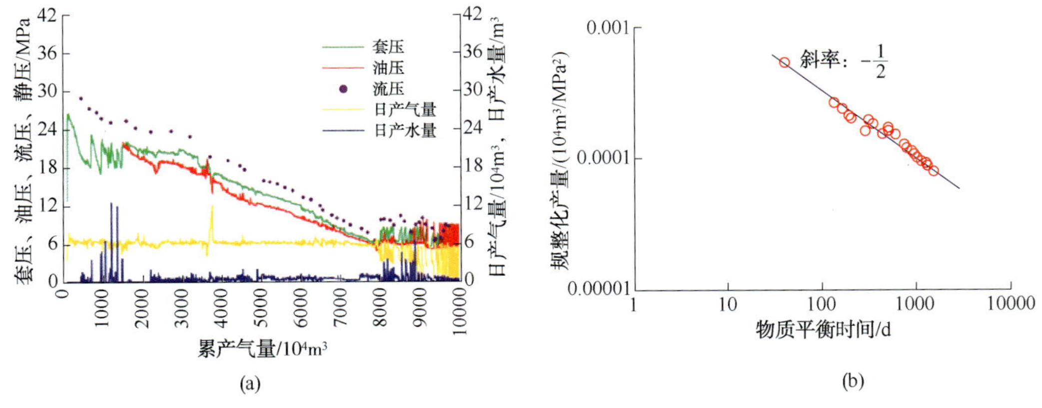

图 5-2-25 5A1 井生产曲线图(a)及流态识别图版(b)

5A10 井是一口放大压差生产的试验井，初期配产 $38\times10^4m^3/d$ 生产约 100 天后采取定井底压力生产。该井生产数据流态识别图版显示，与严格定产生产的 5A1 井相同，在生产过程中，此井一直处于基质线性流阶段(特征线斜率为-1/2，图 5-2-26)。

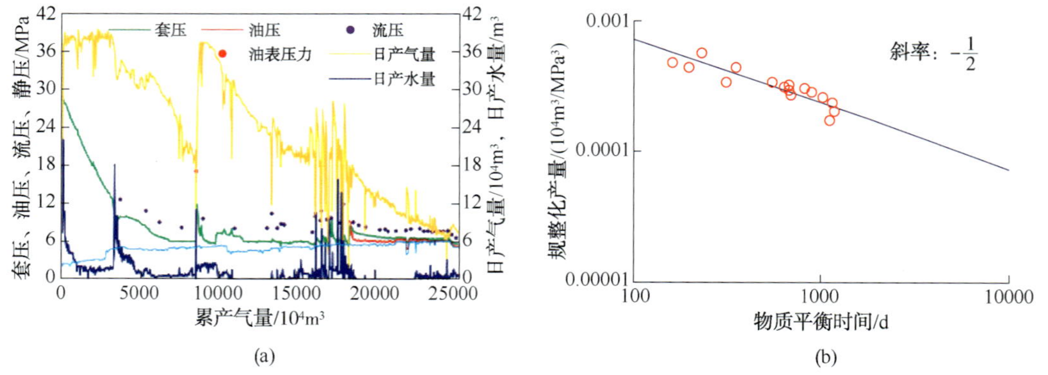

图 5-2-26　5A10 井生产曲线图(a)及流态识别图版(b)

通过对涪陵页岩气田测定流压的 228 口井生产数据分析发现，所有井均表现出共同的特征，即实测流压和产气量数据在流态识别图版上都表现为基质线性流阶段(特征线斜率为-1/2)，因此，寻找描述基质线性流的数学方法即可解决稳产期井底流压预测问题。

2）页岩气分段压裂水平井基质线性流阶段井底流压预测模型

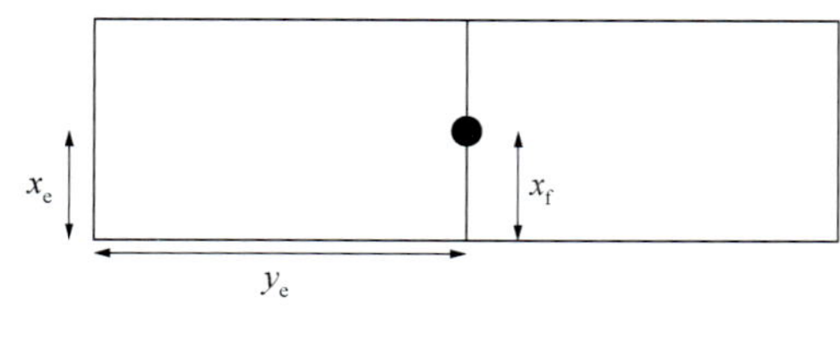

图 5-2-27　压裂直井示意图

假设一口直井位于均质等厚封闭矩形页岩储层中间(图 5-2-27)，储层长为 $2y_e$，宽为 $2x_e$，厚度为 h，裂缝半长为 x_f，初始地层压力为 p_i，压裂后满足如下条件：①裂缝上下延伸至储层顶底界，平面延伸至储层边界，压裂缝无限导流；②气体只通过裂缝进入井筒，从基质到裂缝的流动为线性流动，且满足达西定律；③定产生产；④不考虑气体重力、气体解吸及表皮的影响。

单相气体不稳定线性渗流模型建立在连续性方程、达西方程、气体压缩方程、气体状态方程的基础上。

(1) 连续性方程。

由物质平衡原理可知，对于任意流动单元，流入该单元的流体质量减去流出单元的流体质量等于该单元内流体的存量，其数学表达式为：

$$\frac{\partial}{\partial x}(v\rho)=\frac{\partial}{\partial x}(\phi\rho) \tag{5-2-12}$$

式中，v 为流体流动速度，m/d；ϕ 为孔隙度，%；ρ 为气体密度，kg/m^3。

(2) 达西方程为：

$$v=0.0864\ \frac{K}{\mu}\frac{\partial p}{\partial x} \tag{5-2-13}$$

式中，K 为渗透率，$10^{-3}\mu m^2$；μ 为黏度，mPa·s；p 为压力，MPa。

(3) 气体压缩方程为：

密度(ρ)表达式：

$$C_g = \frac{1}{\rho}\frac{\partial \rho}{\partial p} \tag{5-2-14}$$

体积(V)表达式：

$$C_g = \frac{-1}{V}\frac{\partial v}{\partial p} \tag{5-2-15}$$

上式中，C_g为气体压缩系数，1/MPa。

(4) 气体状态方程：

$$pV = ZnRT \tag{5-2-16}$$

$$\rho = \frac{pM}{ZRT} \tag{5-2-17}$$

上述两式中，Z 为偏差因子；n 为气体物质的量，mol；R 为气体物质的量常数；M 为气体相对分子质量。

将式(5-2-13)~式(5-2-15)代入式(5-2-12)中，可以得到：

$$\frac{\partial}{\partial x}\left(0.0864\,\frac{K}{\mu}\frac{\partial p}{\partial x}\frac{pM}{ZRT}\right) = \frac{\partial}{\partial t}\left(\phi\,\frac{pM}{ZRT}\right) \tag{5-2-18}$$

定义气体拟压力 $m(p) = \int_0^p \frac{2p}{\mu Z}\mathrm{d}p$，综合压缩系数 $C_t = C_g + C_f$，式(5-2-18)整理可得：

$$\frac{\partial^2 m(p)}{\partial^2 x} = \frac{\phi\mu C_t}{0.0864K}\frac{\partial m(p)}{\partial t} \tag{5-2-19}$$

式(5-2-19)为单相气体不稳定线性渗流模型的偏微分方程，该式可以通过线源函数等方式求解，在封闭储层定产条件下，式(5-2-19)的无因次解析解为：

$$m_D(x_D, t_D) = \frac{\sqrt{\pi t_D}}{2}\left[\mathrm{erf}\left(\frac{1+x_D}{2\sqrt{t_D}}\right) + \mathrm{erf}\left(\frac{1-x_D}{2\sqrt{t_D}}\right)\right] + \left(\frac{1-x_D}{4}\right)E_i\left[\frac{(1-x_D)^2}{4\,t_D}\right] + \left(\frac{1+x_D}{4}\right)E_i\left[\frac{(1+x_D)^2}{4\,t_D}\right] \tag{5-2-20}$$

式中，误差函数 $\mathrm{erf}(x) = \frac{2}{\sqrt{\pi}}\int_0^x \mathrm{e}^{-u^2}\mathrm{d}u$；指数积分函数$E_i(x) = \int_{-\infty}^x \frac{\mathrm{e}^u}{u}\mathrm{d}u$；无因次压力 $m_D(x_D, t_D) = \frac{Kh[m(p_i) - m(p_{wf})]}{12.73\,Q_g T}$；无因次时间 $t_D = \frac{0.0864Kt}{\phi\mu c_t x_f^2}$。

在井筒处，$x_D = 0$，式(5-2-20)可以转换为：

$$m_D(x_D, t_D) = \sqrt{\pi\,t_D} \tag{5-2-21}$$

将无因次压力，无因次产量表达式代入，可得：

$$\Delta m(p) = m(p_i) - m(p_{wf}) = \left(\frac{6.63\,Q_g T}{hx_f}\sqrt{\frac{1}{K\phi\mu c_t}}\right)t^{0.5} \tag{5-2-22}$$

式(5-2-22)即页岩气压裂直井定产生产、处于基质线性流阶段的产能解析解方程。式中，$m(p_i)$为拟地层压力，$\mathrm{MPa^2/(mPa\cdot s)}$；$m(p_{wf})$为拟井底流压，$\mathrm{MPa^2/(mPa\cdot s)}$；$Q_g$

为日气产量，10^4m^3；x_f 为裂缝半长，m；T 为地层温度，K；c_t 为综合压缩系数，MPa^{-1}；K 为气层基质渗透率，$10^{-3}\mu m^2$；t 为生产时间，d。

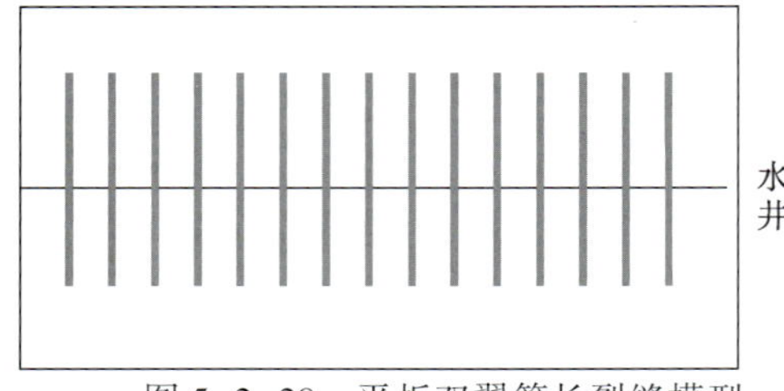

图 5-2-28 平板双翼等长裂缝模型

页岩气水平井经过分段压裂后，在井筒附近产生裂缝网络系统，形成一个体积压裂影响区，称为压裂改造区（SRV），将 SRV 简化为平板双翼等长裂缝模型（图 5-2-28）。

在基质线性流阶段，页岩气分段压裂水平井定产生产条件下的压降可以等效为多个单裂缝共同形成压降的叠加，由此，式（5-2-22）转换为：

$$\Delta m(p)=m(p_i)-m(p_{wf})=\left(\frac{6.63Q_gT}{hx_{f,tol}}\sqrt{\frac{1}{K\phi\mu c_t}}\right)t^{0.5} \tag{5-2-23}$$

式中，$x_{f,tol}$ 为水平井压裂缝总半缝长。

式（5-2-23）即页岩气分段压裂水平井在定产生产条件下，处于基质线性流阶段的井底流压预测解析解方程。根据国外开发经验，页岩气分段压裂水平井在生产过程中将长期处于基质线性流阶段。

令 $m=\frac{6.63T}{hx_{f,tol}}\sqrt{\frac{1}{K\phi\mu c_t}}$，式（5-2-23）可以转换为：

$$m(p_{wf})=m(p_i)-mQ_gt^{0.5} \tag{5-2-24}$$

在实际生产过程中，页岩储层孔隙度（ϕ）、渗透率（K）及压裂后裂缝半长（$x_{f,tol}$）都难以确定，通过生产数据分析，可以求取反映气藏物性和压裂改造效果的综合参数（m）。

页岩气分段压裂水平井在定产生产条件下井底流压的预测流程为：①在直角坐标系上作拟压力差[$m(p_i)-m(p_{wf})$]、产量时间函数（$Qt^{0.5}$）特征曲线识别图版，求取直线段斜率（m）；②将压后地层压力、日产气量和时间代入式（5-2-24）计算拟井底流压；③通过拟压力表达式求取实际井底流压。

在实际生产过程中，页岩气井并非严格以某一确定产量进行定产生产，日产气量会出现波动，并且日产气量会随着生产任务的要求进行调配产，在此情况下，可以用产量-时间叠加函数（$Qt^{0.5}$）$=\sum_{j=1}^{n}(Q_j-Q_{j-1})(t_j-t_{j-1})^{0.5}$对生产数据进行规整化处理。

3）页岩气分段压裂水平井稳产期井底流压预测

以涪陵页岩气田 4 口页岩气分段压裂水平井为例，5A11 井和 5A12 井分别以 $6\times10^4m^3/d$ 和 $8\times10^4m^3/d$ 定产生产，两口井从投产以来，生产稳定（图 5-2-29）。5A13 井和 5A14 井两口井为满足生产任务，进行了多次调配产（图 5-2-30）。4 口井在投产前均进行了地层静压测试，同时为了解生产规律多次实测井底流压。

按照井底流压预测流程，对 4 口页岩气井生产数据进行了处理。在直角坐标系下 $m(p_i)-m(p_{wf})$、$(Q_gt^{0.5})_{sup}$关系图版上求取每口井在直线段的斜率（m）。通过图 5-2-31 可知，4 口井在直角坐标系下 $m(p_i)-m(p_{wf})$、$(Q_gt^{0.5})_{sup}$曲线均为直线，表明 4 口井的流动阶段为基质线性流阶段。5A11 井、5A12 井、5A13 井、5A14 井 4 口井的 m 值分别为 316.3、197.23、273.24、341.15。

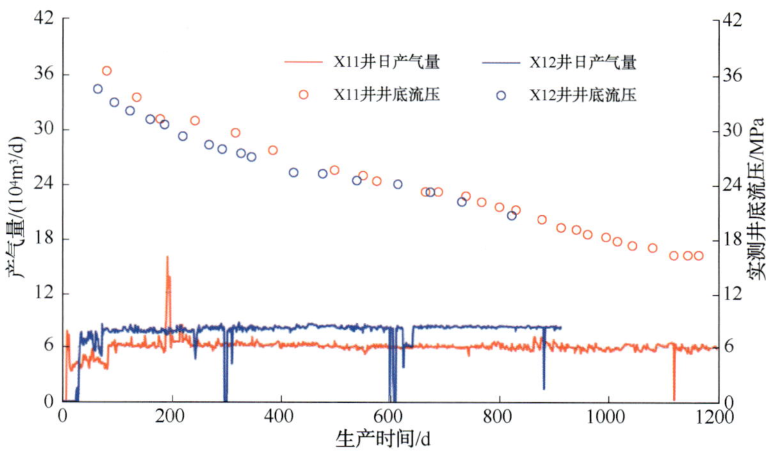

图 5-2-29　5A11 井、5A12 井生产动态数据

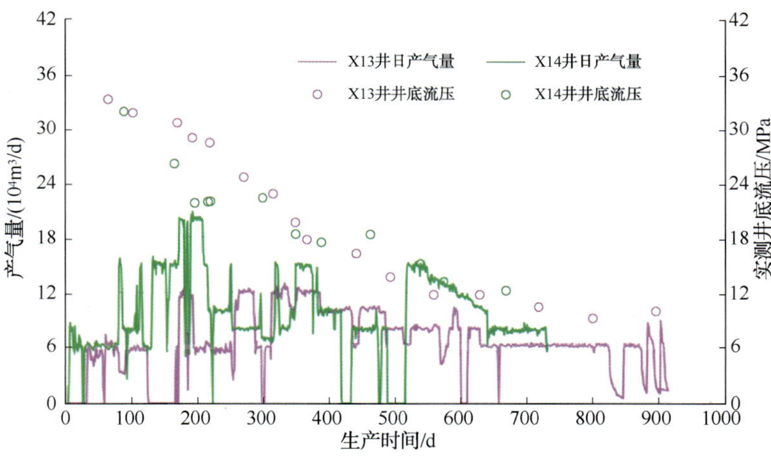

图 5-2-30　5A13 井、5A14 井生产动态数据

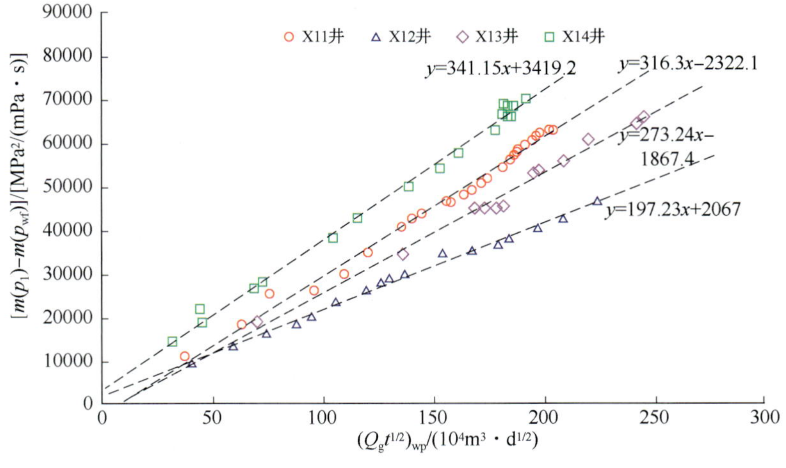

图 5-2-31　$m(p_i)-m(p_{wf})$、$(Q_g t^{1/2})_{sup}$关系图版

求取 4 口井的 m 值后代入式(5-2-24，对 4 口井井底流压进行预测，预测结果与实测井底流压吻合度达到95%以上(图 5-2-32、表 5-2-2)，说明此方法对页岩气严格定产井和调配产井的井底流压都可以进行准确预测。

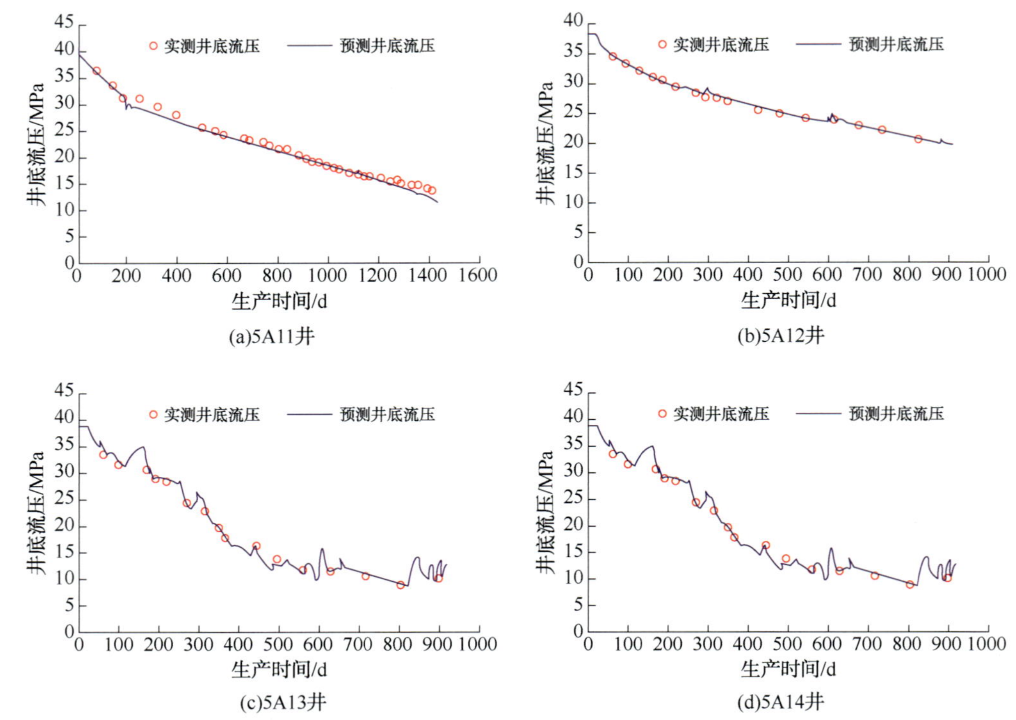

图 5-2-32　涪陵页岩气田 4 口页岩气井预测井底流压拟合图

表 5-2-2　涪陵页岩气田 4 口页岩气分段压裂水平井井底流压拟合数据

井号	生产方式	地层压力/MPa	斜率	井底流压预测吻合率/%
5A11	定产	40.0	316.3	96.4
5A12	定产	37.69	179.23	99.0
5A13	变配产	38.3	273.24	96.3
5A14	变配产	38.5	341.15	06.4

页岩气分段压裂水平井稳产期的预测对于气田产能建设安排、生产制度优化至关重要。5A15 井投产以来，以 $5\times10^4 m^3/d$ 定产生产，目前已进入递减阶段，实际稳产时间 750 天。该井稳产期内共实测井底流压 3 次，采用该方法预测该井在配产 $5\times10^4 m^3/d$ 条件下稳产时间为 732 天(图 5-2-33)，预测稳产期和实际稳产期相差 15 天，吻合度 97.6%。

涪陵页岩气田所有井在生产过程中均处于基质线性流阶段(特征线斜率为-1/2)，因此，可以采用本章所推导的定产条件下的基质线性流井底流压方程来对生产井实测流压进行拟合，并进行稳产期预测。

5A12 井、5A16 井为两口严格定产生产井，5A17 井、5A18 井为两口调配产井，将以上 4 口井的日产气量、时间、投产前静压数据代入基质线性流方程中，计算每天的井底流压，结果表明，该方程能很好地拟合定产和调配产井的实测井底流压(图 5-2-34)，这进一步说明页岩气井在生产过程中长期处于基质线性流阶段，也证明了本章所推导的基质线性流方程可以在页岩气井进行推广应用。

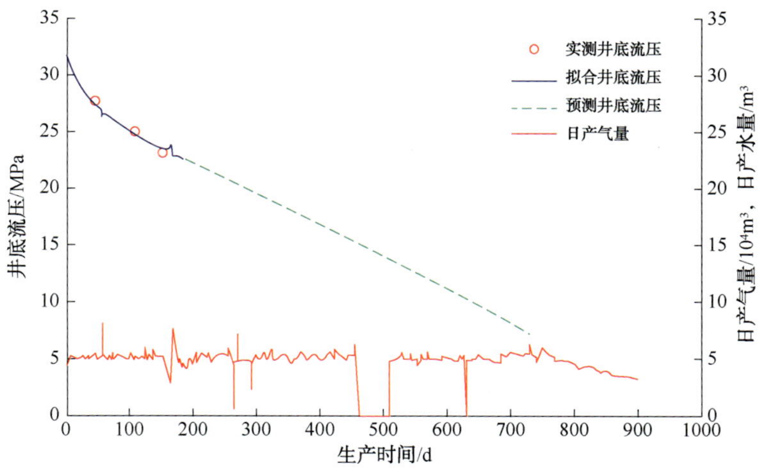

图 5-2-33　涪陵页岩气田 5A15 井稳产期预测

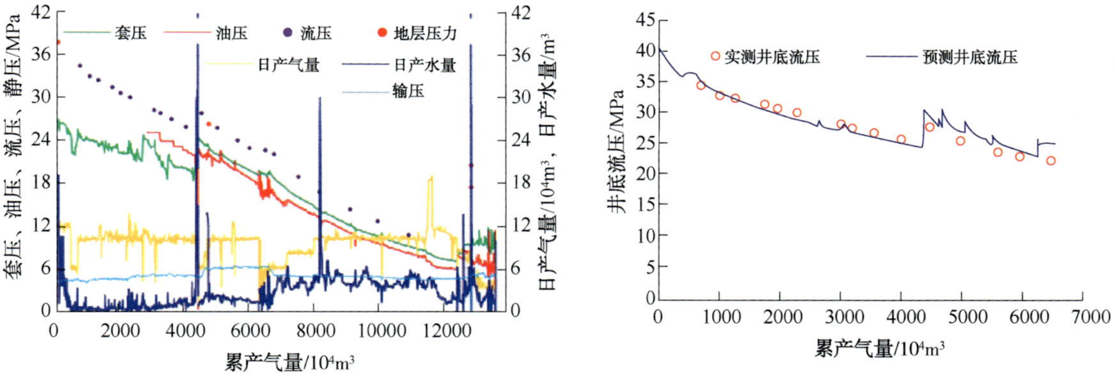

(a)5A16井

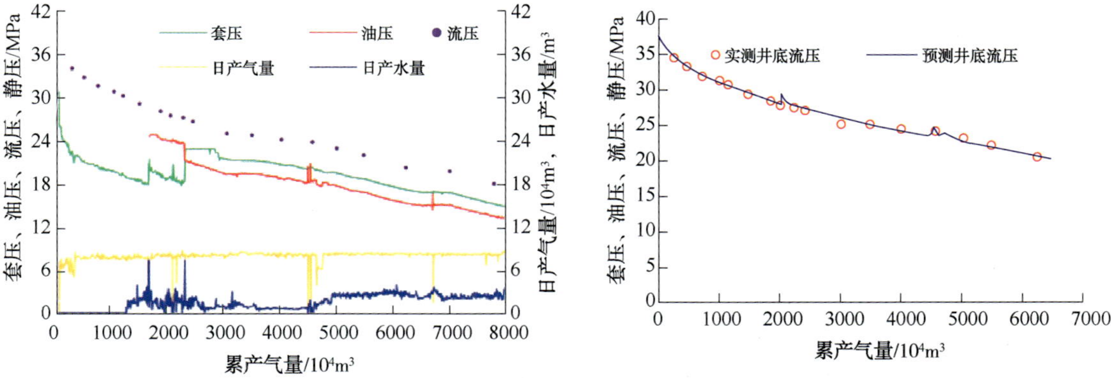

(b)5A12井

图 5-2-34　涪陵页岩气田 4 口严格定产井和调配产井井底流压拟合图

4）页岩气分段压裂水平井单位井底流压降变化规律

单位累产条件下的井底流压变化特征是页岩气井合理调配产的重要依据。基质线性流井底流压预测方程能很好地拟合实测流压数据，因此，该方程是研究单位井底流压降的重要模型。

基质线性流方程为：

$$\Delta m(p)=m(p_i)-m(p_{wf})=\left(\frac{6.63Q_gT}{hx_{f,tol}}\sqrt{\frac{1}{K\phi\mu c_t}}\right)t^{0.5} \tag{5-2-25}$$

令裂缝-基质接触面积 $A=2hx_{f,tol}$，则上式转换为：

$$\Delta m(p)=m(p_i)-m(p_{wf})=\left(\frac{13.26T}{A}\sqrt{\frac{1}{K\phi\mu c_t}}\right)t^{0.5} \tag{5-2-26}$$

将式(5-2-26)中拟井底流压对时间(t)求导，可得单位流压降方程：

$$\frac{\Delta G_p}{\Delta p_{wf}}=\frac{A\sqrt{K}\sqrt{\phi\mu c_t}}{13.26T}\sqrt{t}\frac{2p}{\mu z} \tag{5-2-27}$$

将气体高压物性数据、日产气量数据、时间数据代入式(5-2-24)，即可计算得单井理论单位流压降产量。

5A1井为涪陵页岩气田第一口投产井，该井在稳产期间，实测“不连续”井底流压与累产气量关系显示，单位流压降产量无规律性(图5-2-35)。

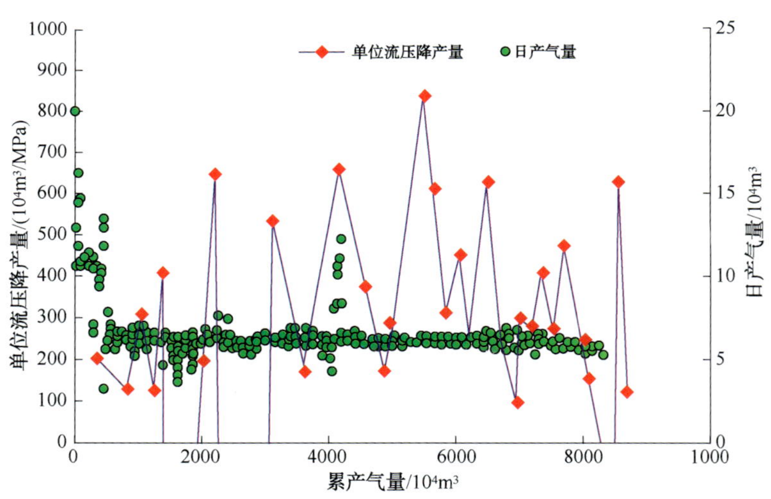

图5-2-35　5A1井实测井底流压降变化图

将5A1井稳产期间的实测流压点线性插值，该井单位流压降产量呈现典型的先升后降三段式变化特征，井底流压在21MPa左右时，单位流压降产量开始下降(图5-2-36)：①累产气量小于$1300\times10^4m^3$时，单位流压降为$159.63\times10^4m^3/MPa$；②累产气量为$1300\times10^4\sim4000\times10^4m^3$时，单位流压降为$678.37\times10^4m^3/MPa$；③累产气量大于$4000\times10^4m^3$时，单位流压降为$331.18\times10^4m^3/MPa$。

基于线性流理论，对5A1井全稳产期井底流压进行拟合，通过流压与累产关系得出，单位流压降产量先增大后减小，井底流压为21.5MPa时出现拐点(图5-2-37)。

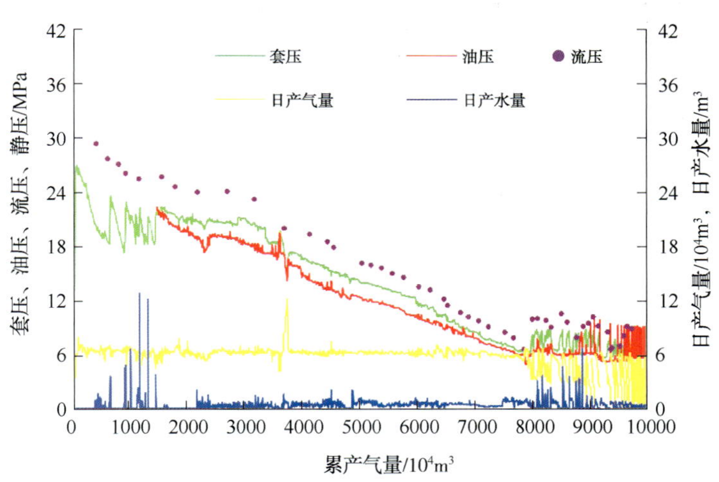

图 5-2-36 5A1 井实测井底流压降连续变化趋势图

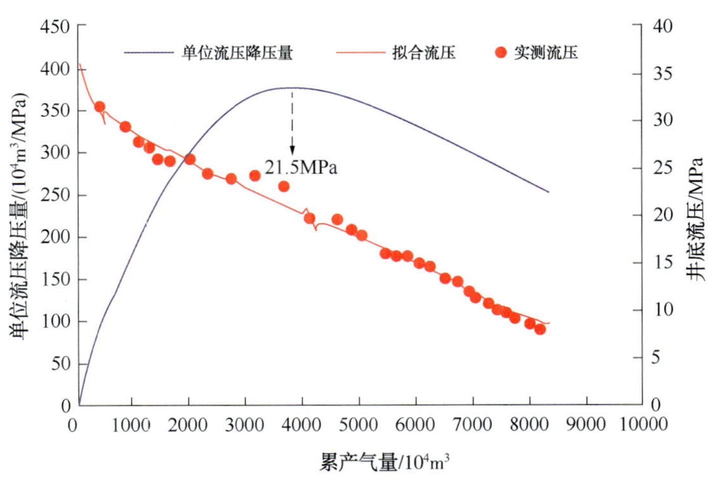

图 5-2-37 5A1 井计算井底流压降连续变化趋势图

通过对稳定生产的页岩气井井底流压基于基质线性流方程进行拟合并计算单位流压降变化曲线可知，气井单位流压降值均表现为先增大后减小的趋势，单位流压降拐点为 17~20MPa(图 5-2-38)，页岩气井单位流压降变化趋势与致密气井相同。

在定产条件下，基质线性流方程可以转换为：

$$\frac{\Delta G_p}{\Delta p_{wf}}=\frac{A\sqrt{K}\sqrt{\phi\mu c_t}}{13.26T}\sqrt{\frac{G_p}{Q_g}\frac{2p}{\mu Z}} \tag{5-2-28}$$

由式(5-2-28)可知，单位流压降产量随累计产量的增加而增加，随 $2p/\mu Z$ 的减小而减少(图 5-2-39)，因此表现出单位流压降产量先增大后减小的趋势。并且同一口井的产能系数相同，在相同累计产气量条件下，气井配产越低，单位流压降产量越高(图 5-2-40)；不同的井，在相同配产、相同累计产气量的条件下，产能系数越大，单位流压降产量越高(图 5-2-41)。

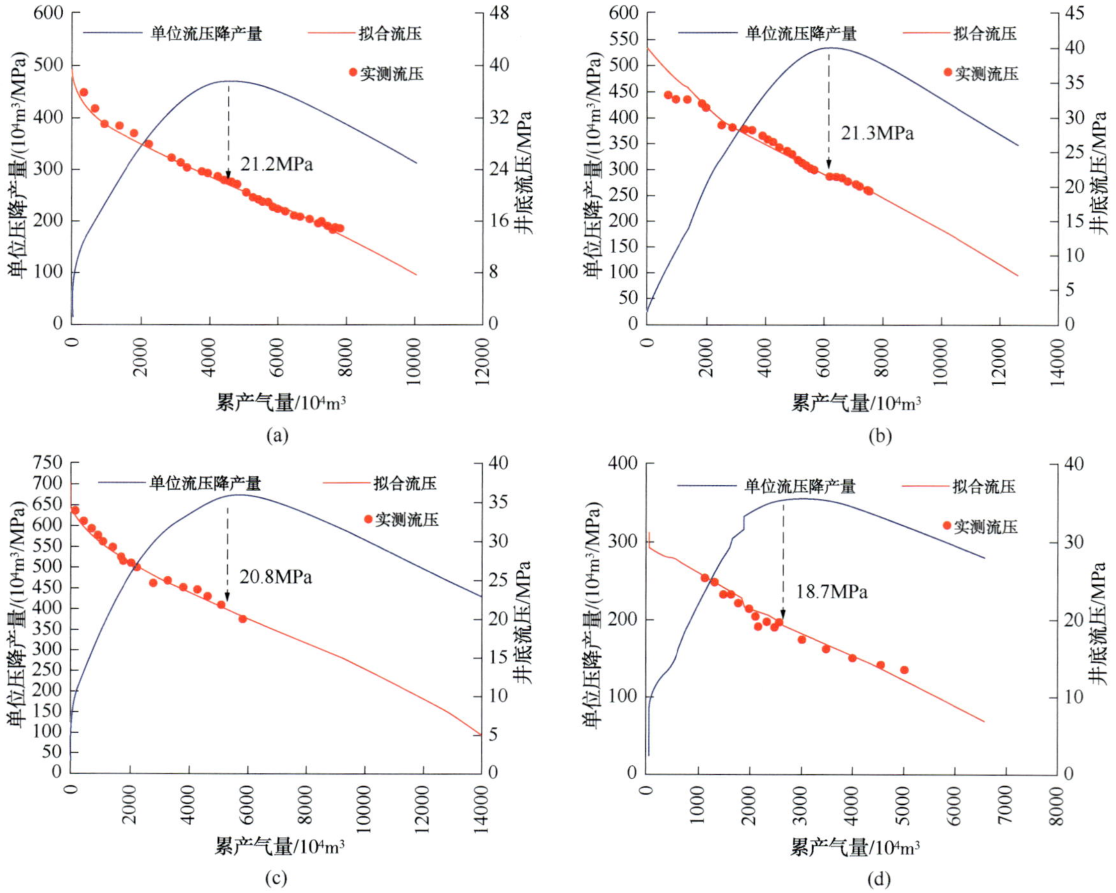

图 5-2-38　典型井计算井底流压降连续变化趋势图

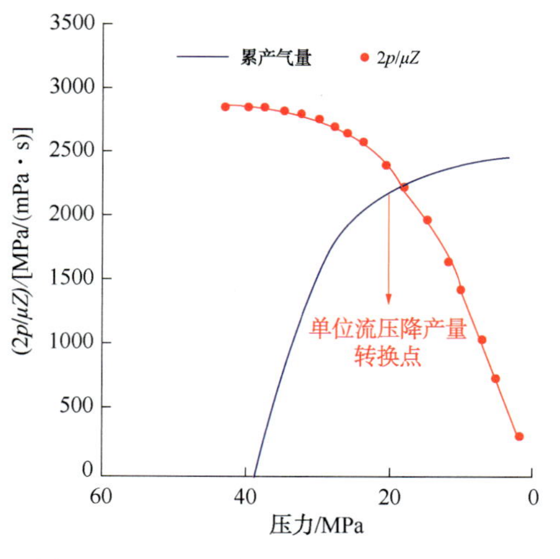

图 5-2-39　页岩气井单位流压降变化图

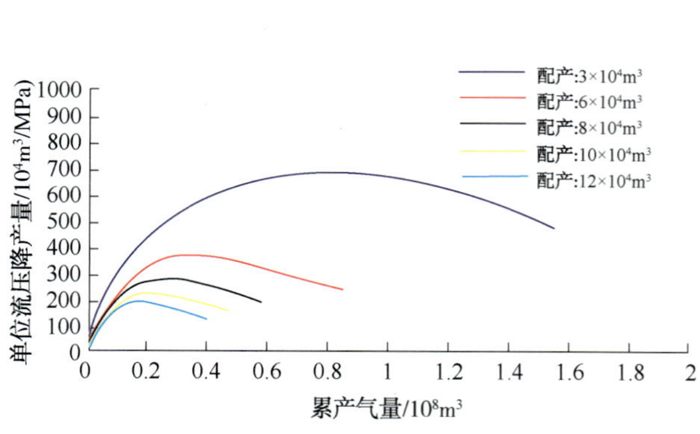

图 5-2-40　5A1 井不同配产条件下单位流压降产量对比图

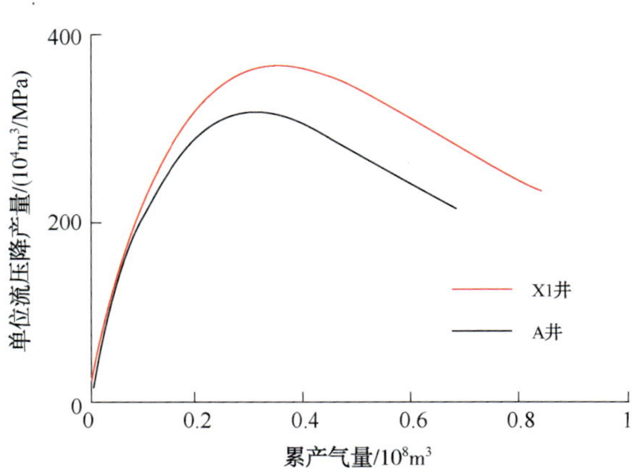

图 5-2-41　5A1 井和 5A9 井单位流压降产量对比

5.3　页岩气井递减期生产规律

5.3.1　Arps 递减分析模型基本理论

Arps 递减分析是目前油气藏工程用于递减规律研究最常用的方法之一，Arps 递减分析是在基于大量生产数据基础上提出的一种统计学分析方法，其根据递减类型可以分为指数递减分析、双曲递减分析和调和递减分析 3 类。

1）产量递减率的定义

产量递减率是指单位时间的产量变化率，其表达式为：

$$a=-\frac{1}{Q}\frac{\mathrm{d}Q}{\mathrm{d}t} \tag{5-3-1}$$

式中，a 为产量递减率，月$^{-1}$；Q 为产量，产气单位为 $10^4\mathrm{m}^3$/月，产油单位为 t/月；t 为递减阶段与 Q 对应的时间，月。

2）产量递减规律的确定

递减指数(n)是判断递减规律的重要指标，产量递减率计算通式为：

$$a=a_{\mathrm{i}}\left(\frac{Q}{Q_{\mathrm{i}}}\right)^{n} \tag{5-3-2}$$

式中，n 为递减指数，若 $n<-1$，则为凸型递减，若 $n=-1$，则为直线递减，若 $n>-1$，则为凹型递减；a 为产量递减率，月$^{-1}$；a_{i} 为产量初始递减率，月$^{-1}$；Q 为产量，产气单位为 $10^4\mathrm{m}^3$/月，产油单位为 t/月；Q_{i} 为递减期人为选定 $t=0$ 时的初始产量，产气单位为 $10^4\mathrm{m}^3$/月，产油单位为 t/月。

（1）指数递减中，$n=0$，递减率为：

$$a=a_{\mathrm{i}}，a\ 为常数 \tag{5-3-3}$$

（2）双曲递减中，$0<n<1$，递减率为：

$$a=a_{\mathrm{i}}\left(\frac{Q}{Q_{\mathrm{i}}}\right)^{n} \tag{5-3-4}$$

（3）调和递减中，$n=1$，递减率为：

$$a=a_i\frac{Q}{Q_i} \tag{5-3-5}$$

3）指数递减分析

产量与时间的关系为：

$$\int_{Q_i}^{Q}\frac{1}{Q}\mathrm{d}Q=-a_i\int_0^t\mathrm{d}t \tag{5-3-6}$$

$$Q=Q_i\mathrm{e}^{-a_it} \tag{5-3-7}$$

$$\lg Q=\lg Q_i-\frac{a_it}{2.3025851} \tag{5-3-8}$$

产量与累计产量的关系为：

$$N_p=\int_0^t Q\mathrm{d}t \tag{5-3-9}$$

$$N_p=\frac{Q_i-Q}{a_i}=\frac{Q_i}{a_i}-\frac{1}{a_i}Q=\frac{Q_i}{a_i}(1-\mathrm{e}^{-a_it}) \tag{5-3-10}$$

$$Q=Q_i-a_iN_p \tag{5-3-11}$$

回归方程：

设：$x=Q$，$y=N_p$，$A=\frac{Q_i}{a_i}$，$B=-\frac{1}{a_i}$，有：

$$y=A+Bx \tag{5-3-12}$$

$$a_i=-\frac{1}{B},\quad Q_i=-\frac{A}{B} \tag{5-3-13}$$

4）双曲递减分析

产量与时间的关系为：

$$\int_{Q_i}^{Q}\frac{1}{Q^{n+1}}\mathrm{d}Q=-\frac{a_i}{Q_i^n}\int_0^t\mathrm{d}t \tag{5-3-14}$$

$$Q=Q_i(1+na_it)^{-\frac{1}{n}} \tag{5-3-15}$$

$$\left(\frac{Q_i}{Q}\right)^n=1+na_it \tag{5-3-16}$$

产量与累计产量的关系为：

$$N_p=\int_0^t Q\mathrm{d}t \tag{5-3-17}$$

$$N_p=\frac{Q_i}{a_i(1-n)}\left[1-\left(\frac{Q_i}{Q}\right)^{n-1}\right] \tag{5-3-18}$$

回归方程：

$$\begin{aligned} N_{\mathrm{p}} &= \frac{Q_{\mathrm{i}}}{a_{\mathrm{i}}(1-n)}\left[1-\left(\frac{Q_{\mathrm{i}}}{Q}\right)^{n-1}\right] \\ &= \frac{Q_{\mathrm{i}}}{a_{\mathrm{i}}(1-n)}[1-(1+na_{\mathrm{i}}t)^{\frac{n-1}{n}}] \\ &= \frac{Q_{\mathrm{i}}}{a_{\mathrm{i}}(1-n)}\left[1-\frac{(Q_{\mathrm{i}}/Q)^{n}}{(Q_{\mathrm{i}}/Q)}\right] \\ &= \frac{Q_{\mathrm{i}}}{a_{\mathrm{i}}(1-n)}-\frac{Q_{\mathrm{i}}}{a_{\mathrm{i}}(1-n)}\frac{1+na_{\mathrm{i}}t}{(Q_{\mathrm{i}}/Q)} \\ &= \frac{Q_{\mathrm{i}}}{a_{\mathrm{i}}(1-n)}-\frac{Q_{\mathrm{i}}}{a_{\mathrm{i}}(1-n)}-\frac{nQt}{(1-n)} \end{aligned} \tag{5-3-19}$$

设：$x_1=Q$，$x_2=Qt$，$y=N_{\mathrm{p}}$，$A=\dfrac{Q_{\mathrm{i}}}{a_{\mathrm{i}}(1-n)}$，$B=-\dfrac{1}{a_{\mathrm{i}}(1-n)}$，$C=-\dfrac{n}{(1-n)}$，有：

$$y=A+Bx_1+Cx_2 \tag{5-3-20}$$

$$n=\frac{C}{C-1},\ a_{\mathrm{i}}=-\frac{1}{B(1-n)},\ Q_{\mathrm{i}}=-\frac{A}{B} \tag{5-3-21}$$

对于自变量 x_1 与 x_2 的值 x_{1i}、$x_{2i}(i=1,\ 2,\ \cdots,\ n)$，$y$ 的值为 $y_i(i=1,\ 2,\ \cdots,\ n)$，于是得到 n 个点$(x_{1i},\ x_{2i},\ y_i)(i=1,\ 2,\ \cdots,\ n)$，其回归方程为：

$$y=A+Bx_1+Cx_2 \tag{5-3-22}$$

式中，A、B、C 由下列方程组求解：

$$\begin{cases} l_{11}B+l_{12}C=l_{10} \\ l_{21}B+l_{22}C=l_{20} \\ B=(l_{10}l_{22}-l_{20}l_{12})/(l_{11}l_{22}-l_{21}l_{12}) \\ C=(l_{10}-l_{11}B)/l_{12} \\ A=\overline{y}-B\overline{x_1}-C\overline{x_2} \end{cases} \tag{5-3-23}$$

其中：

$$\begin{aligned} &\overline{x_1}=\frac{1}{n}\sum_{i=1}^{n}x_{1i},\ \overline{x_2}=\frac{1}{n}\sum_{i=1}^{n}x_{2i},\ \overline{y}=\frac{1}{n}\sum_{i=1}^{n}y_i \\ &l_{11}=\sum_{i=1}^{n}(x_{1i}-\overline{x_1})^2,\ l_{22}=\sum_{i=1}^{n}(x_{2i}-\overline{x_2})^2 \\ &l_{12}=l_{21}=\sum_{i=1}^{n}(x_{1i}-\overline{x_1})(x_{2i}-\overline{x_2}) \\ &l_{10}=\sum_{i=1}^{n}(x_{1i}-\overline{x_1})(y_i-\overline{y}),\ l_{20}=\sum_{i=1}^{n}(x_{2i}-\overline{x_2})(y_i-\overline{y}) \end{aligned} \tag{5-3-24}$$

5）调和递减分析

产量与时间的关系为：

$$\int_{Q_{\mathrm{i}}}^{Q}\frac{1}{Q^2}\mathrm{d}Q=-\frac{a_{\mathrm{i}}}{Q_{\mathrm{i}}}\int_{0}^{t}\mathrm{d}t \tag{5-3-25}$$

$$Q=Q_i(1+a_i t)^{-1} \tag{5-3-26}$$

$$\frac{Q_i}{Q}=1+a_i t \tag{5-3-27}$$

产量与累计产量的关系为：

$$N_p=\int_0^t Q\mathrm{d}t \tag{5-3-28}$$

$$N_p=\frac{Q_i}{a_i}\ln\frac{Q_i}{Q}=\frac{Q_i}{a_i}\ln(1+a_i t) \tag{5-3-29}$$

$$\lg Q=\lg Q_i-\frac{a_i}{2.3025851Q_i}N_p \tag{5-3-30}$$

回归方程：

设：$x=\ln Q$，$y=N_p$，$A=\frac{Q_i}{a_i}\ln Q_i$，$B=-\frac{Q_i}{a_i}$，有：（5-3-31）

$$y=A+Bx \tag{5-3-32}$$

$$a_i=-\frac{1}{B}e^{-\frac{A}{B}},\ Q_i=-e^{-\frac{A}{B}} \tag{5-3-33}$$

5.3.2 页岩气分段压裂水平井递减规律

涪陵页岩气田自2013年开始产建，当气井生产压力降至外输压力时，产量开始递减，35口井中有8口井递减期大于6个月，递减趋势明显。

1）5A10井递减规律

5A10井2013年9月29日投入试采，采取大压差生产方式，连续生产1310天，累计产气$2.4\times10^8m^3$（图5-3-1）。

通过对生产数据进行分析可知，该井递减类型符合调和递减，初始日递减率为0.39%（图5-3-2）；累计产气$1.83\times10^8m^3$时，日递减率为0.22%（图5-3-3），同样符合调和递减。用该段生产数据进行预测，求得可采储量为$3.74\times10^8m^3$。

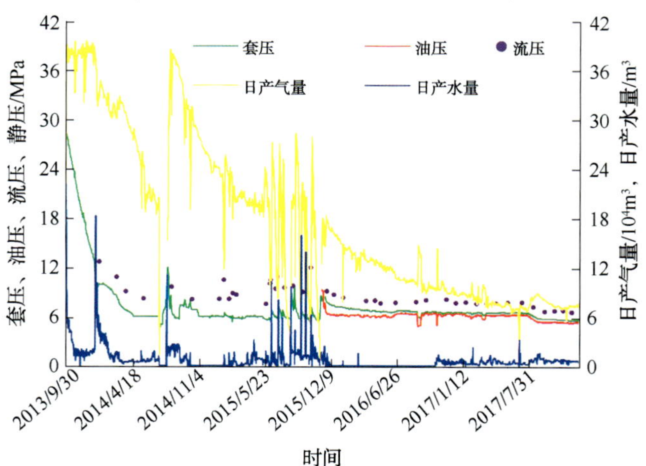

图5-3-1　5A10井生产曲线

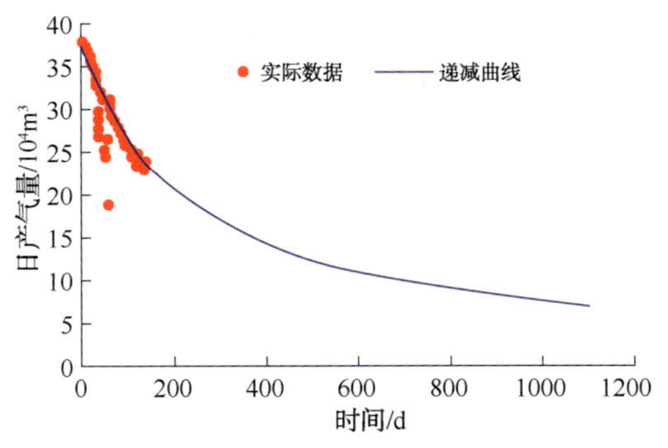

图 5-3-2　5A10 井第一段递减曲线分析

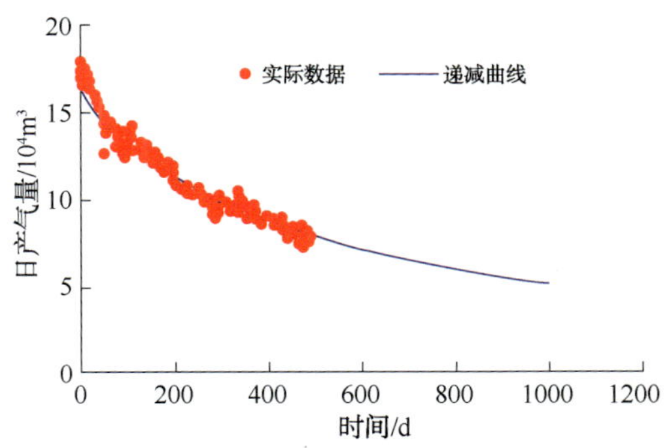

图 5-3-3　5A10 井第二段递减曲线分析

2）5A19 井递减规律

5A19 井 2014 年 1 月 9 日投入试采，按 $6\times10^4m^3/d$ 配产（图 5-3-4）。初始递减符合调和递减，开始递减时日产量 $5.45\times10^4m^3$，累计产气 $0.36\times10^8m^3$，初始日递减率为 0.43%（图 5-3-5）。用调和模型计算求得该井可采储量为 $0.75\times10^8m^3$。

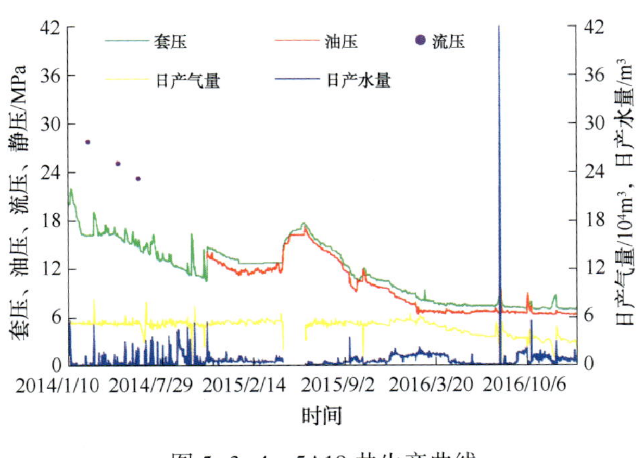

图 5-3-4　5A19 井生产曲线

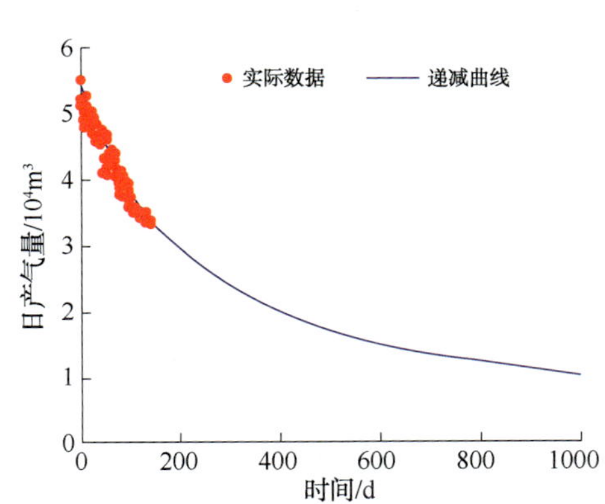

图 5-3-5　5A19 井递减曲线分析

5.4　页岩气井产液特征及机理

5.4.1　页岩气井返排特征

1）试气阶段返排特征

涪陵页岩气田气井试气时，不同阶段的返排液特征存在一定差异，放喷期间返排液量在西南区和东区较高，测试期间返排液量在西南区及东区北部较高。

总体上，试气阶段 5A20 井返排液量最低，为 $61m^3$，返排率为 0.2%；5A21 井返排液量最高，为 $9714m^3$，返排率为 24.7%。主体区平均返排液量为 $520m^3$，平均返排率为 1.6%；东区平均返排液量为 $1176m^3$，平均返排率为 3.5%；西区平均返排液量为 $444m^3$，平均返排率为 1.3%；西南区平均返排液量为 $2512m^3$，平均返排率为 6.3%。主体区和西区试气返排液量较低，东区和西南区返排液量较高。从平面分布来看，返排液量由北向南逐渐增大，由西向东逐渐增大。

2）试采阶段返排特征

涪陵页岩气田投产的254口井中，试采阶段返排液量最高的是5A22井(33488m^3)。东区单井投产时间平均为2.6年，单井平均年产液量全区最低，为1121m^3/a；西南区单井投产时间平均为1.6年，单井平均试采阶段返排液量最高，为6603m^3/a；主体区单井投产时间平均为3年，单井平均试采阶段返排液量为1532m^3/a；西区单井平均投产时间为2.3年，单井平均试采阶段返排液量为2033m^3/a。

单井总返排液量最低的两口井分别是5A23井和5A24井，总返排液量分别为643m^3和709m^3，总返排率分别为1.9%和1.84%。总返排液量最高的是5A22井(38262m^3)，返排率为85.6%。主体区单井平均总返排率为13.4%，东区单井平均返排率为12%，西区单井平均返排率为15%，西南区单井平均返排率为32.4%。主体区和东区的单井平均返排率相对较低，西南区最高，西区次之。

5.4.2 页岩气井返排液机理

1）气体中水蒸气凝析

天然气是一种多组分的混合物，其中的水蒸气成分含量很少，但在受到温度和压力变化的影响后，会变成游离水析出。考虑温度、压力等条件的影响，查询理论方程，可以对天然气的含水量进行计算。

页岩气衰竭开发过程可以分为两个阶段：第一阶段，气体从储层流到井底，为等温降压流动，此时温度一定，压力逐渐降低，页岩气中所含水蒸气量逐渐增加(图5-4-1)，不会有凝析水形成；第二阶段，气体为从井底到井口的降温管流，此时，降温后气体中所含水蒸气量逐渐减少(图5-4-2)，水蒸气凝结成液态水。井筒、井口处水蒸气的高速流动也会加快水蒸气凝结，从而更容易产生水。从图5-4-1、图5-4-2中两条曲线可以看出，气体中水蒸气含量与温度、压力有关。开发初期，地层压力较高，气体中含水量少，在地层温度为90℃、地层压力为40MPa时，最大含水量约为28.5kg/10^4m^3；开发后期，当地层压力降为10MPa时，最大含水量增加到68.4kg/10^4m^3；当地层压力降为5MPa时，最大含水量进一步增加到121.7kg/10^4m^3，含水量更大，返排液量更多。因此，随着页岩气的开发，地层压力逐渐降低，产出水量逐渐增大，因而低压下返排液量增加更快。

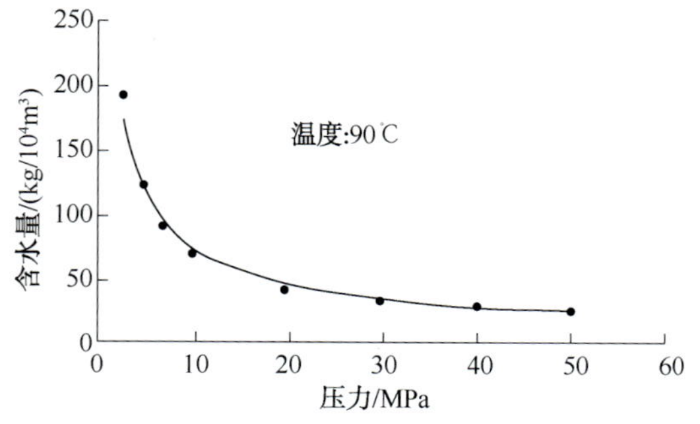

图5-4-1　不同地层压力下气体中的含水量

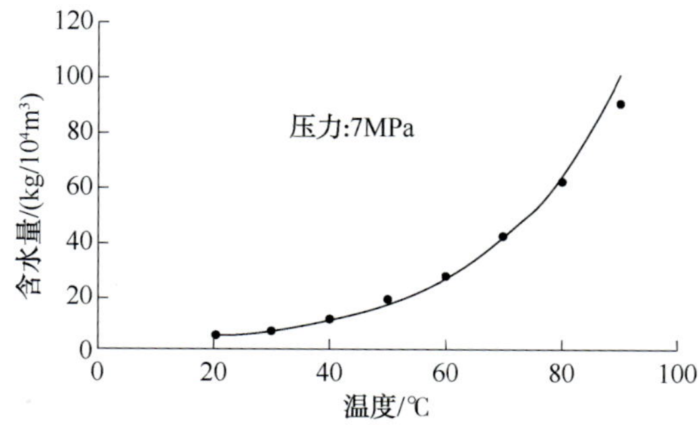

图5-4-2　不同温度下气体中的含水量

页岩气藏不同井深对应不同的地层温度，从图5-4-3中曲线可以看出，气藏埋深越大，相应含水量越高。井深3800m的气井在40MPa时最大含水量约为67.7kg/10^4m^3，而在10MPa时最大含水量约为163.1kg/10^4m^3。井越深，衰竭开发初期产水越少，开发后期返排液量越多。

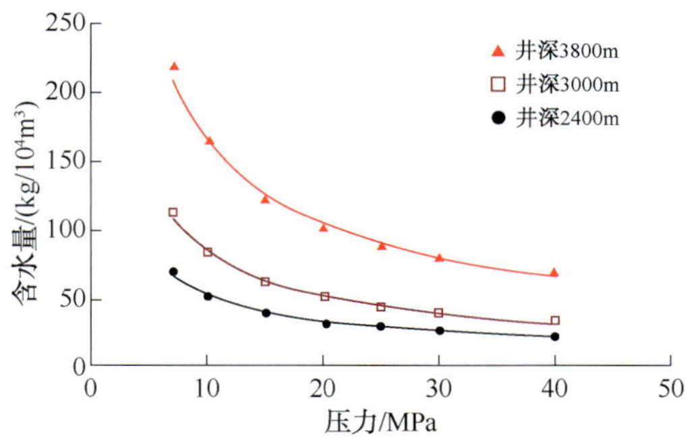

图5-4-3 不同地层压力不同井深气体中含水量

2）毛管束缚水产出

页岩储层中，基质是储集空间，微裂缝或裂隙是气体渗流通道。页岩基质孔隙半径大部分小于10nm。当页岩孔隙半径为10nm时，毛管压力为10MPa；孔隙半径为1nm时，毛管压力达到100MPa。页岩气藏压裂改造时，大量的液体因为毛管压力作用（毛管压力是页岩吸水的主要动力）导致大量压裂液滞留于基质孔隙中，形成束缚水。

在气藏开发时，赋存于微裂缝或裂隙中的水首先流动，但此时裂缝中的水流动需要达到启动压力，只有当气藏的流动压力大于启动压力时，该部分气体才能流动。

（1）离心力产液。

将饱和流体的页岩放在高速离心机内旋转，在给定转速下产生一定离心力，离心力就可以克服毛管压力，使页岩中的水排出来。

选取5A21井岩心，先饱和盐水，用核磁共振分析仪测试孔隙度、孔径分布；然后在离心机上分别以1000r/min、2000r/min、4000r/min、6000r/min的速度离心3min，每次离心后再进行核磁测试，分析含水有效孔隙度及水在孔隙中的分布。

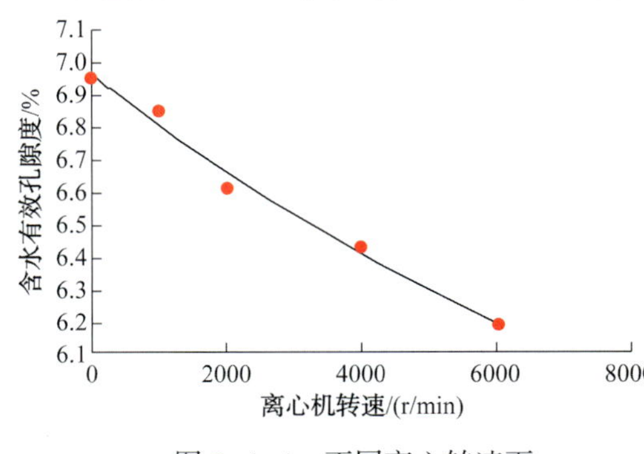

图5-4-4 不同离心转速下页岩含水有效孔隙度的变化

从不同离心转速下页岩含水有效孔隙度的变化来看（图5-4-4），随着转速的增加，页岩有效含水孔隙度逐渐降低，呈现出较好的负相关性。根据岩石毛管压力曲线的测定标准，离心速度为6000r/min时，3cm页岩含水岩心在空气中的毛管压力为2MPa左右，这一压力不足以克服页岩基质的毛管压力，但足以使大孔缝中的水流出。图5-4-5(a)所示为含水页岩高速离心前后孔隙分布曲线，可以看出，含水孔隙度由7.66%降低到6.85%，降低较小，这是由于离心力太小，只有大孔隙或裂缝中的水才能被排出而导致的。图5-4-5(b)所示为含水页岩高速离心前后的孔隙变化，红色曲线表示相同孔径时，原始孔隙中液体量与离心后孔隙中液体量之差，对比发现，在大孔径、微裂缝中，由于离心力大于毛管压力，致使水被驱出，所以剩余液体大都赋存于孔径更小的基质孔隙中。

（2）气驱水产液。

由于离心力较小，难以克服毛管压力，页岩中产出液量较少。为了产出更多液体，用气驱水实验方法使页岩中的水产出，分析产液前后液体分布特征，研究产液机理。选择X22井③小层岩心8块，测试其物性参数；开展自吸压裂液实验，自吸168h；核磁分析各岩心孔隙、孔径分布，然后将自吸后岩心装入夹持器(净围压5MPa)，用不少于1500mL氮气驱，直至不产出液体，再用核磁分析仪测试剩余液体量及其分布情况。

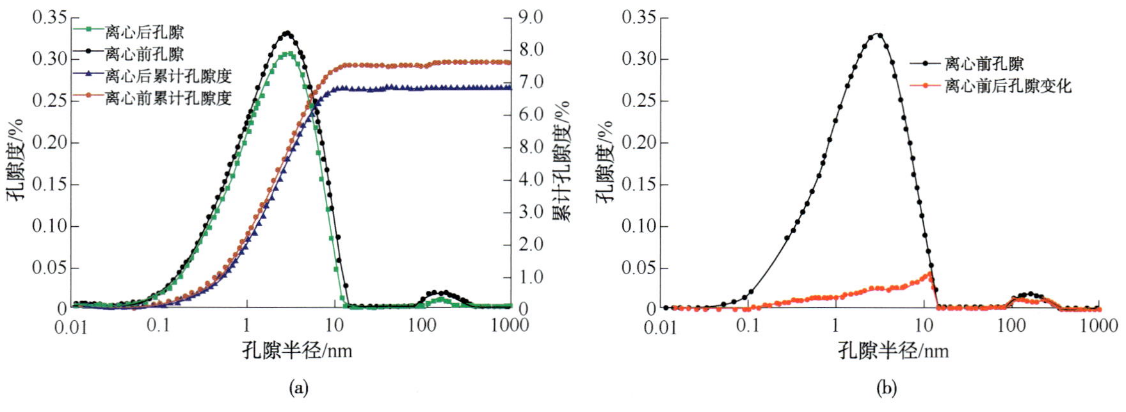

图5-4-5 含水页岩高速离心前后孔隙变化

从页岩自吸水前后液体所赋存孔隙的分布来看(图5-4-6)，此次气驱后页岩中液体产出量较多，孔隙度至少降低30%以上，图中孔隙分布表现出大小两个峰，气驱后右侧小峰(微裂缝中液体)几乎不存在，剩余液体主要赋存于孔径更小的孔隙中。将同一孔径孔隙气驱前后液体体积之差表示为孔隙减量(图5-4-7中红色曲线所示)，可以看出，液体主要由大孔隙、微裂缝中产出，进一步统计分析发现，赋存于大孔隙(孔隙半径大于8nm)中的液体几乎全部被驱出；赋存于中孔隙(孔隙半径为1~8nm)中的液体至少一半以上被驱出；赋存于小孔隙(孔隙半径小于1nm)中的液体很少被驱出。也就是说，大孔中毛管压力小，最先被采出，小孔中毛管压力大，很难被采出来。

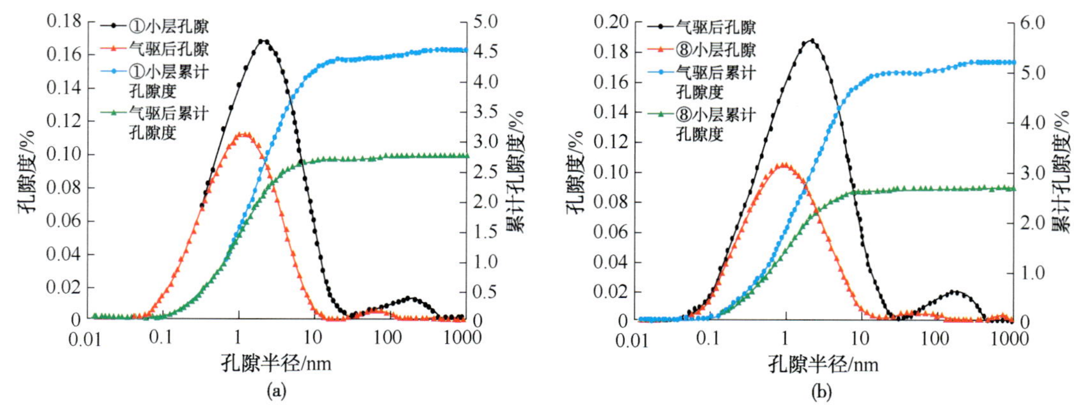

图5-4-6 页岩自吸水前后液体所赋存孔隙的分布

页岩气开发时，毛管压力阻碍水的流出(存在启动压力)，且不同孔隙半径对应不同毛管压力。页岩孔隙半径为5nm时，毛管压力约为20MPa，当井底流压降到15MPa后，地层压力差往往大于20MPa，则半径大于5nm的孔隙中的水可以被驱动，此时返排液量也会增加。

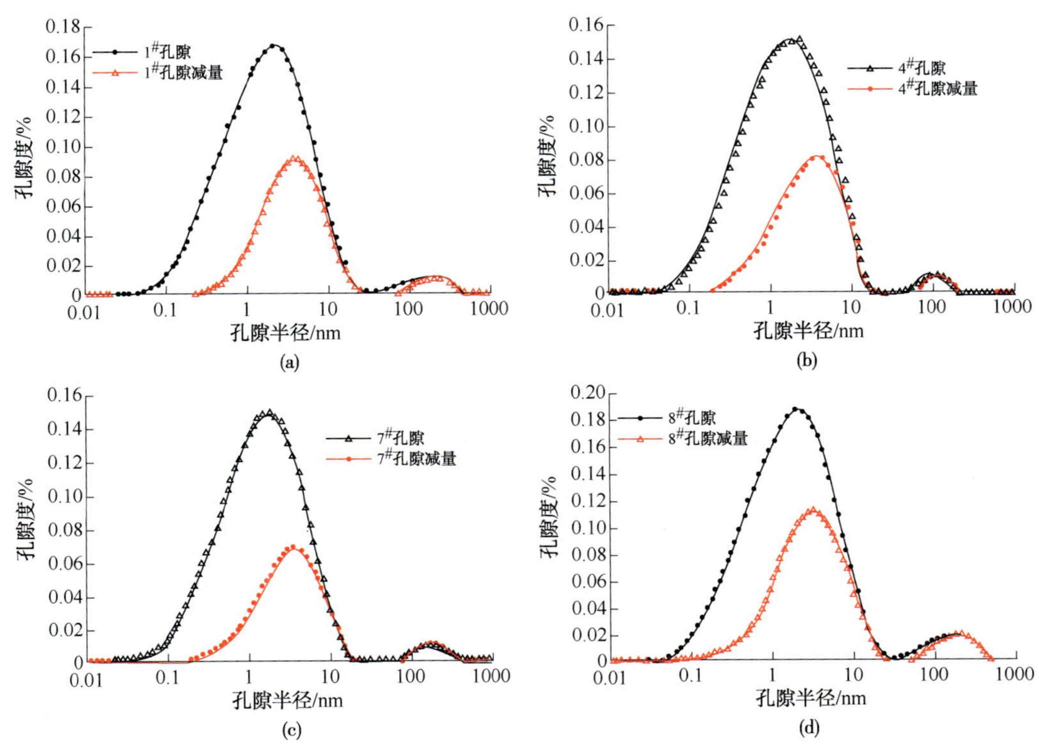

图 5-4-7 页岩气气驱前后孔隙变化

不同小层孔隙大小不同，所占比例也不同，①小层孔隙半径比④、⑤小层孔隙半径大，返排液量增加的时机可能更早。不过，只有综合分析储层渗透率、地层压力、孔隙半径大小及分布、压裂改造效果等多方面因素，才能更好地预测产液规律。

参 考 文 献

[1] 徐兵祥，李相方，张磊，等. 页岩气产量数据分析方法及产能预测[J]中国石油大学学报(自然科学版)，2013，37(3)：119-125.

[2] 庄惠农. 气藏动态描述和试井[M]. 北京：石油工业出版社，2004：52.

[3] 黄孝海. 气水同产水平井生产系统分析研究[D]. 成都：西南石油大学，2014：48.

[4] 段永刚，李建秋. 页岩气无限导流压裂井压力动态分析[J]. 天然气工业，2010，30(3)：26-29.

[5] 李晓强，周志宇，冯光，等. 页岩基质扩散流动对页岩气井产能的影响田[J]. 油气藏评价与开发，2011，1(5)：67-70.

[6] 高树生，于兴河，刘华勋. 滑脱效应对页岩气井产能影响的分析[J]. 天然气工业，2011，31(4)：55-58.

[7] 王坤，张烈辉，陈飞飞，等. 页岩气藏中两条互相垂直裂缝井产能分析[J]. 特种油气藏，2012，19(4)：130-133.

[8] 谢维杨，李晓平. 水力压裂缝导流的页岩气藏水平井稳产能力研究田[J]. 天然气地球科学，2012，4(23)：387-392.

[9] 任俊杰，郭平，王德龙，等. 页岩气藏压裂水平井产能模型及影响因素田[J]. 东北石油大学学报，2012，36(6)：76-81.

[10] 孙海成，汤达祯，蒋廷学，等. 页岩气储层裂缝系统影响产量的数值模拟研究田[J]. 石油钻探技术，2011，39(5)：63-67.

[11] 钱旭瑞，刘广忠，唐佳，等. 页岩气井产能影响因素分析[J]. 特种油气藏，2012，19(3)：81-83.

[12] G·R·King，华桦. 关于有限水侵的煤层和泥盆系页岩气藏的物质平衡方法[J]. 天然气勘探与开发，1994(01)：63-70+62.

[13] 李新景，吕宗刚，董大忠，等. 北美页岩气资源形成的地质条件[J]. 天然气工业，2009，29(05)：27-32+135-136.

[14] 聂海宽，唐玄，边瑞康. 页岩气成藏控制因素及中国南方页岩气发育有利区预测[J]. 石油学报，2009，30(04)：484-491.

[15] 孔祥言. 高等渗流力学[M]. 2 版. 合肥：中国科学技术大学出版社，2010.

[16] 高杰，张烈辉，刘启国，等. 页岩气压裂水平井线性流试井模型研究[J]. 水动力研究与进展，2014，29(1)：108-113.

[17] 严涛，贾永禄. 考虑表皮和井筒储存效应的有限导流垂直裂缝井三线性流动模型试井分析[J]. 油气井测试，2004，13(1)：1-4.

[18] Brown G P，Dinardo A，Cheng G K，et al. The flow of gases in pipes at low pressures[J]. Journal of Applied Physics，1946，17(10)：802-813.

[19] Javadpour F，Fisher D，Unsworth M. Nanoscale gas flow in shale gas sediments[J]. Journal of Canadian Petroleum Technology，2007，46(10)：55-61.

[20] Apaydin O G，Ozkan E，Raghavan R. Effect of discontinuous microfractures on ultratight matrix permeability of a dual-porosity medium[J]. Spe Reservoir Evaluation & Engineering，2011，15(04)：473-485.

[21] Raghavan R，Chin L Y. Productivity changes in reservoirs with stress-dependent permeability[J]. Spe Reservoir Evaluation & Engineering，2004，7(4)：308-315.

[22] Carlson E S，James C M. Devonian shale gas production Mechanisms and simple models[R]. SPE. 134830-MS，2009.

[23] Bustin A M M，Bustin R M，Cui X. Importance of fabric on the production of gas shale[R]. SPE 114167-MS，2008.

[24] De S，Abraham. Analytic solutions for determining naturally fractured reservoir properties by well testing[J]. SPE 5346，1976(6)：117-122.

[25] 谭枭麒. 长宁-威远页岩气井合理生产参数及产能影响因素研究[D]. 成都：西南石油大学，2015.

[26] 贾成业，贾爱林，何东博，等. 页岩气水平井产量影响因素分析[J]. 天然气工业，2017，37(04)：80-88.

[27] 李晨阳. ZT 区块页岩气井产能影响因素分析及预测[D]. 西安：西安石油大学，2020.

[28] 孙细宁，陈奕奕，王桂成，等. 延长探区陆相页岩气产能影响因素分析[J]. 复杂油气藏，2019，12(04)：8-14.

[29] Shen Y，Ge H，Meng M，et al. Effect of water imbibition on shale permeability and its influence on gas production[J]. Energy & Fuels，2017，31(5)：4973-4980.

[30] Lu C，Lu Y，Gou X，et al. Influence factors of unpropped fracture conductivity of shale[J]. Energy & Engineering，2020，8：112-118.

[31] Huang H，Sun W，Xiong F，et al. A novel method to estimate subsurface shale gas capacities[J]. Fuel，2018，232：341-350.

6 页岩气可采储量评价方法

可采储量是油气藏工程设计与开发规划制定的重要基础数据之一，是评价油气田开发水平，编制开发调整方案的基本依据。本章阐述了如何在常规天然气可采储量评价方法适用性分析的基础上，根据页岩气的生产特点，优选制定新的可采储量计算方法。

6.1 常规天然气可采储量评价方法

目前关于天然气可采储量的计算有两项行业标准，即《天然气可采储量计算方法》(SY/T 6098—2010)及《页岩气资源量/可采储量计算与评价技术规范》(DZ/T 0254—2014)。两个标准涵盖了目前常规天然气可采储量评价的主要方法(物质平衡法、弹性二相法、产量递减法、数值模拟法、类比法等9种方法)。

由于常规天然气可采储量评价方法不考虑吸附气，并且多数方法适用于采用定压递减方式生产的气藏，而涪陵页岩气田初期主要以定产方式生产，受生产阶段及生产制度影响，这些方法在页岩气生产中是否适用，有待进一步研究分析。

6.1.1 物质平衡法及流动物质平衡法

物质平衡法以高压物性资料和实际生产数据为基础，计算方法和计算程序比较简单，已成为常规气藏的主要评价方法之一。

1）物质平衡法

（1）封闭气藏物质平衡方程。

当气藏地层压力降低明显且达到一定采出程度时，根据定期录取的地层压力和气、水累计产量等资料，结合采出量随压力的变化关系可以求得与废弃压力相对应的可采储量。物质平衡法以物质平衡为基础，对平均地层压力和采气量之间的隐含关系进行分析。对于一个统一的水动力学系统的气藏，在建立物质平衡方程时的基本假设是：①气藏的储层物性和流体物性是均匀分布的；②相同时间内气藏各点的地层压力都处于平衡状态，即各点处的折算压力相等；③在整个开发过程中气藏保持热动力学平衡，即地层温度保持不变；④不考虑气藏内毛管压力和重力的影响；⑤气藏各部位的采出量保持均衡。在这些假设的前提下，就可以把储集天然气的多孔介质系统简化为储气的地下容器。在这个地下容器内随着气藏的开发，气、水的体积变化服从物质守恒定律，由此即可建立定容封闭气藏的物质平衡方程[式(5-1-1)]。

（2）物质平衡法适用性评价。

物质平衡方程适用条件包括了3个方面：①必须为封闭性定容气藏；②不可为页岩与

相邻地层连通的情况；③需要3次以上关井实测地层压力数据。

以涪陵页岩气田页岩气井的实际生产资料为例，采用物质平衡法计算可采储量并评价该方法的适用性。例如，6A井于2014年10月19日投入试采，生产626天后井口套压为10.45MPa，油压为8.62MPa，日产气$8.2\times10^4m^3$，累计产气$6188.4\times10^4m^3$，累计产水2038.5m^3(图6-1-1)。

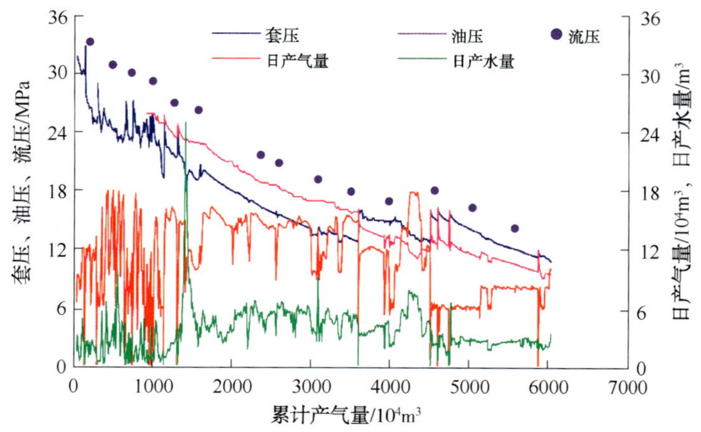

图6-1-1　6A井生产数据曲线图

按照物质平衡方法预测6A井的动态储量为$1.024\times10^8m^3$，技术可采储量为$0.796\times10^8m^3$(图6-1-2)，技术可采储量采出程度已达77.7%。

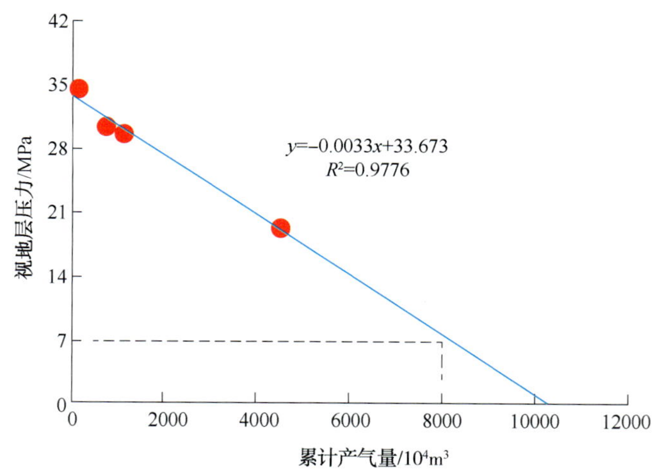

图6-1-2　6A井视地层压力累计产气量关系图

6A井可采储量预测结果表明，物质平衡法计算所得的页岩气井技术可采储量偏低，且可靠程度低。分析认为，主要原因可能是页岩气井为基质-裂缝双压力系统，由于现场静压测试时间较短，仅能反映井筒附近的裂缝压力系统而非整个储层的压力，导致实测静压偏低，可采储量评价偏低。因此，该方法不适用于涪陵页岩气田的页岩气井可采储量评价。

2）流动物质平衡法

（1）基本原理。

流动物质平衡法是 Matter 等于 1998 年提出的。根据渗流力学原理，对于一个有限外边界封闭的油气藏，当地层压力波到达地层外边界一定时间后，地层中的渗流将进入拟稳定流状态，这时地层中各点压降速度相等且为一个常数(图 6-1-3)。

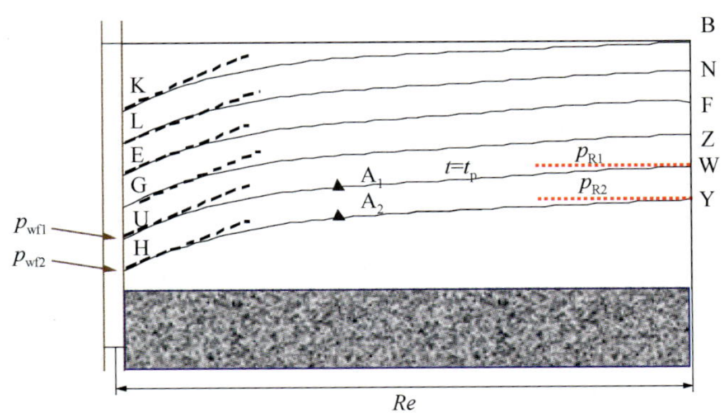

图 6-1-3 拟稳态流动示意图

由图 6-1-3 可知，当气体流动进入拟稳定状态时，不同时间的气井压力降落曲线是彼此平行的，即在同一时间段内地层压力下降值与井底流压下降值是几乎相等的。当气井以稳定的产量进行生产，在井底流压和井口套压之间存在稳定的转换关系。由此，Matter 提出利用井口拟压力与井底拟流压来代替广义物质平衡中的拟地层压力，即流动物质平衡。

拟井底流压物质平衡方程：

$$p_{Fw}=\frac{p_{wf}}{Z_{wf}}=\frac{p_{wfi}}{Z_{wfi}}-\frac{p_{wfi}}{Z_{wfi}G_{wf}}G_p \tag{6-1-1}$$

拟井口压力物质平衡方程：

$$p_{Fc}=\frac{p_c}{Z_c}=\frac{p_{ci}}{Z_{ci}}-\frac{p_{ci}}{Z_{ci}G_c}G_p \tag{6-1-2}$$

从上述公式可以看出，Matter 提出的流动物质平衡法仅适用于生产稳定的定容气藏，对于封闭气藏，则需分别引入两个不具有实际意义的抽象概念参数(p_{wfi}、p_{ci})对上述公式进行修正(图 6-1-4)。

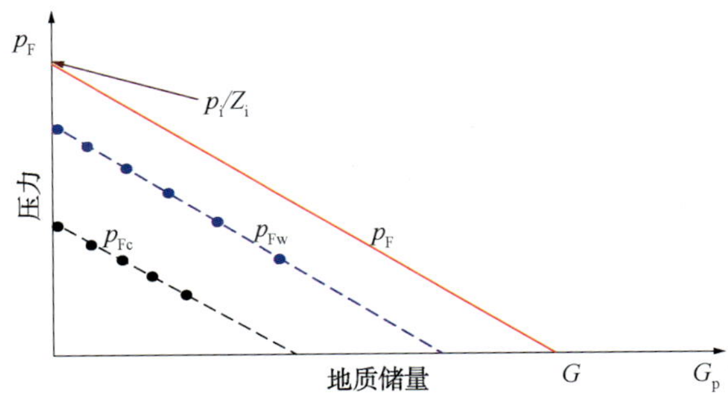

图 6-1-4 流动物质平衡法求解地质储量示意图

修正后的封闭气藏拟井底流压物质平衡方程：

$$p_{\mathrm{Fw}}=\frac{p_{\mathrm{wf}}}{Z_{\mathrm{wf}}}(1-C_{\mathrm{c}}\Delta p_{\mathrm{wf}})=\frac{p_{\mathrm{wfi}}}{Z_{\mathrm{wfi}}}-\frac{p_{\mathrm{wfi}}}{Z_{\mathrm{wfi}}G_{\mathrm{wf}}}G_{\mathrm{p}} \tag{6-1-3}$$

修正后的封闭气藏拟井口压力物质平衡方程：

$$p_{\mathrm{Fc}}=\frac{p_{\mathrm{c}}}{Z_{\mathrm{c}}}(1-C_{\mathrm{c}}\Delta p_{\mathrm{c}})=\frac{p_{\mathrm{ci}}}{Z_{\mathrm{ci}}}-\frac{p_{\mathrm{ci}}}{Z_{\mathrm{ci}}G_{\mathrm{c}}}G_{\mathrm{p}} \tag{6-1-4}$$

上述各式中，p_{Fw}为气藏拟井底压力，MPa；p_{wf}为气藏井底流压，MPa；p_{wfi}为气藏视原始井底流压，MPa；Z_{wfi}为气藏视原始井底流压下的天然气偏差因子；Z_{wf}为气藏不同井底流压下的天然气偏差因子；Δp_{wf}为目前井底流压下降值，MPa；G_{wf}为井底流压物质平衡方程虚拟储量，$10^8\mathrm{m}^3$；p_{Fc}为气藏拟井口压力，MPa；p_{c}为气藏井口压力，MPa；p_{ci}为气藏视原始井口压力，MPa；Z_{ci}为气藏视原始井口压力下的天然气偏差因子；Z_{c}为气藏不同井口压力下的天然气偏差因子；Δp_{c}为目前井口压力降，MPa；G_{c}为井口压力物质平衡方程虚拟储量，$10^8\mathrm{m}^3$；其余参数与物质平衡方程中相应参数相同。

由于封闭气藏的流动物质平衡方程中存在未知参数(p_{wfi}或p_{ci})，所以采用流动物质平衡法进行计算时要先假定p_{wfi}或p_{ci}的值，然后通过物质平衡方程计算出p_{wfi}或p_{ci}的值，并与之前假设值进行对比，进而确定出最终的p_{wfi}或p_{ci}取值。当定产生产井达到边界控制流时，储层各点压力降速相同，可通过原始地层压力作流压(p/Z)的平行线来推算动态储量。

(2) 流动物质平衡方法适用性评价。

通过流动物质平衡方程可以看出，其适用条件必须满足4个方面：①必须为封闭性定容气藏；②必须以一定产量稳定生产，且井底流压测点稳定；③到达拟稳态阶段；④投产前必须求得相对准确的地层静压力值。

按照页岩气投产井的实际生产资料，对页岩气单井采用流动物质平衡法计算可采储量并评价该方法的适用性。例如，6B井在整个试采期间产气量变化不大，并且测试了42次井底流压(含试采产能测试)，其中36次是下油管之后测试的流压(图6-1-5)。根据变流量试井资料分析可知，原始地层压力为37.69MPa，同时评价了对应时间的平均地层压力。

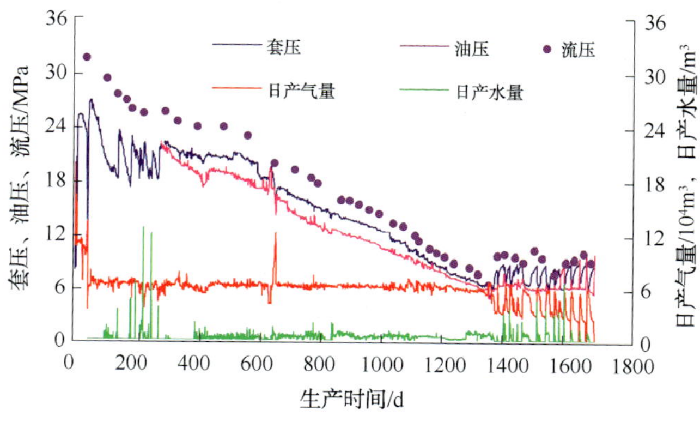

图6-1-5　6B井生产数据曲线图

6B井累计产量达$8340\times10^4\mathrm{m}^3$以前，以$6\times10^4\mathrm{m}^3/\mathrm{d}$稳定生产，之后间歇生产。根据实测井底流压评价，累计产量为$1998\times10^4\mathrm{m}^3$时，动态储量为$0.876\times10^8\mathrm{m}^3$；累计产量为

$6999\times10^4m^3$ 时，动态储量为 $1.508\times10^8m^3$；累计产量为 $9632\times10^4m^3$ 时，动态储量为 $1.570\times10^8m^3$。随着累计产量的增大，评价的动态储量逐渐增大。

由于流动物质平衡法仅适用于进入拟稳态阶段的气井，评价的动态储量受配产、井底流压及初始地层压力影响，而目前焦石坝区块页岩气井基本处于非稳态阶段，采用流动物质平衡法评价动态储量无法取得一个定值，且部分气井调产频繁，井底流压受调产影响大，无法通过流动物质平衡法来评价动态储量。因此，该方法不适用于涪陵页岩气田页岩气井可采储量评价。

6.1.2 弹性二相法

对于封闭性定容气藏，当气井开井后，以稳定产量生产时，有两个重要的井底流压动态阶段。第一个阶段为无限大作用阶段，即随着气井的连续生产，压降漏斗呈圆形不断向外扩展，直到探测半径达到气藏边界的生产期。该阶段为非稳态阶段，又称为弹性一相阶段或弹性第一阶段。第二阶段，当压降漏斗已达到边界，且随着气井的生产，气井控制范围内所有位置的压力动态都达到等速下降时，气井的生产即进入拟稳态阶段，又称为弹性二相阶段或弹性第二阶段。

弹性二相法的适用条件为：①必须为封闭性定容气藏；②气井定产量生产(生产稳定)；③到达拟稳态阶段。

1）方法推导

弹性二相法是根据压力降落试井的压力变化而得到的一种方法。当气藏进入拟稳态后，在任一时刻 t，气井的产能方程为：

$$p_R^2-p_{wf}^2=\frac{12.91Q_{sc}\bar{\mu}\bar{Z}T}{Kh}\left(\ln\frac{0.472r_e}{r_w}+S+DQ_{sc}\right)\tag{6-1-5}$$

式中，p_R 为 t 时刻的平均地层压力，MPa；p_{wf} 为 t 时刻的井底流压，MPa；Q_{sc} 为转换成标准状态下的气井日产气量，10^4m^3；$\bar{\mu}$ 为 t 时刻井底流压和地层压力平均值所对应的气体黏度，mPa·s；$\bar{Z}$ 为 t 时刻井底流压和地层压力平均值所对应的偏差因子；T 为 t 时刻的储层温度，K；K 为储层的渗透率，$10^{-3}\mu m^2$；h 为储层的有效厚度，m，r_e 为泄气区域的外边界半径，m；r_w 为井筒半径，m；S 为表皮系数；D 为紊流系数，d/m^3。

当气藏在较短时间内达到拟稳态后，假设气体、岩石和束缚水的压缩性在短期内可以忽略，则有：

$$p_i-p_R=\frac{Q_{sc}t}{GC_g}\tag{6-1-6}$$

式中，p_i 为原始地层压力，MPa；G 为原始地质储量在地面标准状况下的体积，10^4m^3，t 为从投产到目前的累计生产时间，d。

结合式(6-1-4)和式(6-1-5)可以得出：

$$p_{wf}^2=p_i^2-\frac{12.91Q_{sc}\bar{\mu}\bar{Z}T}{Kh}\left(\ln\frac{0.472r_e}{r_w}+S+DQ_{sc}\right)-\frac{2p_iQ_{sc}}{GC_g}t\tag{6-1-7}$$

令：

$$\alpha=p_{\mathrm{i}}^{2}-\frac{12.91Q_{\mathrm{sc}}\bar{\mu}\bar{Z}T}{Kh}\left(\ln\frac{0.472r_{\mathrm{e}}}{r_{\mathrm{w}}}+S+DQ_{\mathrm{sc}}\right) \tag{6-1-8}$$

$$\beta=\frac{2p_{\mathrm{i}}Q_{\mathrm{sc}}}{GC_{\mathrm{g}}} \tag{6-1-9}$$

则：

$$p_{\mathrm{wf}}^{2}=\alpha-\beta t \tag{6-1-10}$$

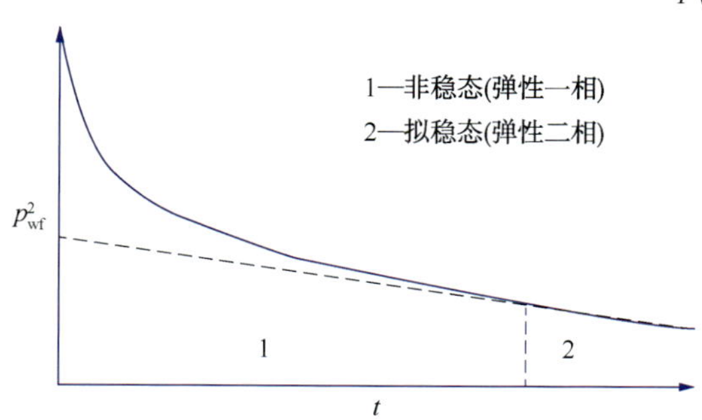

图 6-1-6　p_{wf}^{2}与 t 的关系图

式(6-1-10)表明，当气藏进入拟稳态阶段时，井底流压的平方与时间为线性关系(图 6-1-6)。根据生产数据拟合得到β后，利用下式可求储量：

$$G=\frac{2p_{\mathrm{i}}Q_{\mathrm{sc}}}{\beta C_{\mathrm{g}}} \tag{6-1-11}$$

2）方法应用

采用弹性二相法对生产时间较长，且生产稳定的井进行流动阶段识别。以 6C 井为例，在目前的生产阶段，$p_{\mathrm{wf}}^{2}-t$ 图版上未发现下弯曲线，说明生产过程中未出现拟稳态径向流；$p_{\mathrm{wf}}^{2}-t$ 图版上线段不连续，说明生产过程中未到达拟稳态阶段。因此，弹性二相法在目前生产条件下不适用于涪陵页岩气田页岩气井可采储量评价。

6.1.3　产量递减法

产量递减法是通过研究页岩气井的产气规律，分析页岩气井的生产特性和历史资料，从而预测可采储量，一般会在页岩气井经历了产气高峰后出现递减特征，利用产量递减曲线的斜率对未来产量进行预测。产量递减法实际上是一种页岩气井生产特征外推法，运用产量递减法必须满足的条件包括：①所选用的生产曲线应具有典型的代表意义；②可以明确界定气井的产气面积；③在产气高峰后至少有 3~6 个月稳定的产量递减阶段，且应求得递减曲线斜率；④必须排除市场缩减、修井或地表水处理等非地质因素导致的产量变化对递减曲线斜率判定的影响。

目前，应用最普遍的产量递减规律是 Arps 提出的 3 种递减形式，即指数递减规律、双曲递减规律和调和递减规律，尤其是双曲递减规律。

6.1.4　改进衰减法

改进衰减法实际上是递减指数(b)为 0.5 的双曲递减法。该方法适用于开发处于递减中后期的油气藏，生产数据应按月或按年统计，时间(t)按实际累计生产时间计算。

1）方法推导

假设产量递减符合双曲递减规律，且 $b=0.5$，产量与时间的关系为：

$$Q=\frac{Q_{\mathrm{i}}}{(1+0.5D_{\mathrm{i}}t)^{2}} \tag{6-1-12}$$

式中，Q_i 为初始产量，10^4m^3；Q 为 t 时刻的产量，10^4m^3；D_i 为初始递减率。

由上式可推导出累计产气量(G_p)与产量、时间的关系：

$$G_p=\int_0^t \frac{Q_i}{(1+0.5D_i t)^2}dt=\frac{Q_i t}{1+0.5D_i t} \tag{6-1-13}$$

左右两边取倒数，则式(6-1-13)可以整理为：

$$\frac{1}{G_p}=\frac{0.5D_i}{Q_i}+\frac{1/Q_i}{t} \tag{6-1-14}$$

令：

$$a=\frac{0.5D_i}{Q_i},\ b=\frac{1}{Q_i}$$

则式(6-1-14)可以变形为：

$$\frac{1}{G_p}=a+\frac{b}{t} \tag{6-1-15}$$

通过式(6-1-15)可以看出，递减期累计产气量的倒数与递减时间的倒数的关系，在直角坐标系上表现为一条直线(图 6-1-7)。

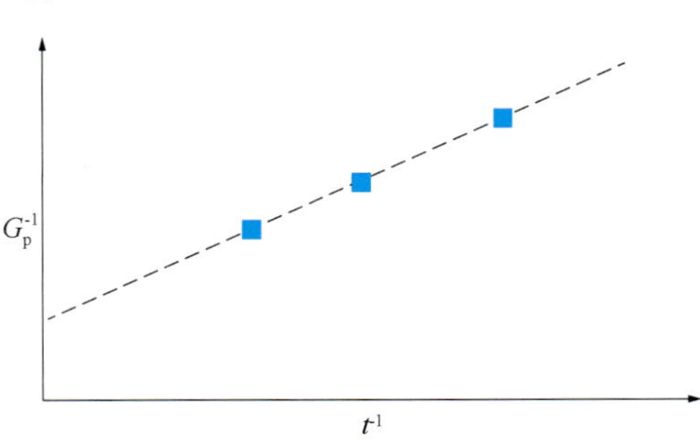

图 6-1-7 改进衰减法分析 G_p^{-1}-t^{-1}图版

2) 方法应用

以 6D 井为例进行改进衰减法适用性分析。6D 井为的一口定压生产井，生产前 16 个月产量波动大，从第 17 个月开始产量稳定递减(图 6-1-8)，此时累计产气量为 $1.31\times10^8m^3$，利用改进衰减法图版计算 $a=0.000032$，可以得到该井的技术可采储量为 $4.46\times10^8m^3$(图 6-1-9)。

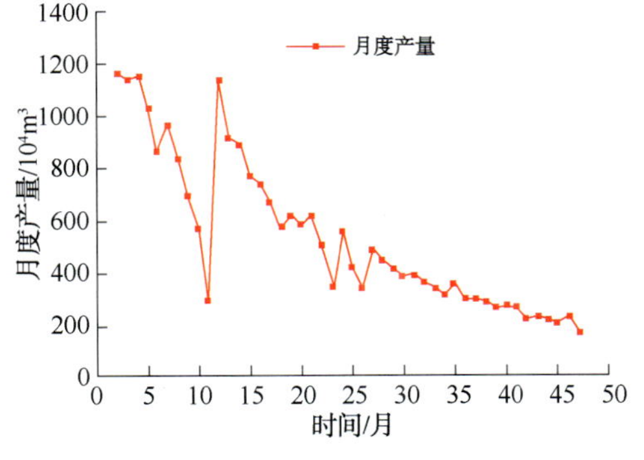

图 6-1-8 6D 井月度生产曲线图

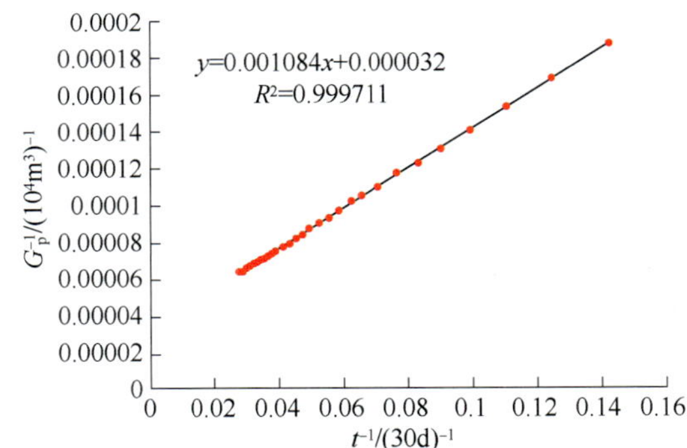

图 6-1-9 6D 井改进衰减法计算图版

6.1.5 预测模型法、统计关系法、水驱特征曲线法

预测模型法是对油气田产量和可采储量的全生产周期预测方法，它的有效应用与气藏类型、储集类型和驱动类型无关，只要气田产量达到峰值后便可以有效应用。预测模型法又分为以翁氏模型法为代表的单峰周期模型法和以胡-陈-张(HCZ)模型法为代表的累计增

长模型法。

1）翁氏模型法

由翁文波建立的翁氏模型如图 6-1-10 所示，其参数基本关系如下：

$$Q = at^{b} e^{-t/c} \tag{6-1-16}$$

$$Q_{peak} = a\left(\frac{bc}{2.718}\right)^{b} \tag{6-1-17}$$

$$t_{peak} = bc \tag{6-1-18}$$

式中，Q 为年产量，$10^4 m^3$；t 为生产时间，a；Q_{peak} 为年产量峰值，$10^4 m^3$；t_{peak} 为年产量达到峰值时对应的生产时间，a；a、b、c 为常数。

可采储量（G_R）：

$$G_R = ac^{b+1}\tau(b+1) \tag{6-1-19}$$

为了同时求解翁氏模型中的 3 个模型常数 a、b、c，一般采用迭代法，但这种方法在实际应用时难度较大。

2）胡-陈-张模型法

由胡建国、陈元千、张盛宗研究建立的预测模型如下（图 6-1-11）：

$$\lg\frac{Q}{N_p} = A - Bt \tag{6-1-20}$$

式中，Q 为年产量，$10^4 m^3$；N_p 为累计产量，$10^4 m^3$。

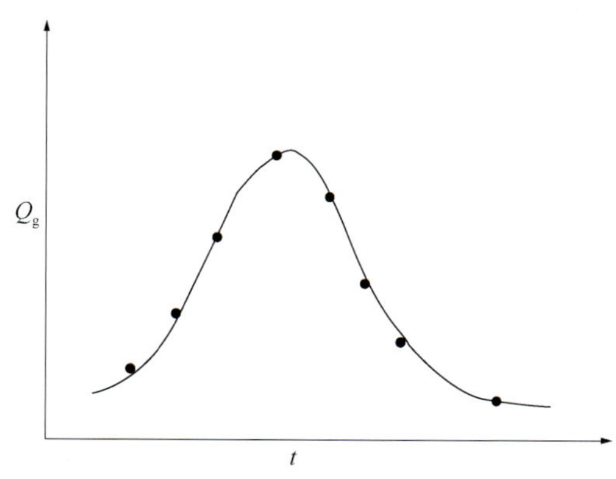

图 6-1-10　翁式模型示意图

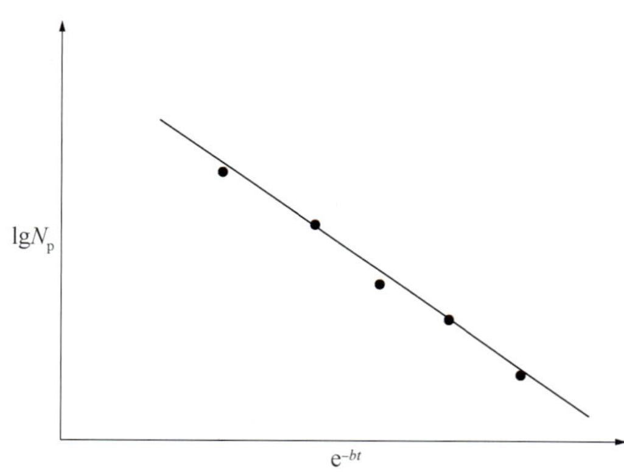

图 6-1-11　胡-陈-张模型示意图

令 $a = 10^A$，$b = 2.303B$，则有：

$$\frac{Q}{N_p} = a\,e^{-bt} \tag{6-1-21}$$

$$\frac{dN_p}{N_p dt} = \frac{Q}{N_p} \tag{6-1-22}$$

由式（6-1-21）、式（6-1-22）可得：

$$\ln\frac{N_R}{N_p} = \frac{a}{b}e^{-bt}$$

$$\lg N_{p}=\lg N_{R}-\frac{a}{2.303b}e^{-bt} \tag{6-1-23}$$

式中，N_R为可采储量，10^8m^3。

统计关系法、水驱特征曲线法主要用于含溶解气的油藏及注水开发油藏，不适用于页岩气可采储量评价。

6.1.6 数值模拟法

通过数值模拟法，根据气藏特征及开发概念设计等，建立气藏模型，并经历史拟合证实模型有效后，进行模拟计算，可以求得技术可采储量。数值模拟软件必须可以描述页岩储层的解析、扩散和渗流 3 种流动方式及其相互作用过程，以及页岩岩石力学性质和力学表现等。对储层参数的空间分布和平面展布特征的研究，是数值模拟过程中进行定量评价的基础。描述内容应包括基础地质、储层物性及生产动态 3 个方面的参数，通过这些参数的描述建立储层地质模型，并用于产能预测。利用储层模拟工具对所获得的储层地质和工程参数进行计算，将计算所得气、水产量及压力与气井实际产量和实测压力进行历史拟合。当模拟的气、水产量动态与气井实际生产动态相匹配时，即可建立储层模型，获得产气量曲线，预测未来的气体产量，并获得最终的页岩气累计总产量。

本小节阐述了如何利用数值模拟研究软件，针对页岩气单井试采动态资料，开展页岩气单井数值模拟，预测可采储量。其基本原理是，在生产数据和地质模型的基础上，进行网格剖分、温压数据、井数据、岩石数据、井筒数据等加载；与常规油气藏数值模拟不同的是，页岩气数值模拟考虑页岩气解吸、扩散、滑脱、渗流等多种流动形式，通过建立等效裂缝渗透率模型并进行裂缝加密来简化页岩裂缝复杂性；最后，通过数值运算、数据分析，完成产能历史拟合和可采储量评价。

对于水平井，模型平面选用矩形。假定井的水平段长度为 1000m，矩形长 5000m、宽 4000m，x 方向上按尺寸等分为 50 个网格，y 方向上按尺寸对数划分为 31 个网格，则单层网格数为 1550，z 方向上将龙马溪组 89m 厚的有效页岩气层①～⑤小层划分为 24 个网格；纵向比表面积从第一块到第四块依次为 $10.6862m^2/g$、$14.5891m^2/g$、$20.4673m^2/g$、$32.1800m^2/g$；压裂可渗透缝长 400m，可渗透高度为 38m。

1）储量参数

单井模型中，游离相平均饱和度为 27.0%，吸附相平均饱和度为 43.0%，平均含水饱和度为 30.0%；游离气储量丰度为 $2.065\times10^8m^3/km^2$，吸附气储量丰度为 $2.845\times10^8m^3/km^2$，总烃气储量丰度为 $4.910\times10^8m^3/km^2$（表 6-1-1）。

2）物性参数

物性参数（孔隙度、渗透率、厚度、深度等）按涪陵页岩气田志留系龙马溪组 X1 井（导眼段）测井解释成果数据赋值。对于大规模压裂措施改造储层物性，根据压裂造成的可渗透裂缝半长，按等效渗透率的处理方法，在水平井段上，由井筒向地层深处，等效渗透率按等比级数由大变小，直至可渗透裂缝半长处，等效渗透率等于页岩基质渗透率。此外，还应根据生产动态历史拟合调整外围基质渗透率。

表 6-1-1　单井模型原始储量参数

储层组	模型面积/km^2	厚度/m	压力/MPa	平均含水饱和度/%	游离相平均饱和度/%	吸附相平均饱和度/%
①小层	20.0	11.5	39.085	30.000	22.446	47.554
②小层		14.5	39.112	30.000	22.449	47.551
③小层		25.0	39.156	30.000	27.407	42.593
④小层		17.5	39.200	29.999	28.155	41.844
⑤小层		20.5	39.240	30.000	27.871	42.129
合　计		89.0	39.191	30.000	27.011	42.989
储层组	**游离气储量/10^8m^3**	**吸附气储量/10^8m^3**	**总烃气储量/10^8m^3**	**游离气储量丰度/($10^8m^3/km^2$)**	**吸附气储量丰度/($10^8m^3/km^2$)**	**总烃气储量丰度/($10^8m^3/km^2$)**
①小层	2.293	4.207	6.500	0.115	0.210	0.325
②小层	2.893	5.306	8.199	0.145	0.265	0.410
③小层	9.285	12.496	21.781	0.464	0.625	1.089
④小层	9.540	12.277	21.817	0.477	0.614	1.091
⑤小层	17.284	22.623	39.906	0.864	1.131	1.995
合　计	41.295	56.909	98.204	2.065	2.845	4.910

6.1.7　类比法

以焦石坝地区为例，上奥陶统五峰组-下志留统龙马溪组下部富有机质泥页岩层段与北美地区 Barnett、Marcellus 等页岩气层系具有相似的岩性和岩相组合，且与北美地区已达到商业性页岩气开发的典型地区的地化特征、物性、资源量丰度等指标相当(表 6-1-2)，表明焦石坝地区龙马溪组页岩气层系具备商业性开发的资源基础。

表 6-1-2　涪陵地区五峰组-龙马溪组页岩气层系与北美典型页岩气层系参数对比

页岩名称	焦石坝区块五峰组-龙马溪组		Barnett 层系	Marcellus 层系	Haynesville 层系
页岩时代	奥陶纪-志留纪		石炭纪	泥盆纪	侏罗纪
净厚度/m	89~102(①~⑨小层)	38~44(①~⑤小层)	61~90	15~61	60.96~91.44
埋藏深度/m	2377.5(①~⑨小层)	2415.5(①~⑤小层)	1981~2926	914~2591	3048.4~4114.8
总有机碳含量/%	2.54(①~⑨小层)	3.5(①~⑤小层)	2.0~7.0	5.3~7.8	0.5~4.0
有机质类型	Ⅰ、$Ⅱ_1$(①~⑨小层)	Ⅰ、$Ⅱ_1$(①~⑤小层)	Ⅱ	Ⅱ	Ⅲ、Ⅱ
R_o/%	2.2~3.06(①~⑨小层)	2.2~3.06(①~⑤小层)	1.1~2.2	1.5~3	2.2~3.2
总孔隙度/%	4.52(①~⑨小层)	4.64(①~⑤小层)	4~5	10	8~9
渗透率/$10^{-3}μm^2$	0.023		0.02	<0.01	
气藏压力/MPa	37.69		16.6~32.2	12.0~17.0	
含气量/(m^3/t)	1.29~6.15(①~⑨小层)	4.24~6.15(①~⑤小层)	8.5~9.9	1.7~2.8	2.8~9.3
吸附气比例/%	37.6(①~⑨小层)	36.40(①~⑤小层)	50	40~60	
资源丰度/($10^8m^3/km^2$)	7.4(①~⑨小层)	5.4(①~⑤小层)	8.20~21.86	3.28~16.4	8.71
沉积环境	海相		海相	海相	海相
预测采收率/%	28~44		20~50	20~40	

目前，北美地区 Barnett、Marcellus 等页岩气层系采收率约为 20%～40%，通过类比法对焦石坝地区上奥陶统五峰组-下志留统龙马溪组页岩气采收率也可取值为 20%～40%。采用体积法计算得到的有利勘探区内上奥陶统五峰组-下志留统龙马溪组目的层页岩气地质资源量为 $3577.7\times10^8m^3$，其中，优质富有机质页岩的页岩气资源量为 $2610.6\times10^8m^3$；计算得到的焦石坝上奥陶统五峰组-下志留统龙马溪组目的层页岩气可采资源量为 715.54×10^8～$1431.08\times10^8m^3$，其中，优质富有机质页岩的页岩气可采资源量为 522.12×10^8～$1044.24\times10^8m^3$。

6.2 页岩气井可采储量预测方法

除上述常规天然气可采储量评价方法，还可采用以下 3 种方法对页岩气井单井可采储量进行评估：生产动态法、不稳定线性流法和不稳定产量分析法。

6.2.1 生产动态法

1）基本原理

生产动态法包括稳产期累计产量预测和递减期累计产量预测两部分：①稳产期累计产量预测，按照目前生产动态特征，确定近期单位井口生产压力下降与累计产量的关系，计算达到外输压力前的累计产量，即稳产期内累计产量；②递减期累计产量预测，根据 RTA 预测的 64 口井稳产期累计产量与递减期累计产量有良好的线性关系，根据拟合的关系式，由单井的稳产期可采储量即可预测递减期累计产量。稳产期累计产量与递减期累计产量相加即单井的技术可采储量。

2）方法应用

（1）稳产期累计产量预测。

以 6E 井为例，该井无阻流量为 $35.8\times10^4m^3/d$，配产为 $6\times10^4m^3/d$。选取该井稳定生产段，日产量为 $6\times10^4m^3$，油压为 7.6MPa，累计产气量为 $5313.5\times10^4m^3$。计算该井单位流压降产量为 $384\times10^4m^3/MPa$（图 6-2-1），按照压降趋势，生产压力降至外输压力（6MPa）还需要 144 天；稳产期累计产量为 $6177.5\times10^4m^3$。

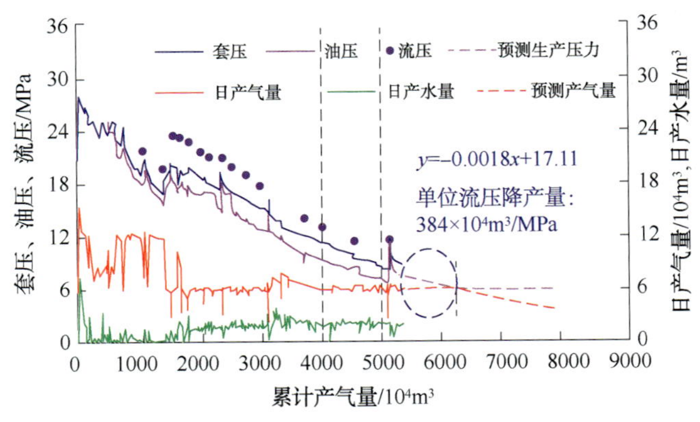

图 6-2-1 6E 井稳产期累计产量预测图版

（2）递减期累计产量预测。

RTA 预测稳产期累计产量和递减期累计产量有良好的线性关系(图 6-2-2)，因此，利用单井稳产期累计产量即可计算递减期累计产量。

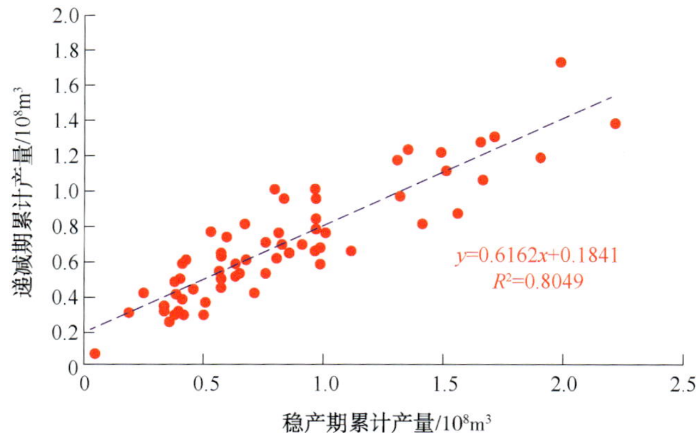

图 6-2-2　RTA 预测稳产期累计产量与递减期累计产量关系
（64 口井）

生产动态法评价可采储量结果的准确性，受气井是否稳定配产生产及页岩气井生产处于何种生产阶段两个因素影响。对于生产时间较短和调配产频繁的井，生产动态法预测稳产期可采储量的精度较低。

6.2.2　不稳定线性流法

1）基本原理

目前，大部分井生产动态数据表明，气井流态处于不稳定线性流阶段，可以用不稳定线性渗流理论计算产能系数，建立产能系数与可采储量的线性关系式，通过对产能系数的计算预测可采储量。

气藏工程理论研究表明，在气井处于不稳定线性流阶段时，压力与产量、时间的关系表达式为：

$$\Delta m(p)=m(p_{\mathrm{i}})-m(p_{\mathrm{wf}})=\left(\frac{6.63Q_{\mathrm{g}}T}{hx_{\mathrm{f,tol}}}\sqrt{\frac{1}{K\phi\mu c_{\mathrm{t}}}}\right)t^{0.5} \tag{6-2-1}$$

上式可以简化为：

$$m(p_{\mathrm{wf}})-m(p_{\mathrm{i}})=mQ_{\mathrm{g}}t^{0.5} \tag{6-2-2}$$

当气井处于不稳定线性流阶段时，在直角坐标系中，$m(p_{\mathrm{i}})-m(p_{\mathrm{wf}})$ 与 $Q_{\mathrm{g}}t^{0.5}$ 为线性关系，该直线斜率的倒数即页岩气井产能系数。

通过产能评价图版求取斜率(m)，m 既包含了地质参数($\phi\mu c_{\mathrm{t}}$)，又包含了压裂改造效果参数($hx_{\mathrm{f,tol}}\sqrt{K}$)，因而解决了单独求取这些参数的困难(图 6-2-3)。

RTA 预测的 64 口井可采储量与对应计算的产能系数有良好的线性关系，根据拟合的关系式，可以由单井的产能系数预测单井可采储量(图 6-2-4)。

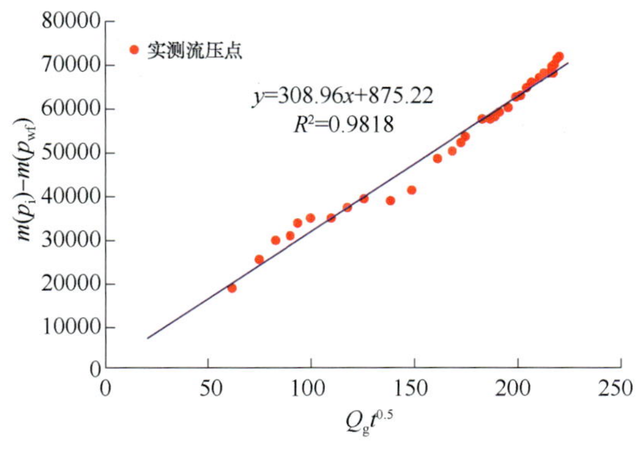

图 6-2-3 产能评价图版

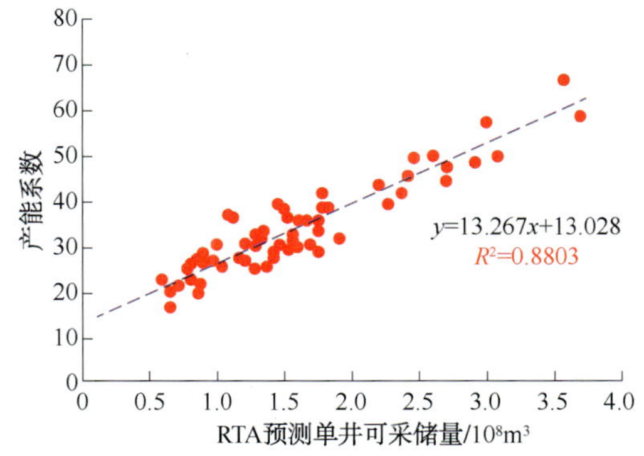

图 6-2-4 产能系数和可采储量关系图

2）方法应用

（1）流态识别。

将单井实际产气量和实测井底流压数据进行处理，通过物质平衡实际-规整化产量对数图版进行流态识别。以 6F 井为例，该井在物质平衡实际-规整化产量对数图版上，生产数据呈现斜率为-1/2 的直线(图 6-2-5、图 6-2-6)。

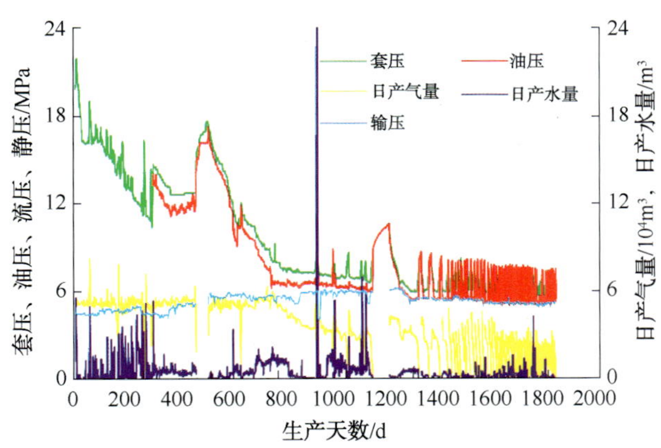

图 6-2-5 6F 井生产曲线图

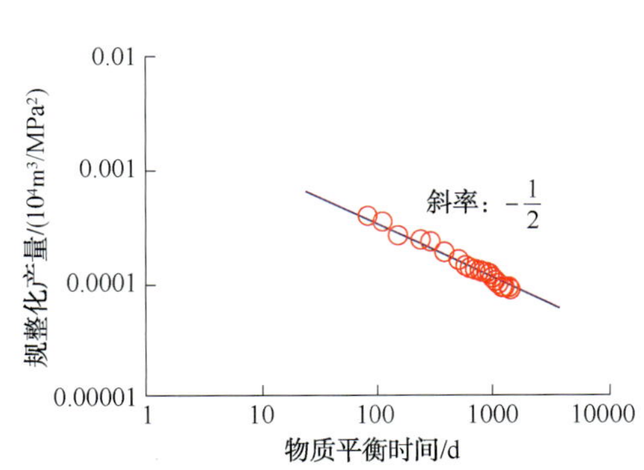

图 6-2-6 6F 井流态识别图版

（2）产能系数计算。

在产能评价图版上可以求取单井产能系数。以 6F 井为例，在 $m(p_i)-m(p_{wf})$ 与 $Q_gt^{0.5}$ 的产能评价图版上，直线的斜率为 312.72，产能系数为 31.98(图 6-2-7)。

（3）可采储量计算。

6F 井产能系数为 31.98，根据可采储量与对应产能系数拟合的关系式，可计算得到该井可采储量为 $1.43\times10^8m^3$。

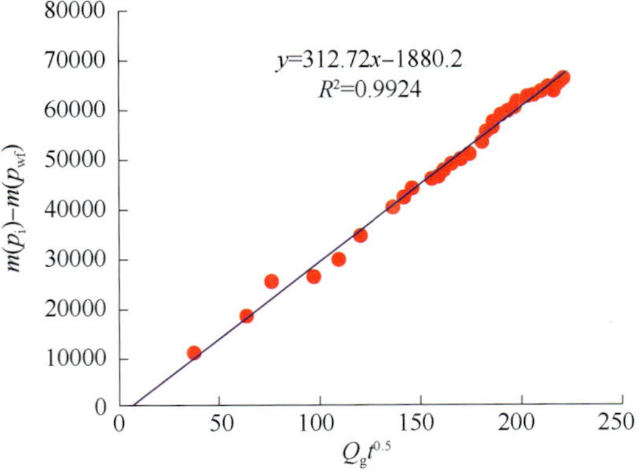

图 6-2-7 6F 井产能系数评价图版

6.2.3 不稳定产量分析法

Anderson 等在 Bello 模型的基础上，提出了页岩气多段压裂水平井动态分析流程：首先，通过规整化拟压力与时间的平方根曲线拟合线性段，求得斜率(m)及截距(b)，并确定页岩储层参数；如果出现边界控制流，则利用流动物质平衡曲线截距确定页岩气孔隙体积，并计算裂缝半长；最后，利用解析模型预测不同配产方案的稳产期及递减期。

以 6G 井为例。该井为一口定产生产井，定产 $6\times10^4m^3/d$ 生产，初期无阻流量为 $19.3\times10^4m^3/d$，主要穿行③小层，试气井段长 1588m，射孔 51 簇。

1）特征曲线确定

通过规整化拟压力(p_n)与时间的平方根曲线，并结合流动物质平衡曲线，可以初步确定裂缝半长、基质渗透率等参数(图 6-2-8)。

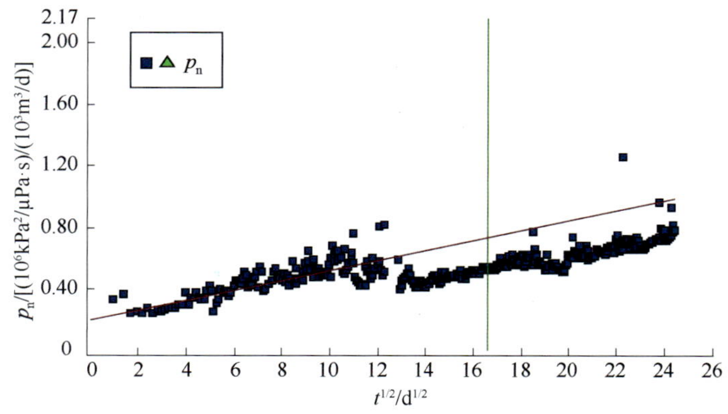

图 6-2-8 规整化拟压力与时间平方根曲线图

2）建立解析模型

建立双孔复合解析模型，在压力历史拟合匹配的基础上(图 6-2-9)，确定区内裂缝渗透率为 $0.16\times10^{-6}\mu m^2$，裂缝半长为 154m，SRV 面积为 $0.49km^2$。

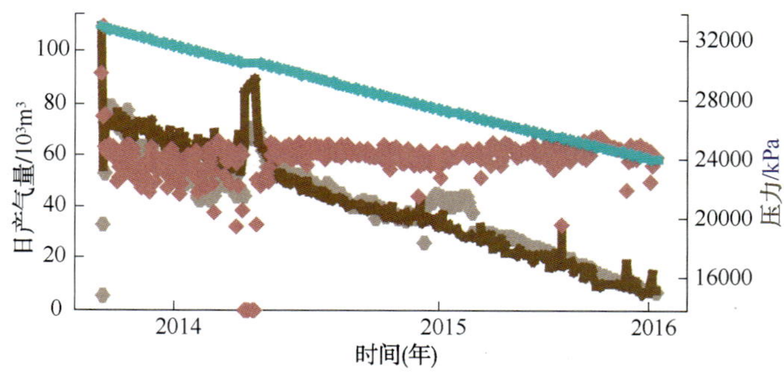

图 6-2-9 压力历史拟合曲线图

3）产量预测

废弃压力取脱水站进站压力下限为 4.5MPa，对应井口压力为 6MPa，折算至井底流压为 7.07MPa。$6\times10^4m^3/d$ 预测至井底流压 7.07MPa 进入递减期，废弃产量 $0.1\times10^4m^3/d$ 时

技术可采储量 $1.36\times10^8m^3$(图 6-2-10)。

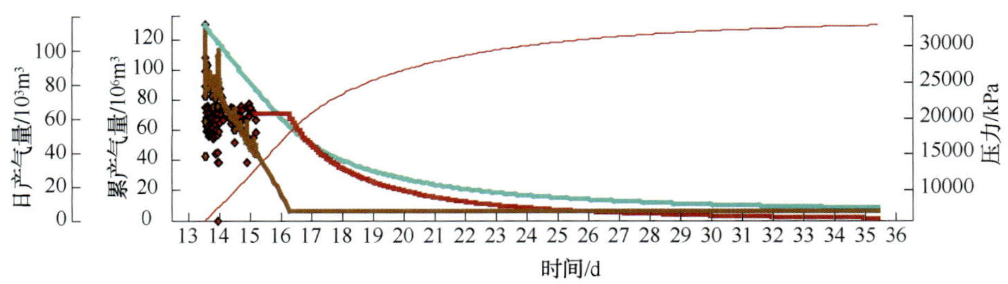

图 6-2-10 6G 井产量预测曲线

参 考 文 献

[1] 徐兵祥，李相方，张磊，等. 页岩气产量数据分析方法及产能预测[J]中国石油大学学报(自然科学版)，2013，37(3)：119-125.

[2] 段永刚，魏明强，李建秋，等. 页岩气藏渗流机理及压裂井产能评价田[J]. 重庆大学学报，2011，34(4)：63-66.

[3] 李建秋，曹建红，段永刚，等. 页岩气井渗流机理及产能递减分析[J]. 天然气勘探与开发，2011，34(2)33-37.

[4] 高树生，于兴河，刘华勋. 滑脱效应对页岩气井产能影响的分析[J]. 天然气工业，2011，31(4)：55-58.

[5] 谢维杨，李晓平. 水力压裂缝导流的页岩气藏水平井稳产能力研究田[J]. 天然气地球科学，2012，4(23)：387-392.

[6] 任俊杰，郭平，王德龙，等. 页岩气藏压裂水平井产能模型及影响因素田[J]. 东北石油大学学报，2012，36(6)：76-81.

[7] 孙海成，汤达祯，蒋廷学，等. 页岩气储层裂缝系统影响产量的数值模拟研究田[J]. 石油钻探技术，2011，39(5)：63-67.

[8] 钱旭瑞，刘广忠，唐佳，等. 页岩气井产能影响因素分析[J]. 特种油气藏，2012，19(3)：81-83.

[9] Bello R O，Wattenbarger R A. Rate transient analysis in naturally fractured shale gas reservoirs[J]. Society of Petroleum Engineers-SPE Gas Technology Symposium，2008(01)：120-134.

[10] 于荣泽，张晓伟，卞亚南，等. 页岩气藏流动机理与产能影响因素分析[J]. 天然气工业，2012，32(9)：10-15.

[11] 王坤，张烈辉，陈飞飞. 页岩气藏两条互相垂直裂缝井产能分析[J]. 特种油气藏，2012，19(4)：130-134.

[12] 袁淋，李晓平，程子洋，等. 页岩气藏压裂水平井产能及影响因素分析[J]. 天然气与石油，2014，32(2)：57-61.

[13] 王坤. 页岩气藏非稳态产能研究[D]. 成都：西南石油大学，2013.

[14] 谢川. 页岩气井产能评价及数值模拟研究[D]. 成都：西南石油大学，2015.

[15] 张志伟，刘卫东，孙灵辉，等. 等效裂缝渗流模型在天然裂缝储层产能预测中的应用[J]. 科技导报，2010，28(14)：56-58.

[16] 魏漪，宋新民，冉启全，等. 致密油藏压裂水平井非稳态产能预测模型[J]. 新疆石油地质，2014，01(06)：67-72.

[17] Wu Y, George M, Bai B. A multi-continuum method for gas production in tight fracture reservoirs[R]. SPE 118944, 2009.

[18] 李亚洲，李勇明. 页岩气渗流机理与产能研究[J]. 断块油气田，2013，(2)：186-190.

[19] 刘运忠，刘二本，刘凯，等. 单井压降储量累计法计算气藏储量[J]. 石油勘探与开发，1981(06)：76-81+75.

[20] 唐睿，李菊花，陶世增，等. 油气井几种常见的产量递减分析方法浅析[J]. 广东化工，2013，40(22)：15-16.

[21] 方圆. JY页岩气藏单井产量递减规律研究[D]. 成都：西南石油大学，2016.

[22] 李士伦等. 天然气工程[M]. 北京：石油工业出版社，2000.

[23] 梅志宏. 低渗致密气藏单井动态储量计算方法研究[D]. 成都：西南石油大学，2013.

[24] 杜华明，宁正福，苏朋辉. 考虑多组分吸附的页岩气储量计算方法[J]. 地质科技情报，2017，36(02)：141-145.

[25] 张广东，刘建仪，李祖友，等. 裂缝气藏物质平衡方程[J]. 天然气工业，2006(06)：95-96+167.

[26] Palacio J C, Blasingame T A. Unacailable-curve analysis using type curves-analysis of gas well producetion data[R]. SPE 25909, 1993.

[27] King G R. Material-balance techniques for coal-seam and devonian shale gas reservoirs with limited water influx[J]. Spe Reservoir Engineering, 1990, 8(01): 67-72.

[28] Moghadam S, Jeje O, Mattar L. Advanced gas material balance in simplified format[J]. Journal of Canadian Petroleum Technology, 2011, 50(01): 90-98.

[29] 张烈辉，陈果，赵玉龙，等. 改进的页岩气藏物质平衡方程及储量计算方法[J]. 天然气工业. 2013，33(12)：66-70.

[30] Bumb A C, Mckee C R. Gas-well testing in the presence of desorption for coalbed methane and devonian shale[J]. Spe Formation Evaluation, 1988, 3(01): 179-185.

[31] 杜殿发，付金刚，周志海，等. 页岩气藏采收率计算方法探讨[J]. 特种油气藏，2015，22(05)：74-77+154.

[32] 朱苏阳，李传亮，杜志敏，等. 一种煤层气采收率分析新方法[J]. 油气地质与采收率，2016，23(06)：99-104.

页岩气井合理配产方法

气井配产常用方法主要有矿场生产统计法、不稳定产量分析法、采气指示曲线法及经验配产法。气井产能、流体性质、生产系统、采气工程、气藏开发方式和社会效益、经济效益等因素都会影响气井的合理配产。本章主要从合理生产方式、合理采气速度、气藏稳产期、气藏配产限制条件等方面确定页岩气井合理配产的基本原则，采用采气指示曲线法、不稳定产量分析法、基于不稳定线性流理论的稳产年限法确定涪陵页岩气井的合理配产。

7.1 页岩气井合理配产基本原则

页岩气井合理配产是指页岩气井具有一定携液能力，能够合理利用地层能量，同时具有一定稳产期的生产产量。

7.1.1 室内实验确定合理生产方式

利用应力敏感实验和长岩心衰竭开发实验可以确定页岩气藏的合理生产方式。

1）页岩储层应力敏感评价

变孔压实验方法（图 7-1-1）是在实验中先将流体压力和围压同步增加到地层的实际压力值，然后保持围压和岩心两端驱替压差不变，同步降低岩心两端流动压力至废弃压力值，同步升高岩心两端流动压力至原始地层压力值，测试储层参数随有效应力的变化情况。该实验方法在设备出口端增加了回压装置，是通过改变流体压力来模拟净上覆压力变化和基质膨胀对渗透率的影响，这种实验方法可较好地模拟气藏开发过程中流体压力从原始地层压力降到废弃压力再恢复至原始地层压力阶段储层的应力敏感情况。

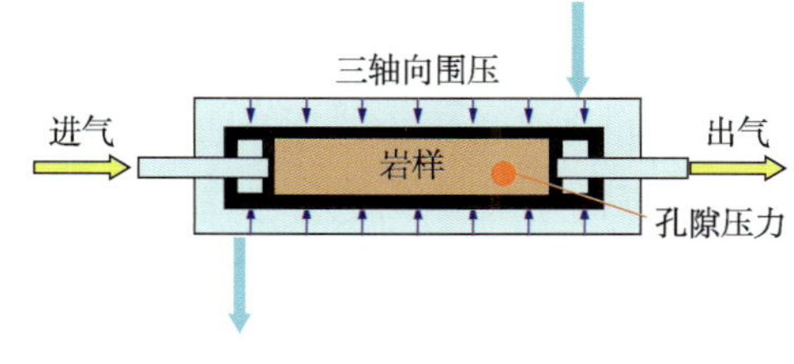

图 7-1-1　变孔压实验示意图

实验结果表明（表 7-1-1、图 7-1-2），有效应力增加的初期，渗透率降低幅度较大，后期渗透率降低缓慢，而当有效应力降到初始值时，渗透率损失很大。造缝岩心 A-26 号（$K=13.89\times10^{-3}\mu m^2$），在孔压降低过程中渗透率损失 36.17%，升高孔压后，渗透率恢复到初始渗透率的 75.41%，不可逆渗透率损失约 24.59%。天然裂缝岩心 B-11 号（$K=0.651\times10^{-3}\mu m^2$），在孔压降低过程中渗透率损失 77.09%，升高孔压后，渗透率恢复到初始渗透率的 27.90%，不可逆渗透率损失约 72.10%。上述结果表明，有效应力变化过程中，渗透率的损失具有不可逆性。

表 7-1-1 变孔压实验岩心渗透率变化及应力敏感程度

样品号	井号	初始渗透率/$10^{-3}\mu m^2$	损害率/%	应力敏感程度	备注
A-26	7A	0.000112	28.86	弱	平行层理钻取，灰黑色含灰质页岩
A-26(造缝)	7A	1.06	36.17	中等偏弱	平行层理钻取，灰黑色含灰质页岩
B-11	7B	0.378	77.09	强	平行层理钻取，灰黑色碳质页岩

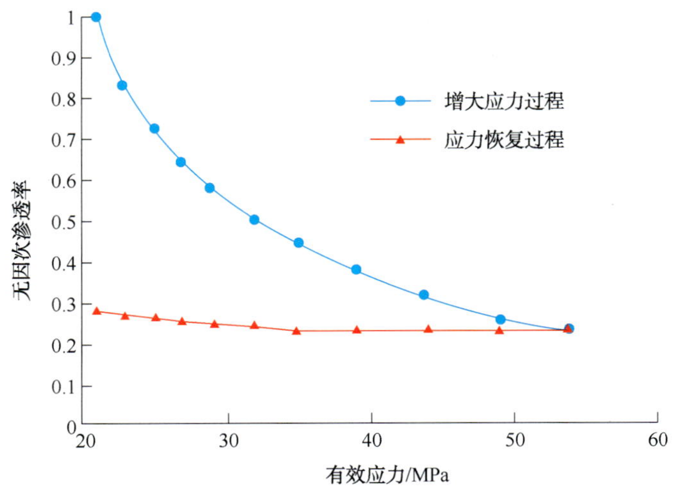

图 7-1-2 岩心降孔压和升孔压情况下无因次渗透率与有效应力关系曲线

2）长岩心衰竭开发渗流实验

利用 7B 井 17 块岩心(表 7-1-2)开展页岩气衰竭开发的阶段渗流特征研究。

实验条件：室温，围压为 8MPa，岩心长 1m，入口压力为 6.5MPa。

实验步骤：按渗透率从高到低排列，装入 1m 长岩心管，有 3 个测试压力孔分布。模型 1 是从低向高渗流，模型 2 是反向流动，即从高至低流动(图 7-1-3、表 7-1-3)。

表 7-1-2 7B 井 17 块岩心参数

序号	样号	长度/cm	直径/cm	渗透率/$10^{-3}\mu m^2$	长度/渗透率	平均渗透率/$10^{-3}\mu m^2$
1	28	5.99	2.53	3.50	1.710	1.159
2	3	6.06	2.53	1.99	3.038	
3	34	6.25	2.53	1.94	3.219	
4	54	6.22	2.53	1.75	3.562	
5	42	6.23	2.53	1.41	4.427	
6	41	3.51	2.53	1.02	3.455	
7	15	6.00	2.53	0.977	6.144	
8	2	6.54	2.53	0.940	6.954	
9	14	5.91	2.53	0.897	6.586	
10	11	6.46	2.53	0.809	7.988	
11	12	7.14	2.53	0.643	11.109	

续表

序号	样号	长度/cm	直径/cm	渗透率/$10^{-3}\mu m^2$	长度/渗透率	平均渗透率/$10^{-3}\mu m^2$
12	30	5.19	2.53	0.596	8.710	1.159
13	16	6.47	2.53	0.400	16.171	
14	9	6.16	2.53	0.399	15.458	
15	24	6.17	2.53	0.380	16.258	
16	40	2.70	2.53	0.319	8.464	
17	48	3.28	2.53	0.192	17.069	
合计		96.28			83.075	

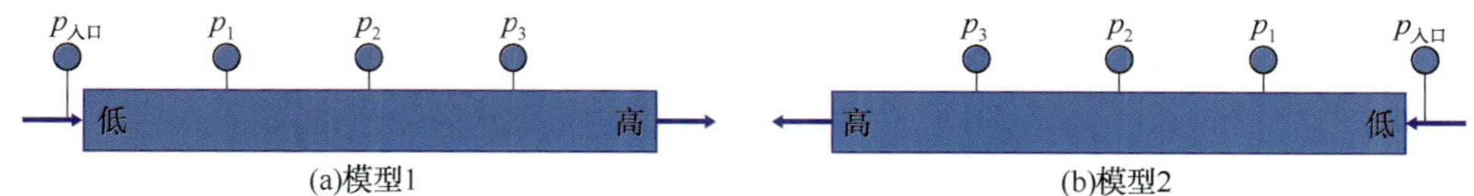

图 7-1-3 长岩心模型测压孔分布图

表 7-1-3 长岩心压力测试结果

模型	渗透率/$10^{-3}\mu m^2$	$p_{入口}$/MPa	p_1/MPa	p_2/MPa	p_3/MPa	前端压力梯度/(MPa/m)	出口压力梯度/(MPa/m)	平均压力梯度/(MPa/m)
模型 1	0.0664	5.61	4.42	3.95	3.54	2.76	16.31	5.83
模型 2	0.0965	5.65	5.42	5.22	4.80	1.19	19.20	5.87

实验结果：①相同条件下模型 1 渗透率低($0.0664\times10^{-3}\mu m^2$)，模型 2 渗透率高($0.0965\times10^{-3}\mu m^2$)；②出口端压力梯度大于 16MPa/m，末端效应强，分析为细喉较多所致，高速渗流不能忽略；③在不同围压下渗透率变化较大，导致整体模型渗透率不一样。

使用长岩心模型在定容、定压条件下进行衰竭开发实验，模型初始压力为 5.6MPa，围压为 8MPa。定压条件下衰竭开发时(图 7-1-4)，方案 1 渗透率较低，各测压点压力下降平稳，最终压力一致，达到 2.24MPa，导致更多气体堵塞封闭在岩心内部；方案 2 渗透率较高，各测压点压力下降幅度大，入口压力较高，其他测压点压力相近且较低，最终压力下降到 1.72MPa，没有完全降到 0MPa。定容条件下衰竭开发时(图 7-1-5)，方案 4 渗透率较低，各测压点压力下降平稳，最终压力一致，达到 3.62MPa，同样导致更多气体堵塞封闭在岩心内部；方案 3 渗透率较高，各测压点压力下降幅度大，入口端压力高且下降缓慢，其他测压点压力相近且较低，最终压力相对较低，下降到 1.80MPa，没有完全降到 0MPa。

从累计产气量来看，低渗透岩心模型累计产气量低，相对高的渗透率模型累计产气量高，且二者差异较大。分析认为，主要原因是渗透率低时启动压力梯度高，并且低渗透岩心处于出口位置，压力不能下降，将更多的气体堵塞封闭在岩心内部，因而导致产出的气量较少。

根据两组实验结果，涪陵页岩气田焦石坝区块适宜采用定产生产方式。

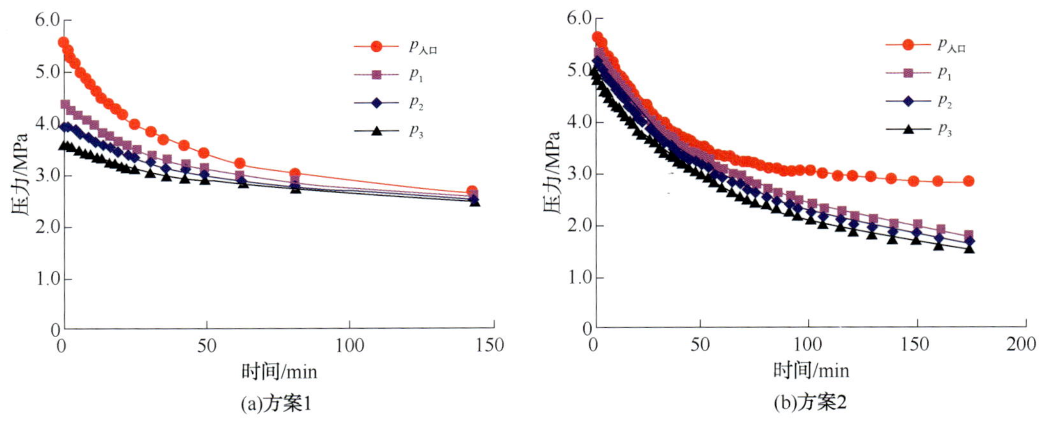

(a)方案1　　(b)方案2

图 7-1-4　定压条件下衰竭开发不同时间下压力分布

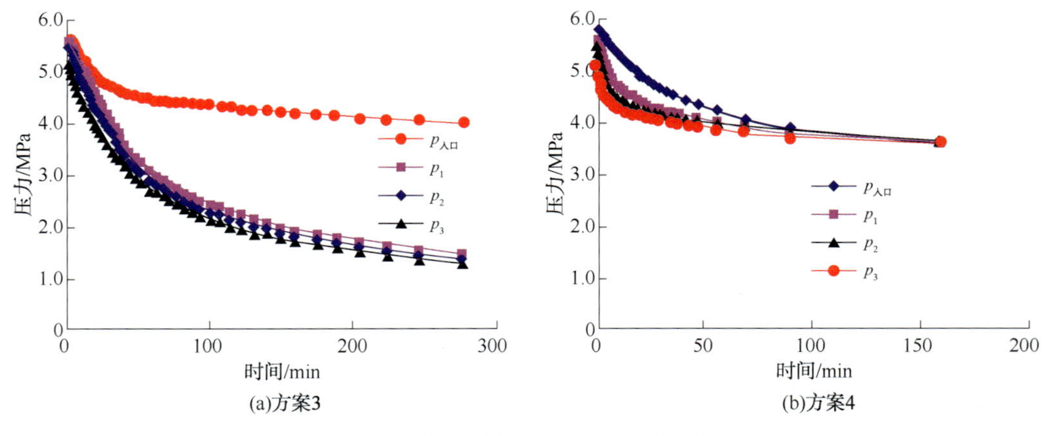

(a)方案3　　(b)方案4

图 7-1-5　定容条件下衰竭开发不同时间下压力分布

同时通过调研国外近几年页岩气开发实例可知，初期采用小油嘴控制生产的累计产气量往往高于初期采用大油嘴生产的累计产气量。

根据室内实验和国外开发经验，并综合考虑稳定供气、现场管理方便的原则，最终认为该区适宜采用定产生产方式。

7.1.2　气藏合理采气速度

采气速度可以反映气藏的开发规模，直接影响气藏的稳产年限、生产井数、投资规模等。一般而言，气藏开发时的采气速度是基于气藏地质条件及用户需求确定的，同时应满足国家相关政策规定。因此，采气速度的论证是一个比较复杂、综合性强的问题。

根据不同类型气藏采气速度统计结果(表 7-1-4)，结合焦石坝区块龙马溪组页岩气储层物性特中征，认为该气藏采气速度应该在 2%以下；综合考虑页岩气水平井大型压裂工艺，建议初期产量较高，初期采气速度控制在 2%～4%。根据采气速度与日产气量关系(图 7-1-6)，对应的日产气量为 4×10^4～$8\times10^4m^3$。

表 7-1-4 不同类型气藏采气速度统计结果

气藏类型		采气速度/%	稳产年限/a	稳产期末采出程度/%	采收率/%
气驱气藏		2~7	8~15	35~65	70~90
水驱气藏		2.5~4	5~10	20~50	30~70
低渗、致密气藏	一般低渗气藏($K=1\times10^{-3}\sim10\times10^{-3}\mu m^2$)	2~4	5~10	30~50	50~70
	特低渗气藏($K=0.1\times10^{-3}\sim1\times10^{-3}\mu m^2$)	<2			30~40
	致密气藏($K<0.1\times10^{-3}\mu m^2$)				

如果气井产量过高，高速气流将会冲刷压裂裂缝，造成压裂裂缝中支撑剂流动，并随气体流入井筒，这一方面会造成支撑剂的流失，使裂缝闭合，降低地层渗流能力；另一方面，支撑剂进入井筒会造成井筒堵塞，冲蚀生产管柱，从而降低气井产量，缩短气井生命周期。因此，合理的产量应低于气井携砂流量。

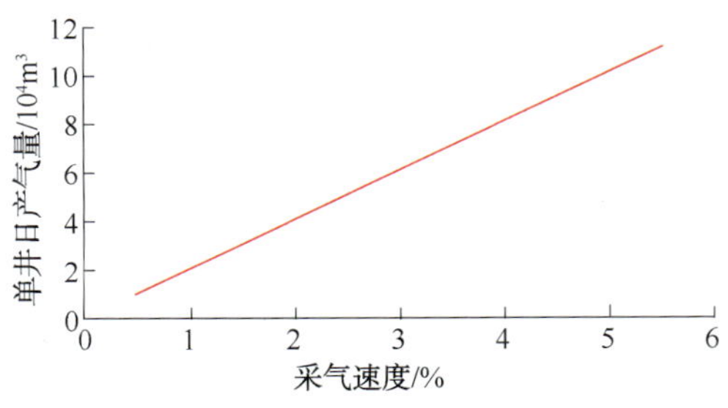

图 7-1-6 采气速度与日产气量关系

7.1.3 气藏稳产期建议

连续平稳供气是天然气生产的基本要求。气井在生产过程中，随着地层压力的下降，产量最终不可避免要下降，产量下降的速度主要与储量和配产的大小有关，确定合理的配产可以使气井的产量不会过快下降，能保持阶段性相对稳产。从而既能满足平稳供气的要求，也能为新井产能接替争取时间。

选用水平段为 1500m 的页岩气井，采用先定产后定压的生产方式，应用数值模拟软件模拟不同初期日产气量变化(图 7-1-7、表 7-1-5)。通过数值模拟预测 1500m 水平段页岩气井的初期单井配产约为 $6\times10^4m^3/d$，可稳产 2.7 年。因此，合理的配产应满足 2.5~3 年稳产期的要求。

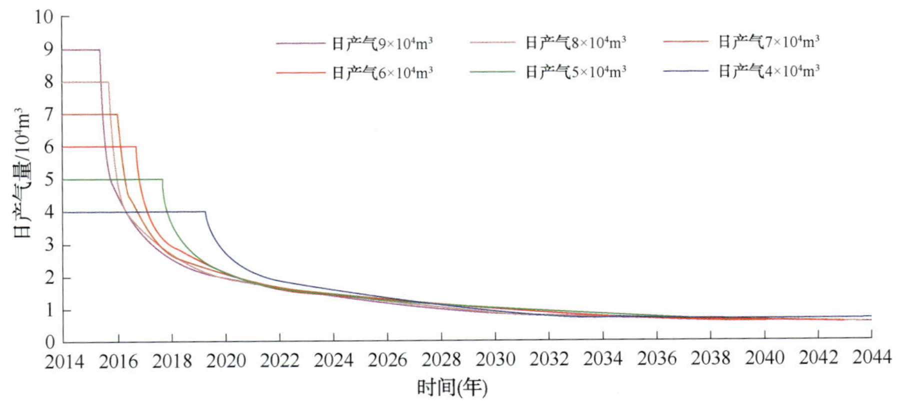

图 7-1-7 1500m 水平段井数值模拟不同初期日产气量变化曲线

表 7-1-5 不同初期日产量稳产时间

初期日产气量/10^4m^3	稳产时间/a	稳产期累计产量/10^4m^3	初期日产气量/10^4m^3	稳产时间/a	稳产期累计产量/10^4m^3
9	1.4	4491	6	2.7	5928
8	1.7	4864	5	3.7	6710
7	2.1	5334	4	5.3	7788

7.1.4 气藏配产限制条件

配产上限：在气田开发过程中，要求气井在某一产量下具有一定的稳产期，因此，在生产过程中，应尽量延缓因压降漏斗过深而导致的裂缝闭合以及应力敏感现象；同时，尽量避免气井出砂和冲蚀现象，配产应低于携砂流量和冲蚀流量。

配产下限：为保证气井井底不积液，能正常生产，应在气田开发过程中最大化合理利用地层能量；同时，气田开发应具有一定的经济效益，配产需高于经济极限产量；因此，气井合理配产的下限必须高于临界携液流量(图 7-1-8)和经济极限产量。

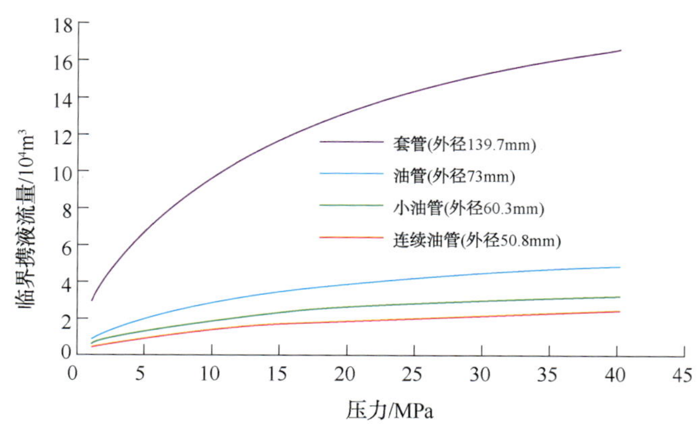

图 7-1-8 不同尺寸生产管柱临界携液流量

7.2 页岩气井合理配产方法

页岩气井的合理配产方法有 3 种：采气指示曲线法、基于不稳定线性流理论的稳产年限法、不稳定产量分析法。本节主要阐述采气指示曲线法和基于不稳定线性流理论的稳产年限法。

7.2.1 采气指示曲线法

通过采气指示曲线法获得气井初期合理产能，首先应在产能试井资料的基础上，求取产能方程，在直角坐标系上绘制采气指示曲线(纵坐标为生产压差，横坐标为日产气量)，选取曲线段开始上翘时的产量作为合理配产值。

以采用采气指示曲线法标定合理配产的7C井、7D井为例进行分析。该井于2014年6月4日开展产能试井，试井时累计产气$1284\times10^4m^3$。产能试井解释地层压力为33.06MPa，二项式方程中A值为3.171，B值为0.3376，通过二项式方程计算得无阻流量为$52.4\times10^4m^3/d$（表7-2-1）。采气指示曲线法确定合理产量为$12\times10^4m^3/d$（图7-2-1）。

表7-2-1　7C井产能试井二项式计算结果

测试时间	测试产量/($10^4m^3/d$)	稳定压力/MPa	Q_g	$(p_e^2-p_{wf}^2)/Q_g$	A	B	无阻流量/($10^4m^3/d$)
		33.06			3.171	0.3376	52.4
2014年5月25日	6.1	32.57	6.1	5.27			
2014年5月29日	11.2	31.86	11.2	6.95			
2014年5月31日	15.4	31.08	15.4	8.24			
2014年6月4日	20.5	29.74	20.5	10.17			

7D井于2015年9月28日开展产能试井，试井时累计产气$1694.6\times10^4m^3$。产能试井解释地层压力为31.3MPa，二项式方程中A值为15.33，B值为0.1024，通过二项式方程计算得无阻流量为$48.3\times10^4m^3/d$（表7-2-2）。采气指示曲线法确定合理产量为$11\times10^4m^3/d$（图7-2-2）。

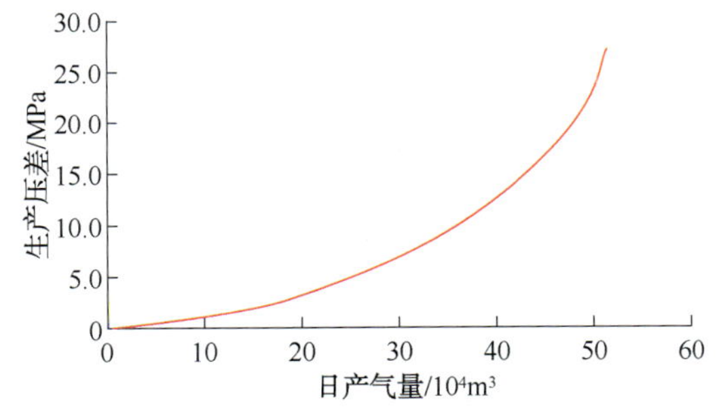

图7-2-1　7C井采气指示曲线

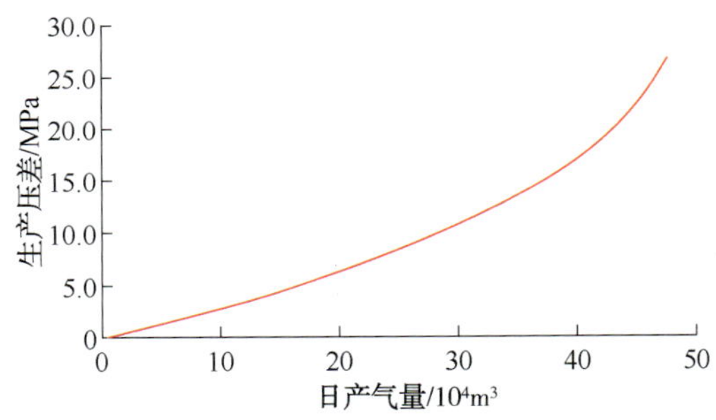

图7-2-2　D井采气指示曲线

表7-2-2　7D井产能试井二项式计算结果

测试时间	测试产量/($10^4m^3/d$)	稳定压力/MPa	Q_g	$(p_e^2-p_{wf}^2)/Q_g$	A	B	无阻流量/($10^4m^3/d$)
		31.3			15.33	0.1023	48.3
2015年9月28日	6.26	29.66	6.26	15.97			
2015年10月9日	11.51	28.05	11.5	16.75			
2015年10月15日	15.88	26.79	15.9	16.49			
2015年10月22日	21.08	24.63	21.1	17.69			

运用已经完成产能试井的31口页岩气井资料，借鉴常规气藏无阻流量经验配产系数，可以利用采气指示曲线法确定不同无阻流量区间的合理配产系数（表7-2-3）。

表 7-2-3 不同无阻流量区间合理配产系数表

无阻流量/($10^4m^3/d$)	合理配产系数	配产值/($10^4m^3/d$)	无阻流量/($10^4m^3/d$)	合理配产系数	配产值/($10^4m^3/d$)
<10	1/2	<5	50~80	1/5~1/6	10~12
10~20	1/2~1/3	5~6	80~120	1/7~1/8	12~15
20~30	1/3~1/4	6~8	>120	1/8	>15
30~50	1/4~1/5	8~10			

7.2.2 基于不稳定线性流理论的稳产年限法

基于不稳定线性流理论的稳产年限法以气田开发方案设计的稳产期为目标，利用页岩气井产能评价图版求取已投产井的产能系数，以一期产建方案设计稳产 2.5~3 年为目标，根据不稳定线性流渗流方程计算单井配产值。

7.2.3 采气指示曲线法与基于不稳定线性流理论的稳产年限法对比分析

1）采气指示曲线法与基于不稳定线性流理论的稳产年限法标定结果一致的情况

以 7E 井为例，无阻流量为 $67.5\times10^4m^3/d$，初期配产 $8\times10^4m^3/d$ 定产生产，目前生产压力高于外输压力，累计产气 $7790\times10^4m^3$，预测该井稳产期为 4.7 年。该井采用采气指示曲线法配产 $10.8\times10^4m^3/d$，采用基于不稳定线性流理论的稳产年限法(3 年)配产 $10.2\times10^4m^3/d$，结果几乎一致。

2）采气指示曲线法较基于不稳定线性流理论的稳产年限法标定结果偏低的情况

以 7F 井为例，无阻流量为 $16.7\times10^4m^3/d$，初期配产 $6\times10^4m^3/d$ 定产生产，目前生产压力已达外输压力，以间开生产制度生产。该井定产降压阶段生产 1302 天(3.6 年)，累计产气 $8173\times10^4m^3$。采气指示曲线法配产 $6\times10^4m^3/d$，基于不稳定线性流理论的稳产年限法(3 年)配产 $6.9\times10^4m^3/d$。实际生产动态说明，7F 井若按采气指示曲线法配产，稳产期将高于方案设计稳产年限，故配产偏低。

3）采气指示曲线法较基于不稳定线性流理论的稳产年限法标定结果偏高的情况

以 7G 井为例，无阻流量为 $83.1\times10^4m^3/d$，初期配产 $6\times10^4m^3/d$ 定产生产，目前生产压力高于外输压力。该井已累计生产 1140 天(3.1 年)，累计产气 $6821\times10^4m^3$。预测该井稳产期为 3.3 年。采气指示曲线法配产 $10.8\times10^4m^3/d$，基于不稳定线性流理论的稳产年限法(3 年)配产 $6.3\times10^4m^3/d$。根据不稳定线性流法反算，该井若按采气指示曲线法配产，计算稳产期约为 1 年，低于方案设计，故配产偏高。

统计结果分析表明，基于不稳定线性流理论的稳产年限法与生产动态吻合程度更高，配产更合理，采气指示曲线法存在配产过高或过低的风险。

7.3 页岩气井分阶段配产技术

采用分阶段配产方法时，以稳产期为目标，建立测试产量-基于不稳定线性流理论的稳产年限法合理产量关系图版，试采前可以通过该图版初步确定配产。

利用涪陵页岩气田 179 口井稳产 3 年气井配产与 12mm 测试产量和无阻流量建立关系图版(图 7-3-1、图 7-3-2)，统计结果表明，稳产 3 年气井配产与 12mm 测试产量、无阻流量均具有正相关关系，且与 12mm 测试产量相关性较好($R^2=0.71$)。

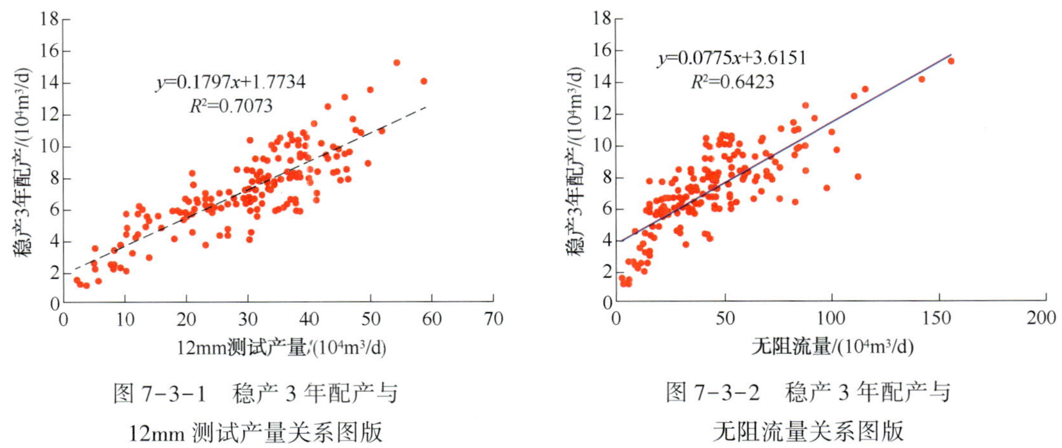

图 7-3-1　稳产 3 年配产与 12mm 测试产量关系图版

图 7-3-2　稳产 3 年配产与无阻流量关系图版

试采前，通过上述配产关系图版配产。由于试气产量受返排液量影响较大，在试采 3~6 个月通过实际生产数据获得可靠产能系数后，可按照不稳定线性流方程验证或修正配产。

参　考　文　献

[1] 潘仁芳，陈亮，刘朋丞. 页岩气资源量分类评价方法探讨[J]. 石油天然气学报，2011，33(05)：172-174.

[2] Hill D G，Nelson C R. Gas productive fractured shales：an overview andupdate[J]. Gas Tips. 2000，6(3)：4-13.

[3] Ross D J K，Bustin R M. The importance of shale composition and pore structure upon gas storage potential of shale gasreservoirs[J]. Marine and Petroleum Geology，2009，26：916-927.

[4] 段永刚，李建秋. 页岩气无限导流压裂井压力动态分析[J]. 天然气工业，2010，30(10)：26-29.

[5] 于荣泽，张晓伟，卞亚南，等. 页岩气藏流动机理与产能影响因素分析[J]. 天然气工业，2012，32(9)：10-15.

[6] 蒋廷学，单文文，杨艳丽. 垂直裂缝井稳态产能的计算[J]. 石油勘探与开发，2001，28(2)：61-63.

[7] 汪永利，蒋廷学，曾斌. 气井压裂后稳态产能的计算[J]. 石油学报，2003，24(4)：65-68.

[8] 谢维扬，李晓平. 水力压裂缝导流的页岩气藏水平井稳产能力研究[J]. 天然气地球科学，2012，23(2)：387-392.

[9] 王坤，张烈辉，陈飞飞. 页岩气藏中两条互相垂直裂缝井产能分析[J]. 特种油气藏，2012，19(4)：130-134.

[10] 袁淋，李晓平，程子洋，等. 页岩气藏压裂水平井产能及影响因素分析[J]. 天然气与石油，2014，32(2)：57-61.

[11] Deng J，Zhu W，Ma Q. A new seepage model for shale gas reservoir and productivity analysis of fracturedwell[J]. Fuel，2014，124：232-240.

[12] 郭晶晶. 基于多重运移机制的页岩气渗流机理及试井分析理论研究[D]. 成都：西南石油大学，2013.

[13] 赵玉龙. 基于复杂渗流机理的页岩气藏压裂井多尺度不稳定渗流理论研究[D]. 成都：西南石油大学，2015.

[14] Zhao Y L, Zhang L H, Liu Y, et al. Transient pressure analysis of fractured well in bi-zonal gasreservoirs [J]. Journal of Hydrology, 2015, 524: 89-99.

[15] 任飞，王新海，谢玉银，等. 考虑滑脱效应的页岩气井底压力特征[J]. 石油天然气学报，2013(3)：124-126.

[16] 尹虎. 页岩气藏试井解释方法研究[D]. 武汉：长江大学，2013.

[17] Freeman C M, Moridis G, Ilk D, et al. A numerical study of performance for tight gas and shale gas reservoir systems[J]. Journal of Petroleum Science and Engineering, 2013, 108: 22-39.

[18] Clarkson C R, Nobakht M, Kaviani D, et al. Production analysis of tight-gas and shale-gas reservoirs using the dynamic-slippageconcept[J]. Spe Journal, 2012, 17(1): 230-242.

[19] Sun H, Chawathe A, Hoteit H, et al. Understanding shale gas flow behavior using numericalsimulation[J]. SPE Journal, 2015(01): 208-219.

[20] 姚军，孙海，樊冬艳，等. 页岩气藏运移机制及数值模拟[J]. 中国石油大学学报(自然科学版)，2013，37(1)：91-98.

[21] 张平平. 页岩气藏压裂数值模拟研究[D]. 大庆：东北石油大学，2013.

[22] 李道伦，徐春元，卢德唐，等. 多段压裂水平井的网格划分方法及其页岩气流动特征研究[J]. 油气井测试，2013(1)：13-16.

[23] 张小涛，吴建发，冯曦，等. 页岩气藏水平井分段压裂渗流特征数值模拟[J]. 天然气工业，2013，33(3)：47-52.

[24] 陆程，刘雄，程敏华，等. 页岩气藏开发中水力压裂水平井敏感参数分析[J]. 特种油气藏，2013，20(5)：114-117.

[25] 陈元千. 确定气井绝对无阻流量的简单方法[J]. 天然气工业，1987，7(1)：59-63+6.

[26] 李继庆，黄灿，曾勇，等. 一种判别页岩气流动状态的新方法[J]. 特种油气藏，2016，23(1)：100-103+156.

[27] 徐兵祥，李相方，张磊，等. 页岩气产量数据分析方法及产能预测[J]. 中国石油大学学报(自然科学版)，2013，37(3)：119-125.

[28] 段永刚，李建秋. 页岩气无限导流压裂井压力动态分析[J]. 天然气工业，2010，30(3)：26-29.

[29] 段永刚，魏明强，李建秋，等. 页岩气藏渗流机理及压裂井产能评价田[J]. 重庆大学学报，2011，34(4)：63-66.

[30] 李建秋，曹建红，段永刚，等. 页岩气井渗流机理及产能递减分析[J]. 天然气勘探与开发，2011，34(2)33-37.

[31] 高树生，于兴河，刘华勋. 滑脱效应对页岩气井产能影响的分析[J]. 天然气工业，2011，31(4)：55-58.

[32] 王坤，张烈辉，陈飞飞，等. 页岩气藏中两条互相垂直裂缝井产能分析[J]. 特种油气藏，2012，19(4)：130-133.

[33] 谢维杨，李晓平. 水力压裂缝导流的页岩气藏水平井稳产能力研究田[J]. 天然气地球科学，2012，4(23)：387-392.

[34] 任俊杰，郭平，王德龙，等. 页岩气藏压裂水平井产能模型及影响因素田[J]. 东北石油大学学报，2012，36(6)：76-81.

[35] Carlson E S, James C Mercer. Devonian shale gas production Mechanisms and simple models[R]. SPE.

134830-MS, 2009.

[36] 李牧，张丽媛，徐智勇，等. 某页岩气田增压气井优化配产方法研究[J]. 江汉石油科技，2019，29(03)：29-34.

[37] 彭朝阳，李井亮，韩永胜，等. 页岩气井压力递减分析新方法[J]. 天然气勘探与开发，2020，43(02)：104-109.

[38] 邓佳琪. 一种确定页岩气井合理配产的方法[J]. 江汉石油职工大学学报，2018，31(05)：48-51.

[39] 张莉娜，刘欣，张耀祖. 平桥区块页岩气藏合理配产及关井恢复研究[J]. 油气藏评价与开发，2018，8(04)：73-76.

[40] 米瑛，王振兴. 四川盆地某页岩气田气井合理配产方法探讨[J]. 天然气勘探与开发，2017，40(03)：78-83.

[41] 杨波，罗迪，张鑫，等. 异常高压页岩气藏应力敏感及其合理配产研究[J]. 西南石油大学学报(自然科学版)，2016，38(02)：115-121.

[42] 谭枭麒. 长宁-威远页岩气井合理生产参数及产能影响因素研究[D]. 成都：西南石油大学，2015.

[43] 沈金才. 涪陵某区块页岩气井动态合理配产技术[J]. 石油钻探技术，2018，46(01)：103-109.

[44] 姜昊坤. 涪陵页岩气产能变化规律及合理配产研究[J]. 江汉石油职工大学学报，2018，31(01)：21-22+37.

[45] Hong B, Li X, Song S, et al. Optimal planning and modular infrastructure dynamic allocation for shale gas production[J]. Applied Energy, 2020, 261: 114439.

页岩气藏数值模拟方法

页岩气以游离气和吸附气状态赋存于微-纳米级孔隙及裂缝中，开发过程中存在吸附、滑脱、扩散等物理、化学现象，常规测试手段不能正确揭示其内在规律，传统渗流理论和缝网压裂理论难以预测开发动态和指导页岩气藏开发实践。气藏数值模拟在理论上可以用于探索多孔介质中各种复杂渗流问题的规律，在工程上可以作为开发方案设计、动态监测、开发调整、反求参数、提高采收率的有效手段，能为气田开发中各种技术政策的制定提供理论依据。本章主要建立页岩气输运的数学模型和页岩气输运的数值模型，并分析了页岩气藏开发设计实例。

8.1 页岩气输运的数学模型

8.1.1 模型的基本假设

页岩气储层气水两相渗流模型的基本假设为：

（1）气藏处于恒温状态，流体在流动过程中处于热动力学平衡状态。

（2）页岩储层为可压缩、各向异性的储层。

（3）页岩储层中存在气（游离气、吸附气）、水两相，且互不相溶。

（4）在页岩的纳米孔隙中，气体流动主要包括气体从孔隙表面解吸、压力差作用产生的黏性流动、孔隙壁上产生的滑脱流及气体分子与孔隙壁碰撞产生的克努森扩散。其中，气体的吸附解吸现象可以用兰格缪尔等温吸附理论来描述。

（5）页岩中的游离气满足真实气体状态方程，且地层水为微可压缩流体。

（6）在裂缝中，气、水两相的流动遵循达西定律，考虑重力和毛管压力的影响。

8.1.2 质量守恒方程

1）气相方程

为了推导出三维情况下流体在渗流过程中的质量守恒方程，可以在整个渗流场中取一个微小体积单元来进行具体分析。所取的微小体积单元为一个六面体，单元体的长为 Δx，宽为 Δy，高为 Δz（图 8-1-1）。

流体在 x、y、z 这 3 个方向上的流速分别是 v_x、v_y、v_z，流体密度分别为 ρ_x、ρ_y、ρ_z。首先研究 x 方向，在 Δt 时间内由左侧面流入单元体的流体质量为：

$$m_x = (\rho_g v_x)\big|_x \cdot \Delta y \Delta z \Delta t \tag{8-1-1}$$

在 Δt 时间内由右侧面流出的流体质量为：

$$m_{x+\Delta x} = (\rho_g v_x)\big|_{x+\Delta x} \cdot \Delta y \Delta z \Delta t \tag{8-1-2}$$

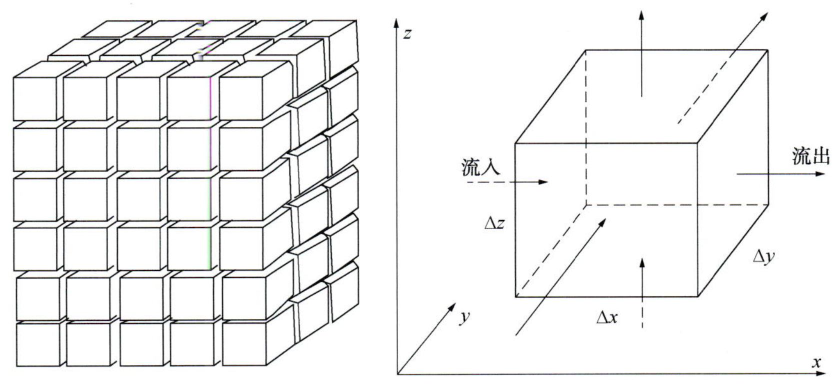

图 8-1-1　单元体示意图

因此，在 x 方向上，Δt 时间内流入和流出单元体的质量差为：

$$\Delta m_x = -\left[(\rho_g v_x)\big|_{x+\Delta x} - (\rho_g v_x)\big|_x\right]\cdot \Delta y \Delta z \Delta t \tag{8-1-3}$$

同理，可求得在 y 方向和 z 方向上，Δt 时间内流入和流出单元体的质量差：

$$\Delta m_y = -\left[(\rho_g v_y)\big|_{y+\Delta y} - (\rho_g v_y)\big|_y\right]\cdot \Delta x \Delta z \Delta t \tag{8-1-4}$$

$$\Delta m_z = -\left[(\rho_g v_z)\big|_{z+\Delta z} - (\rho_g v_z)\big|_z\right]\cdot \Delta x \Delta y \Delta t \tag{8-1-5}$$

由于流体和多孔介质是可压缩的，那么 Δt 内单元体中的气体质量的变化应可以通过单元体内孔隙体积和流体密度的变化求得。因此，在 Δt 内，考虑气体吸附解吸作用，流体在单元体中的累计质量增量为：

$$\Delta m = \left[\left(\rho_g \phi S_g + \rho_{gsc}\rho_{bi}\frac{V_l p_g}{p_l + p_g}\right)\bigg|_{t+\Delta t} - \left(\rho_g \phi S_g + \rho_{gsc}\rho_{bi}\frac{V_l p_g}{p_l + p_g}\right)\bigg|_t\right]\cdot \Delta x \Delta y \Delta z \tag{8-1-6}$$

其中，吸附气可以用兰格缪尔等温吸附方程来表示：

$$V_a = \frac{V_l p_g}{p_l + p_g} \tag{8-1-7}$$

根据质量守恒原理，在 Δt 内，单元体内的累计质量增量应等于 Δt 内在 x、y、z 方向上流入、流出单元体的质量差之和，即：

$$\begin{aligned}&-\left[(\rho_g v_x)\big|_{x+\Delta x} - (\rho_g v_x)\big|_x\right]\cdot \Delta y \Delta z \Delta t - \left[(\rho_g v_y)\big|_{y+\Delta y} - (\rho_g v_y)\big|_y\right]\cdot \Delta x \Delta z \Delta t - \\ &\left[(\rho_g v_z)\big|_{z+\Delta z} - (\rho_g v_z)\big|_z\right]\cdot \Delta x \Delta y \Delta t \\ &= \left[\left(\rho_g \phi S_g + \rho_{gsc}\rho_{bi}\frac{V_l p_g}{p_l + p_g}\right)\bigg|_{t+\Delta t} - \left(\rho_g \phi S_g + \rho_{gsc}\rho_{bi}\frac{V_l p_g}{p_l + p_g}\right)\bigg|_t\right]\cdot \Delta x \Delta y \Delta z\end{aligned} \tag{8-1-8}$$

上式等号两边同除 $\Delta x \Delta y \Delta z \Delta t$，得：

$$\begin{aligned}&-\frac{1}{\Delta x}\left[(\rho_g v_x)\big|_{x+\Delta x} - (\rho_g v_x)\big|_x\right] - \frac{1}{\Delta y}\left[(\rho_g v_y)\big|_{y+\Delta y} - (\rho_g v_y)\big|_y\right] - \\ &\frac{1}{\Delta z}\left[(\rho_g v_z)\big|_{z+\Delta z} - (\rho_g v_z)\big|_z\right] \\ &= \frac{1}{\Delta t}\left[\left(\rho_g \phi S_g + \rho_{gsc}\rho_{bi}\frac{V_l p_g}{p_l + p_g}\right)\bigg|_{t+\Delta t} - \left(\rho_g \phi S_g + \rho_{gsc}\rho_{bi}\frac{V_l p_g}{p_l + p_g}\right)\bigg|_t\right]\end{aligned} \tag{8-1-9}$$

对式(8-1-9)取极限，可得流体渗流的微分方程：

$$-\frac{\partial}{\partial x}(\rho_g v_x)-\frac{\partial}{\partial y}(\rho_g v_y)-\frac{\partial}{\partial z}(\rho_g v_z)=\frac{\partial}{\partial t}\left(\rho_g \phi S_g+\rho_{gsc}\rho_{bi}\frac{V_l p_g}{p_l+p_g}\right) \tag{8-1-10}$$

单相流体一维渗流时的达西定律可以表示为：

$$v=\frac{Q}{A}=-\frac{K}{\mu}\frac{\partial p}{\partial x} \tag{8-1-11}$$

在三维空间中，可以把上述微分形式的达西定律加以推广，此时，渗流速度(v)是一个空间向量。考虑重力的影响，则三维流动的达西定律方程为：

$$v=-\frac{K}{\mu}(\nabla p-\rho g\ \nabla D) \tag{8-1-12}$$

式中，∇为 Hamilton 算子；D 为由某一基准面算起的垂直方向深度，m。

三维流动时，渗流速度在 x、y、z 方向上的分量分别为：

$$v_x=-\frac{K_x}{\mu}\left(\frac{\partial p}{\partial x}-\rho g\ \frac{\partial D}{\partial x}\right) \tag{8-1-13}$$

$$v_y=-\frac{K_y}{\mu}\left(\frac{\partial p}{\partial y}-\rho g\ \frac{\partial D}{\partial y}\right) \tag{8-1-14}$$

$$v_z=-\frac{K_z}{\mu}\left(\frac{\partial p}{\partial z}-\rho g\ \frac{\partial D}{\partial z}\right) \tag{8-1-15}$$

将考虑重力作用的运动方程代入式(8-1-10)，可得：

$$\frac{\partial}{\partial x}\left[\rho_g\frac{K_x K_{rg}}{\mu_g}\left(\frac{\partial p_g}{\partial x}-\rho_g g\frac{\partial D}{\partial x}\right)\right]+\frac{\partial}{\partial y}\left[\rho_g\frac{K_y K_{rg}}{\mu_g}\left(\frac{\partial p_g}{\partial y}-\rho_g g\frac{\partial D}{\partial y}\right)\right]+\frac{\partial}{\partial z}\left[\rho_g\frac{K_z K_{rg}}{\mu_g}\left(\frac{\partial p_g}{\partial z}-\rho_g g\frac{\partial D}{\partial z}\right)\right]$$
$$=\frac{\partial}{\partial t}\left(\rho_g \phi S_g+\rho_{gsc}\rho_{bi}\frac{V_l p_g}{p_l+p_g}\right) \tag{8-1-16}$$

将式(8-1-16)写为微分算子的形式，即：

$$\nabla\cdot\left[\frac{\rho_g K K_{rg}}{\mu_g}(\nabla p_g-\rho_g g\ \nabla D)\right]=\frac{\partial}{\partial t}\left(\rho_g \phi S_g+\rho_{gsc}\rho_{bi}\frac{V_l p_g}{p_l+p_g}\right) \tag{8-1-17}$$

结合 Beskok-Karniadakis 模型，渗透率的表达式可以写为：

$$K=K_0\xi=K_0\left(1+\alpha\frac{3\pi\mu\phi}{64K_0 p}D_K\right)\left(1+\frac{12\pi\mu\phi D_K}{64K_0 p-3\pi b\mu\phi D_K}\right) \tag{8-1-18}$$

将上式代入式(8-1-17)，即可得到考虑解吸、滑流和扩散的气相渗流方程：

$$\nabla\cdot\left[\frac{\rho_g K_0\xi K_{rg}}{\mu_g}(\nabla p_g-\rho_g g\ \nabla D)\right]=\frac{\partial}{\partial t}\left(\rho_g \phi S_g+\rho_{gsc}\rho_{bi}\frac{V_l p_g}{p_l+p_g}\right) \tag{8-1-19}$$

气体的体积系数定义为：

$$B_g=\frac{V_g}{V_{gsc}}=\frac{\rho_{gsc}}{\rho_g} \tag{8-1-20}$$

式中，B_g为气体的体积系数；V_g为气体在储层条件下的体积；V_{gsc}为气体在地面标识状况下的体积；ρ_g为气体在储层条件下的密度；ρ_{gsc}为气体在地面标识状况下的密度。

将式(8-1-20)代入式(8-1-19)，且考虑采出项时，可得单位时间内单位页岩表观体积的气相质量守恒方程：

$$\nabla\cdot\left[\frac{K_0\xi K_{rg}}{B_g\mu_g}(\nabla p_g-\rho_g g\ \nabla D)\right]-q_g=\frac{\partial}{\partial t}\left(\frac{\phi S_g}{B_g}+\rho_{bi}\frac{V_1 p_g}{p_1+p_g}\right) \tag{8-1-21}$$

式中，q_g为采出项，表示地面标准条件下，单位体积页岩中采出的气体体积流量。

2）水相方程：

参考气相方程，可得页岩中水相的质量守恒方程为：

$$\nabla\cdot\left[\frac{K_0\xi K_{rw}}{B_w\mu_w}(\nabla p_w-\rho_w g\ \nabla D)\right]-q_w=\frac{\partial}{\partial t}\left(\frac{\phi S_w}{B_w}\right) \tag{8-1-22}$$

式中，q_w为采出项，表示地面标准条件下，单位体积页岩中采出的地层水体积流量。

8.1.3 辅助方程

S_w 和 S_g 分别是水相饱和度和气相饱和度，因此，饱和度约束方程为：

$$S_w+S_g=1 \tag{8-1-23}$$

同时，p_g 和 p_w 分别是气相压力和水相压力，因此，毛管压力方程为：

$$p_{cgw}(S_w)=p_g-p_w \tag{8-1-24}$$

8.1.4 定解条件

1）初始条件

页岩气藏的初始压力和初始饱和度可以定义为：

$$p_g(x,\ y,\ z,\ 0)\big|_{t=0}=p_g^0(x,\ y,\ z) \tag{8-1-25}$$

$$S_g(x,\ y,\ z,\ 0)\big|_{t=0}=S_g^0(x,\ y,\ z) \tag{8-1-26}$$

2）外边界条件

假设页岩气藏是没有边底水的封闭气藏，则外边界条件可以写为：

$$\left.\frac{\partial p_g}{\partial n}\right|_{\tau}=0 \tag{8-1-27}$$

式中，τ 为气藏外边界；$\frac{\partial p_g}{\partial n}$为边界法线方向的压力梯度。

3）内边界条件

当井以定产量生产时，由于井筒半径与井距相比特别小，因此可以采用 Dirac 函数来处理井点。网格块的产量可以表示为：

$$Q_g(i,\ j,\ k,\ t)=Q_g(t)\delta(i,\ j,\ k) \tag{8-1-28}$$

式中，$\delta(i,\ j,\ k)$为 Dirac 函数，网格块中有井存在时为 1，没有井存在时为 0。

当井以定井底流压生产时，气体在网格块(网格块中有井存在)中的流动为拟稳态流动，因此，网格块中井的产量可以用 Peaceman 模型来表示：

$$Q_{vg}=\frac{2\pi h\xi K_0 K_{rg}}{B_g\mu_g(\ln r_e/r_w+S)}(p_{g\,i,j,k}-p_{wf})\delta(i,\ j,\ k) \tag{8-1-29}$$

$$Q_{vw}=\frac{2\pi h\xi K_0 K_{rw}}{B_w\mu_w(\ln r_e/r_w+S)}(p_{w\,i,j,k}-p_{wf})\delta(i,\ j,\ k) \tag{8-1-30}$$

式中，S 为表皮系数；h 为储层厚度，m；r_w 为井筒半径，m；r_e 为井的等效供给半径，m；$p_{g\,i,j,k}$ 为网格$(i,\ j,\ k)$处的压力，Pa；p_{wf} 为井底流压，Pa。

对于各向异性储层，式(8-1-29)和式(8-1-30)中的页岩渗透率可以用式(8-1-31)计算，并且井点处网格块的等效半径可以用式(8-1-32)计算(渗透率的方向参考表8-1-1)：

$$K_0=\sqrt{K_l K_m} \tag{8-1-31}$$

$$r_e=0.28\frac{\left[(K_l/K_m)^{1/2}\Delta m^2+(K_m/K_l)^{1/2}\Delta l^2\right]^{1/2}}{(K_l/K_m)^{1/4}+(K_m/K_l)^{1/4}} \tag{8-1-32}$$

表 8-1-1　渗透率方向变换

坐　标	水平井		直　井
	水平段与 x 轴平行	水平段与 y 轴平行	
l	y	x	x
m	z	z	y
n	x	y	z

8.2　页岩气输运的数值模型

8.2.1　模型的可解性分析

页岩气输运的数值模型包括 4 个未知数：气相压力(p_g)、水相压力(p_w)、气相饱和度(S_g)和水相饱和度(S_w)。同时，有 4 个方程描述气体和地层水在页岩气藏中的流动，分别是：气相和水相的质量守恒方程，饱和度归一化关系式和毛管压力关系式。由于方程的数量和未知数的个数是相等的，因此模型是可解的。

8.2.2　模型的求解方法

本章采用顺序求解法来求解页岩气输运的数值模型。首先用隐式法来求解压力方程，然后用显式法来求解饱和度，该方法称为隐压显饱法。具体求解思路如下：

(1) 将气、水之间的毛管压力关系式代入式(8-2-1)中，消去 p_w，从而得到只含 p_g、S_g和 S_w的方程组。

(2) 将气、水的渗流方程乘以系数后合并，利用饱和度约束方程消去方程组中的 S_g、S_w，得到只含有 p_g的综合方程，称为压力方程。

(3) 写出压力方程的差分方程，其中，传导系数、毛管压力和产量参数中与时间有关的非线性项均采用显式法处理，得到只含变量 p_g的线性代数方程组。

(4) 求解线性代数方程组得到 p_g，然后根据毛管压力关系式得到 p_w。

(5) 由气相流动方程计算出气相饱和度 S_g，再由饱和度约束方程计算出水相饱和度 S_w。

1) 压力方程的推导

将毛管压力辅助方程式(8-1-24)代入气相和水相的流动方程：

$$\nabla\cdot(\lambda_g\nabla p_g)-\nabla\cdot[\lambda_g\nabla(\rho_g gD)]-q_g=\frac{\partial}{\partial t}\left(\phi\frac{S_g}{B_g}+\rho_{bi}\frac{V_1 p_g}{p_1+p_g}\right) \tag{8-2-1}$$

$$\nabla\cdot(\lambda_w\nabla p_g)-\nabla\cdot[\lambda_w\nabla(p_{cgw}+\rho_w gD)]-q_w=\frac{\partial}{\partial t}\left(\phi\frac{S_w}{B_w}\right) \tag{8-2-2}$$

其中：

$$\lambda_w=\frac{K_0\xi K_{rw}}{B_w\mu_w},\ \lambda_g=\frac{K_0\xi K_{rg}}{B_g\mu_g} \tag{8-2-3}$$

在式(8-2-1)和式(8-2-2)中，未知量为 p_g、S_g 和 S_w。接下来消去 S_g 和 S_w 两个未知量，使方程变成只含一个未知量 p_g 的压力方程。

由于气、水两相的体积系数、储层孔隙度均是压力的函数，利用复合函数的求导法则，将式(8-2-1)和式(8-2-2)等号右边的导数项对时间展开，可得：

$$\frac{\partial}{\partial t}\left(\frac{\phi S_g}{B_g}+\rho_{bi}\frac{V_1 p_g}{p_1+p_g}\right)=\frac{\phi}{B_g}\frac{\partial S_g}{\partial t}+\frac{S_g}{B_g}\frac{\partial\phi}{\partial p_g}\frac{\partial p_g}{\partial t}-S_g\frac{\phi}{B_g^2}\frac{\partial B_g}{\partial p_g}\frac{\partial p_g}{\partial t}+\frac{\rho_{bi}V_1 p_1}{(p_1+p_g)^2}\frac{\partial p_g}{\partial t} \tag{8-2-4}$$

$$\frac{\partial}{\partial t}\left(\frac{\phi S_w}{B_w}\right)=\frac{\phi}{B_w}\frac{\partial S_w}{\partial t}+\frac{S_w}{B_w}\frac{\partial\phi}{\partial p_g}\frac{\partial p_g}{\partial t}-S_w\frac{\phi}{B_w^2}\frac{\partial B_w}{\partial p_g}\frac{\partial p_g}{\partial t} \tag{8-2-5}$$

将式(8-2-4)乘以 B_g，式(8-2-5)乘以 B_w，并将两式相加，则可得：

$$\begin{aligned}&B_g\frac{\partial}{\partial t}\left(\frac{\phi S_g}{B_g}+\rho_{bi}\frac{V_1 p_g}{p_1+p_g}\right)+B_w\frac{\partial}{\partial t}\left(\frac{\phi S_w}{B_w}\right)\\&=\left[(S_g+S_w)\frac{\partial\phi}{\partial p_g}-S_g\frac{\phi}{B_g}\frac{\partial B_g}{\partial p_g}-S_w\frac{\phi}{B_w}\frac{\partial B_w}{\partial p_g}+B_g\frac{\rho_{bi}V_1 p_1}{(p_1+p_g)^2}\right]\frac{\partial p_g}{\partial t}\\&=\phi\left[C_p+S_g C_g+S_w C_w+\frac{B_g}{\phi}\frac{\rho_{bi}V_1 p_1}{(p_1+p_g)^2}\right]\frac{\partial p_g}{\partial t}=\phi C_t\frac{\partial p_g}{\partial t}\end{aligned} \tag{8-2-6}$$

式中，C_p、C_g 和 C_w 分别为储层岩石孔隙、气、水的压缩系数，定义为：

$$C_p=\frac{1}{\phi}\frac{\partial\phi}{\partial p_g},\ C_g=-\frac{1}{B_g}\frac{\partial B_g}{\partial p_g},\ C_w=-\frac{1}{B_w}\frac{\partial B_w}{\partial p_g} \tag{8-2-7}$$

综合压缩系数(C_t)是储层岩石孔隙、气、水的压缩系数的加权平均值，定义为：

$$C_t=C_p+S_g C_g+S_w C_w+\frac{B_g}{\phi}\frac{\rho_{bi}V_1 p_1}{(p_1+p_g)^2} \tag{8-2-8}$$

将式(8-2-1)和式(8-2-2)的等号左边项也乘以相应的系数并相加，可得压力方程：

$$B_g[\nabla\cdot(\lambda_g\nabla p_g)+CG_g-q_g]+B_w[\nabla\cdot(\lambda_w\nabla p_g)+CG_w-q_w]=\phi C_t\frac{\partial p_g}{\partial t} \tag{8-2-9}$$

在上式中，定义：

$$CG_g = -\nabla \cdot [\lambda_g \ \nabla(\rho_g gD)] \tag{8-2-10}$$

$$CG_w = -\nabla \cdot [\lambda_w \ \nabla(p_{cgw} + \rho_w gD)] \tag{8-2-11}$$

2）隐式法求解压力

对压力方程式(8-2-9)进行差分，且式子两端同时乘以单元体体积 $V_B(V_B = \Delta x_i \Delta y_j \Delta z_k)$。由于差分方程展开项太多，在此先以 $V_B \cdot \nabla \cdot (\lambda_g \nabla p_g)$ 为例进行分析。

$$\begin{aligned}
& V_B \cdot \nabla \cdot (\lambda_g \ \nabla p_g) \\
&= V_B \cdot \left[\frac{\lambda_{g,i+1/2,jk} \dfrac{p_{g,i+1,jk} - p_{gijk}}{0.5(\Delta x_{i+1} + \Delta x_i)} + \lambda_{gi-1/2,j,k} \dfrac{p_{g,i-1,jk} - p_{gijk}}{0.5(\Delta x_{i-1} + \Delta x_i)}}{\Delta x_i} \right] \\
&= V_B \cdot \left[\frac{\lambda_{gi,j+1/2,k} \dfrac{p_{gi,j+1,k} - p_{gijk}}{0.5(\Delta y_{j+1} + \Delta y_i)} + \lambda_{gi,j-1/2,k} \dfrac{p_{gi,j-1,k} - p_{gijk}}{0.5(\Delta y_{j-1} + \Delta y_j)}}{\Delta y_j} \right] \\
&= V_B \cdot \left[\frac{\lambda_{gij,k+1/2} \dfrac{p_{gij,k+1} - p_{fgijk}}{0.5(\Delta z_{k+1} + \Delta z_k)} + \lambda_{gij,k-1/2} \dfrac{p_{gij,k-1} - p_{gijk}}{0.5(\Delta z_{k-1} + \Delta z_k)}}{\Delta z_k} \right] \\
&= \frac{\Delta y_j \cdot \Delta z_k \cdot K_{i+1/2,jk}}{0.5(\Delta x_{i+1} + \Delta x_i)} \cdot \left(\frac{\xi K_{rg}}{B_g \mu_g} \right)_{i+1/2,jk} \cdot (p_{g,i+1,jk} - p_{gijk}) \\
&= \frac{\Delta y_j \cdot \Delta z_k \cdot K_{i-1/2,jk}}{0.5(\Delta x_{i-1} + \Delta x_i)} \cdot \left(\frac{\xi K_{rg}}{B_g \mu_g} \right)_{i-1/2,jk} \cdot (p_{g,i-1,jk} - p_{gijk}) \\
&= \frac{\Delta x_i \cdot \Delta z_k \cdot K_{i,j+1/2,k}}{0.5(\Delta y_{j+1} + \Delta y_i)} \cdot \left(\frac{\xi K_{rg}}{B_g \mu_g} \right)_{i,j+1/2,k} \cdot (p_{gi,j+1,k} - p_{gijk}) \\
&= \frac{\Delta x_i \cdot \Delta z_k \cdot K_{i,j-1/2,k}}{0.5(\Delta y_{j-1} + \Delta y_j)} \cdot \left(\frac{\xi K_{rg}}{B_g \mu_g} \right)_{i,j-1/2,k} \cdot (p_{gi,j-1,k} - p_{gijk}) \\
&= \frac{\Delta x_i \cdot \Delta y_j \cdot K_{ij,k+1/2}}{0.5(\Delta z_{k+1} + \Delta z_k)} \cdot \left(\frac{\xi K_{rg}}{B_g \mu_g} \right)_{ij,k+1/2} \cdot (p_{gij,k+1} - p_{gijk}) \\
&= \frac{\Delta x_i \cdot \Delta y_j \cdot K_{ij,k-1/2}}{0.5(\Delta z_{k-1} + \Delta z_k)} \cdot \left(\frac{\xi K_{rg}}{B_g \mu_g} \right)_{ij,k-1/2} \cdot (p_{gij,k-1} - p_{gijk}) \\
&= T_{gx,i+1/2,jk}(p_{gi+1,jk} - p_{gijk}) + T_{gx,i-1/2,jk}(p_{g,i-1,jk} - p_{gijk}) \\
&= T_{gyi,j+1/2,k}(p_{gi,j+1,k} - p_{gijk}) + T_{gxi,j-1/2,k}(p_{gi,j-1,k} - p_{fgijk}) \\
&= T_{gzij,k+1/2}(p_{gij,k+1} - p_{gijk}) + T_{gzij,k-1/2}(p_{gij,k-1} - p_{gijk})
\end{aligned} \tag{8-2-12}$$

为了简化差分方程，引入符号：

$$\Delta T \Delta p = \Delta_x T_x \Delta p_x + \Delta_y T_y \Delta p_y + \Delta_z T_z \Delta p_z \tag{8-2-13}$$

其中：

$$\Delta_x T_x \Delta p_x = T_{i+1/2,jk}(p_{i+1,jk} - p_{ijk}) + T_{i-1/2,jk}(p_{i-1,jk} - p_{ijk}) \tag{8-2-14}$$

$$\Delta_y T_y \Delta p_y = T_{i,j+1/2,k}(p_{i,j+1,k} - p_{ijk}) + T_{i,j-1/2,k}(p_{i,j-1,k} - p_{ijk}) \tag{8-2-15}$$

$$\Delta_z T_z \Delta p_z = T_{ij,k+1/2}(p_{ij,k+1}-p_{ijk})+T_{ij,k-1/2}(p_{ij,k-1}-p_{ijk}) \tag{8-2-16}$$

于是，可得压力方程的差分方程：

$$B_{gijk}[\Delta T_g^n \Delta p_{fg}^{n+1}-\Delta T_g^n \Delta(\rho_g gD)^n - Q_g]_{ijk}+B_{wijk}[\Delta T_w^n \Delta p_{fg}^{n+1}-\Delta T_w^n \Delta(p_{cgw}+\rho_w gD)^n - Q_w]_{ijk}$$
$$=\left(\frac{V_p^n C_t^n}{\Delta t}\right)_{ijk}(p_{gijk}^{n+1}-p_{gijk}^n) \tag{8-2-17}$$

式中，$V_p=\phi V_B$，为网格块的孔隙体积。

在式(8-2-17)中，定义：

$$Q_g = q_g \cdot V_B \quad Q_w = q_w \cdot V_B \tag{8-2-18}$$

通过有限差分方法，对每个网格块分别列出式(8-2-17)所对应的差分方程，最后可得三维页岩气藏中页岩气输运的气相压力方程的代数方程组：

$$\begin{aligned} &AT_{ijk}p_{gij,k-1}^{n+1}+AS_{ijk}p_{gi,j-1,k}^{n+1}+AW_{ijk}p_{g,i-1,jk}^{n+1}+E_{ijk}p_{gijk}^{n+1}+\\ &AE_{ijk}p_{g,i+1,jk}^{n+1}+AN_{ijk}p_{gi,j+1,k}^{n+1}+AB_{ijk}p_{gij,k+1}^{n+1}=B_{ijk} \end{aligned} \tag{8-2-19}$$

其中：

$$AT_{ijk}=B_{gijk}^n T_{gij,k-1/2}^n + B_{wijk}^n T_{wij,k-1/2}^n$$
$$AS_{ijk}=B_{gijk}^n T_{gi,j-1/2,k}^n + B_{wijk}^n T_{wi,j-1/2,k}^n$$
$$AW_{ijk}=B_{gijk}^n T_{g,i-1/2,jk}^n + B_{wijk}^n T_{w,i-1/2,jk}^n$$
$$AE_{ijk}=B_{gijk}^n T_{g,i+1/2,jk}^n + B_{wijk}^n T_{w,i+1/2,jk}^n$$
$$AN_{ijk}=B_{gijk}^n T_{gi,j+1/2,k}^n + B_{wijk}^n T_{wi,j+1/2,k}^n$$
$$AB_{ijk}=B_{gijk}^n T_{gij,k+1/2}^n + B_{wijk}^n T_{wi,j,k+1/2}^n$$
$$E_{ijk}=-\left[AT_{ijk}+AS_{ijk}+AW_{ijk}+AE_{ijk}+AN_{ijk}+AB_{ijk}+\frac{(V_pC_t)_{ijk}^n}{\Delta t}\right]$$
$$B_{ijk}=-B_g^n[-\Delta T_g^n\Delta(\rho_g gD)^n-Q_g]-B_w^n[-\Delta T_w^n\Delta(p_{cgw}+\rho_w gD)^n-Q_w]-\frac{(V_pC_t)_{ijk}^n}{\Delta t}p_{gijk}^n$$

$T_{li,j,k}$为l相流体在网格间流动时的传导系数，表达式为：

$$T_{l,i\pm1/2,jk}=\frac{\Delta y_j \cdot \Delta z_k \cdot K_{i\pm1/2,jk}}{0.5(\Delta x_{i+1}+\Delta x_i)}\left(\frac{\xi K_{rl}}{B_l\mu_l}\right)_{i\pm1/2,jk}=T_{i\pm1/2,jk}\lambda_{l,i\pm1/2,jk} \tag{8-2-20}$$

$$T_{lij\pm1/2,k,}=\frac{\Delta x_i \cdot \Delta z_k \cdot K_{i,j\pm1/2,k,}}{0.5(\Delta y_{j+1}+\Delta y_j)}\left(\frac{\xi K_{rl}}{B_l\mu_l}\right)_{i,j\pm1/2,k}=T_{i,j\pm1/2,k}\lambda_{li,j\pm1/2,k} \tag{8-2-21}$$

$$T_{lij,k\pm1/2}=\frac{\Delta x_i \cdot \Delta y_j \cdot K_{i,j,k\pm1/2}}{0.5(\Delta z_{k+1}+\Delta z_k)}\left(\frac{\xi K_{rl}}{B_l\mu_l}\right)_{i,j,k\pm1/2}=T_{ij,k\pm1/2}\lambda_{lij,k\pm1/2} \tag{8-2-22}$$

上述传导系数由两部分参数组成：与时间无关的部分 T 和与时间有关的部分 λ_l，T 采用调和平均计算：

$$K_{i\pm1/2,jk}=\frac{2K_{ijk}K_{i\pm1,jk}}{K_{i\pm1,jk}+K_{ijk}},\quad K_{i,j\pm1/2,k}=\frac{2K_{ijk}K_{i,j\pm1,k}}{K_{i,j\pm1,k}+K_{ijk}},\quad K_{ij,k\pm1/2}=\frac{2K_{ijk}K_{ij,k\pm1}}{K_{ij,k\pm1}+K_{ijk}} \tag{8-2-23}$$

λ_1采用上游权处理方法计算：

$$\lambda_{1,i\pm1/2,jk}=\begin{cases}\lambda_{1,i\pm1,jk}, & \text{由 } i\pm1 \text{ 流向 } i\\ \lambda_{1ijk}, & \text{由 } i \text{ 流向 } i\pm1\end{cases} \tag{8-2-24}$$

$$\lambda_{1i,j\pm1/2,k}=\begin{cases}\lambda_{1i,j\pm1,k}, & \text{由 } j\pm1 \text{ 流向 } j\\ \lambda_{1ijk}, & \text{由 } j \text{ 流向 } j\pm1\end{cases} \tag{8-2-25}$$

$$\lambda_{1i,j,k\pm1/2}=\begin{cases}\lambda_{1ij,k\pm1}, & \text{由 } k\pm1 \text{ 流向 } k\\ \lambda_{1ijk}, & \text{由 } k \text{ 流向 } k\pm1\end{cases} \tag{8-2-26}$$

3）显式法求解饱和度

气相压力方程通过隐式法求解出来之后，可以通过气相饱和度的差分方程显式求解出$n+1$时间步的气相饱和度（S_g）：

$$\left[\Delta T_g^n \Delta p_g^{n+1}-\Delta T_g^n \Delta(\rho_g gD)^n-Q_g\right]_{ijk}=\frac{1}{\Delta t}\left[\left(\frac{\phi S_g}{B_g}+\rho_{bi}\frac{V_l p_g}{p_l+p_g}\right)_{ijk}^{n+1}-\left(\frac{\phi S_g}{B_g}+\rho_{bi}\frac{V_l p_g}{p_l+p_g}\right)_{ijk}^{n}\right] \tag{8-2-27}$$

当求解出$n+1$时间步的气相饱和度之后，通过饱和度约束方程式（8-1-23）可以求解出$n+1$时间步水相饱和度S_w：

$$S_w^{n+1}=1-S_g^{n+1} \tag{8-2-28}$$

8.2.3 井的处理方法

在数值模型中，如果在某一网格处有井存在，则把井的产量作为点源或点汇来处理，并且在该网格建立的差分方程中增加一个产量项。因此，井的处理问题，也就是差分方程中产量项的处理问题。

在数值模拟中，一般将网格内生产井的流动近似看成拟稳态流，其网格处的产量计算公式为：

$$q_1=\frac{2\pi\Delta n\xi K_0 K_{r1}}{B_1\mu_1}\frac{1}{\ln r_e/r_w+S}(p_{1ijk}-p_{wf}) \tag{8-2-29}$$

式中，K_{rl}为l相流体的相对渗透率；r_e为井点处网格块的等效半径，m；r_w为井筒半径，m；S为表皮因子；p_{wf}为井底流压，Pa；Δn为在n方向的网格步长，m。

那么井的生产指数可以定义为：

$$PID=\frac{2\pi\Delta n K_0}{\ln r_e/r_w+S} \tag{8-2-30}$$

1）定产气量

给定生产井各小层总的产气量（Q_{vg}），假设生产井共射穿N个完井段，则第k个完井段的产气量为：

$$Q_{vgk}=Q_{vg}\cdot\frac{\left(PID\cdot\frac{\lambda_g}{B_g}\right)_k}{\sum_{k=1}^{N}\left(PID\cdot\frac{\lambda_g}{B_g}\right)_k} \tag{8-2-31}$$

当已知第 k 个完井段的产气量(Q_{vgk})时，可得第 k 个完井段的返排液量：

$$Q_{vwk}=Q_{vgk}\cdot\frac{\left(\dfrac{\lambda_w}{B_w}\right)_k}{\left(\dfrac{\lambda_g}{B_g}\right)_k} \tag{8-2-32}$$

2)定井底流压

当采用显式法处理网格块的压力时，即将 n 时刻的网格块压力作为供给压力，直接带入式(8-2-29)计算产量。当井底流压为 p_{wf}时，各完井段的产气量为：

$$Q_{vgk}=\left(PID\cdot\frac{\lambda_g}{B_g}\right)_k^n\cdot(p^n-p_{wf})_k \tag{8-2-33}$$

各完井段的返排液量可以用式(8-2-34)计算，也可通过式(8-2-32)进行计算：

$$Q_{vwk}=\left(PID\cdot\frac{\lambda_w}{B_w}\right)_k^n\cdot(p^n-p_{wf})_k \tag{8-2-34}$$

8.3 页岩气输运的计算机模型

在本章的前两节内容中，建立了页岩气藏气水两相流动的数学模型，并通过有限差分方法推导出其数值模型。由于模拟网格块数量及相关数据量过于庞大，因此需要将数值模型的求解过程编制成计算机程序来得到想要的结果。计算机模型中包括：静态数据的输入、系数矩阵的形成及求解、结果输出等。

Matlab(矩阵实验室)是一款基于矩阵运算的计算机编程语言软件。考虑到页岩气藏气水两相流动的数值模型需要进行大量矩阵运算，并且 Matlab 软件是基于矩阵运算的，自带大量的函数，且拥有强大的 2D 和 3D 图像输出功能。因此，本章将通过 Matlab 软件进行整个模型的编译工作。程序具体流程如图 8-3-1 所示。

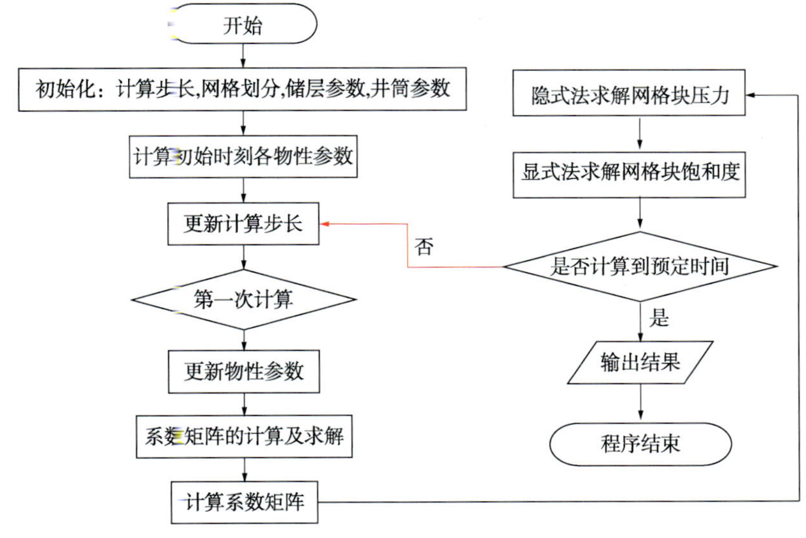

图 8-3-1　程序流程图

8.4 页岩气藏开发设计实例

8.4.1 地质模型建立

1）地质模型建立

运用 Petrel 软件建立三维地质模型，整理 YY1～YY5 井的相关数据，包括井位、井轨迹、孔隙度、渗透率、含气丰度、含水饱和度、单井的微地震数据等，将五峰-龙马溪组页岩储层分为5层，按从下到上的顺序，第1、第2层为碳质硅质泥页岩，厚度分别约33m和18m；第3层为含碳质粉砂质泥岩，厚度约17m；第4层为含碳质灰云质泥页岩，厚度约13m；第5层为含碳质粉砂质泥页岩，厚度约6m。

在软件中创建出构造的3D骨架网格，同时分析 YY1～YY5 井的井轨迹数据，明确了研究区块的最小主应力方向约为南西45°（SW45°），考虑到井网采用水力压裂人工造缝开发方式，数模网格能真实反映裂缝网格的流动情况，最终确定建立45°倾角的构造网格的三维地质模型（图 8-4-1），单层地质模型网格数量为81×95，网格大小为100m×100m。

图 8-4-1 骨架网格模型

根据地质资料分析认为，页岩目的层上下分为5层，依据每层的厚度，建立页岩储层分层构造模型。

将相应孔隙度、渗透率、饱和度等储层属性数据导入三维地质模型中，生成非均质性的地层属性参数。

该气藏数值模型采用 Warrant-Root 双重介质模型，网格总数为81×95×10，其中1～5层网格代表页岩基质，1层代表含碳质粉砂质泥页岩，2层代表含碳质灰云质泥页岩，3层代表含碳质粉砂质泥页岩，4～5层代表碳质硅质泥页岩；6～10层代表相应的页岩层天然裂缝。考虑到后期模拟人工压裂缝导流能力方面的优势，将网格方向设置为SW45°。

2）地质储量计算

根据页岩气藏的自身特点，理论上，其地质储量计算有多种方法：勘探新区和开发初期，可以用蒙特卡洛法、丰度类比法和体积法；已经实际生产了一段时间的地区可以用物质平衡法、单井储量递减法等。本小节采用静态体积法与容积法分别计算吸附气地质储量和游离气地质储量。

（1）吸附气地质储量计算。

计算页岩层段中吸附在页岩黏土矿物和有机质表面的吸附气地质储量时，采用体积法：

$$G_x = 0.01A_g h\rho_y C_x / Z_i \tag{8-4-1}$$

$$G_x = 0.01A_g h\rho_y C_x / Z_i \tag{8-4-2}$$

式中，G_x 为页岩层段中吸附气的含气量，m^3/t；G_x 为页岩吸附气地质储量，10^8m^3；A_g 为含气面积，km^2；h 为页岩储层有效厚度，m；ρ_y 为页岩密度，t/m^3；Z_i 为原始气体偏差系数。

（2）游离气地质储量计算。

$$G_y = 0.01A_g h\phi S_{gi} / B_{gi} \tag{8-4-3}$$

式中，G_y 为游离气地质储量，10^8m^3；ϕ 为有效孔隙度，%；S_{gi} 为原始含气饱和度，%；B_{gi} 为原始页岩气体积系数，$B_{gi}=p_{sc}Z_iT/p_iT_{sc}$。

（3）溶解气地质储量计算。

当页岩层段含有原油时，采用容积法计算溶解气地质储量，计算方法与常规油气相同，计算公式如下：

$$G_s = 10^{-4}NR_{si} \tag{8-4-4}$$

式中，N 为原油地质储量，10^4t；R_{si} 为原始溶解气油比，m^3/m^3。

（4）页岩气总地质储量计算。

将上述计算得到的吸附气、游离气和溶解气地质储量相加，即得页岩气总地质储量。根据所给资料整理相关参数，计算出该研究区块总页岩气地质储量为 $513.94\times10^8m^3$（其中，页岩吸附气地质储量为 $179.04\times10^8m^3$，页岩游离气地质储量为 $334.90\times10^8m^3$）。

8.4.2 气藏模型基本参数

1）基质裂缝扩散系数

页岩中的气体扩散是气体以分子形式进行的无规则运动，而浓度差的存在使气体由浓度高的区域向浓度低的区域运动，即扩散流动。

所选研究区部分岩心扩散系数测定数据如表 8-4-1 所示，采用算术平均方法估算出了该区块的扩散系数。

表 8-4-1　岩心扩散系数测试表（YY1 井）

仪器名称	主要气体类型	岩性	饱和介质	直径/cm
天然气扩散系数测定装置	甲烷	刚性	氮气	2.5
长度/cm	**测试压力/MPa**	**测试温度/℃**	**扩散/（cm^2/s）**	
2.4	4.0	60.0	9.503×10^{-7}	

2）流体高压物性参数

气体组分检测结果表明，目的层页岩气为以甲烷为主的优质天然气，含量高达94.497%~97.35%，另含有少量的二氧化碳和硫化氢。从单井含气量实测结果来看，目的层总含气量介于0.44~5.19m^3/t，平均值为1.97m^3/t。

3）页岩储层的应力敏感参数

通过储层敏感性分析认为，储层具有中等偏强的应力敏感性。

在进行应力敏感评价时，计算渗透率应力敏感率的公式为：

$$D_k = \frac{K_0 - K_{min}}{K_0} \tag{8-4-5}$$

式中，D_k 为应力敏感率；K_0 为初始应力点对应的岩样渗透率，$10^{-3}\mu m^2$；K_{min} 为最终应力后岩样渗透率的最小值。

应力敏感评价标准中，$D_k \leqslant 0.3$，敏感性弱；$0.3<D_k<0.5$，敏感性中等偏弱；$0.5<D_k<0.7$，敏感性中等偏强；$D_k \geqslant 0.7$，敏感性强。

依据以上应力敏感评价标准分析，页岩应力敏感率为0.5~0.7，将该页岩应力敏感率估算为0.6，假设页岩初始渗透率为$0.25\times10^{-3}\mu m^2$，开发过程中出现应力敏感后的最终渗透率为$0.1\times10^{-3}\mu m^2$。

4）气水两相相对渗透率

初始含水饱和度(S_{wi})是指储层原始状态下的含水饱和度。束缚水饱和度是指存在储层岩石颗粒表面、孔缝的角隅及微毛细管孔道中的不流动的水(即束缚水)所占孔隙体积与储层总孔隙体积之比。超低含水饱和度是指储层中初始含水饱和度小于束缚水含水饱和度的最大值(S_{wirr})，也就是与介质毛管压力相比处于欠水饱和度状态。一般认为，常规油气储层中不存在超低含水饱和度现象，而在致密含气页岩储层中，超低含水饱和度现象却普遍存在。

涪陵地区五峰-龙马溪组含水饱和度测试结果表明，含气页岩段束缚水饱和度介于28.2%~40%，平均为34.1%，为超低含水饱和度，其气水相对渗透率曲线如图8-4-2所示。超低含水饱和度的存在增大了页岩储层游离气和吸附气的含量，储层油气现实储量较大；同时，该现象也大大提高了页岩储层的气相渗透率，有利于页岩气的开发。

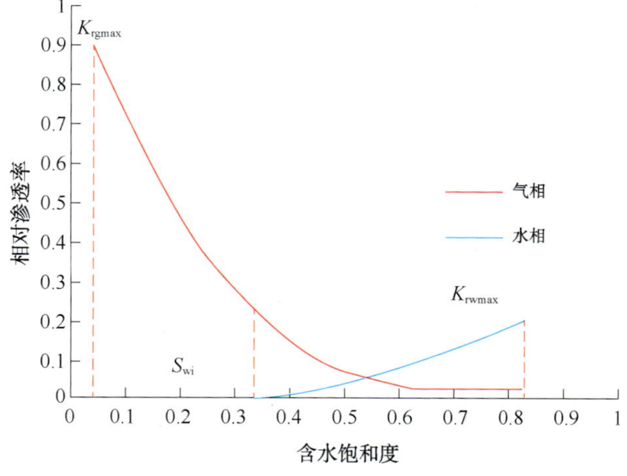

图8-4-2 页岩储层气水相对渗透率

5）页岩吸附特征

运用等量吸附热原理对页岩吸附特征进行温度校正。

已知温度为 T_1 时页岩的等温吸附/解吸曲线及吸附过程或者解吸过程中页岩的等量吸附热为 q_{st}，计算湿度为 T_2 时页岩的等温吸附/解吸曲线：

$$\ln p_1 = -q_{st}/RT_1 + c_1 \tag{8-4-6}$$

$$\ln p_2 = -q_{st}/RT_2 + c_2 \tag{8-4-7}$$

由以上两式得：

$$\ln p_2 = \ln p_1 + q_{st}/RT_1 - q_{st}/RT_2 \tag{8-4-8}$$

$$q_{st} = a_1 n + b \tag{8-4-9}$$

式(8-4-8)、式(8-4-9)两式结合得到 T_2 条件下，等温吸附量对应的压力 p_2：

$$p_2 = \exp\left(Lnp_1 + \frac{a_1 n + b}{RT_1} - \frac{a_1 n + b}{RT_2}\right) \tag{8-4-10}$$

运用等量吸附热原理，基于五峰-龙马溪组页岩储层 30℃ 等温吸附测试结果可以计算出 86℃（页岩储层真实温度）时的等温吸附测试数据（图 8-4-3）。

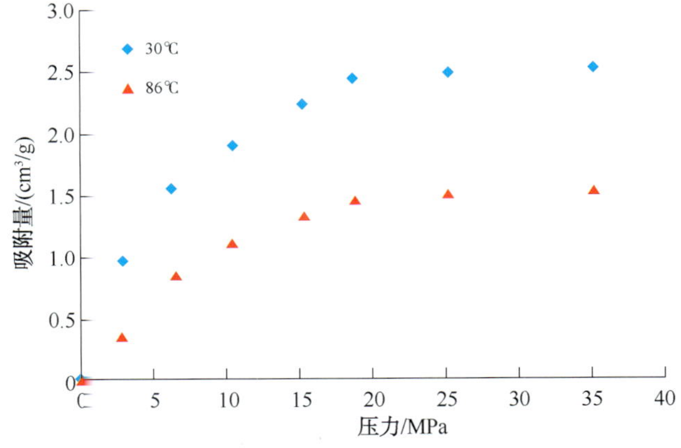

图 8-4-3　86℃时的页岩等温吸附理论计算结果

8.4.3　页岩气技术政策

1）开发层系划分

合理划分开发层系将有利于充分发挥各类气层的作用，划分开发层系也是部署井网和规划生产设施的基础。采气工艺技术也要求划分层系，以利于进行井下作业和措施实施。划分开发层系也是充分发挥各层的潜力，高效开发气田的必要条件。

划分开发层系应遵循以下原则：

（1）一套层系应具有一定的储量和产能，能满足一定采气速度的需要，并具有较长的稳产期，达到较好的经济指标。

（2）把特性相近的层系组合在一起，以保证对井网、开发方式具有共同的适用性，减少层间矛盾。这些特性主要包括沉积条件、渗透率、分布面积、非均质程度、构造形态、气水界面、压力系统、流体性质等。如果各产层性质差异大，而又具有足够的能量，则可划分为两个以上的层系进行开发。另外，可以根据岩石致密程度采用不同的工艺制度进行生产，例如，可以将岩性致密层和岩性疏松层严格划分开，采用不同的工艺制度生产。

（3）层系间应有稳定分布的隔层，避免严重的层间干扰或窜流影响气层发挥作用。

（4）由于主力气层是目前的主要贡献层，因此，一套层系应控制一定的主力气层厚度。

（5）在开发工艺技术所能解决的范围内，开发层系不宜划分过细，以减小建设工作量，提高经济效益。

涪陵地区龙马溪组底部页岩气层，油气显示活跃，地层压力异常，气层压力系数为1.41~1.55，各处压力系数大体一致。气层总厚度为83~90m，纵向上连续，中间无隔层。气藏地质条件优越，各亚段在全区分布基本稳定。因此，该气藏可以采用一套开发层系进行开发。

2）丛式井适用性分析

由于页岩气开发依赖水平井和大规模的体积压裂，导致页岩气开发成本高昂，因此，降低页岩气的开发成本已经成为当今页岩气开发的普遍追求。美国作为页岩气开发的领军者，已经从页岩气开发成本降低中获益良多。美国采用“井工厂”模式来开发页岩气，从而降低生产成本。所谓的“井工厂”模式就是集中钻井、集中压裂、集中生产，如同在一块平地上建一座工厂一样，因而要求页岩气区块最好在平原地区，以方便“井工厂”作业。

丛式井技术的原则是尽量利用最小的丛式化井场使钻井开发井网覆盖区域最大化。丛式井技术的优势为：可以为后期批量化钻井作业、压裂施工奠定基础，同时使地面工程及生产管理也得到简化；多口井进行压裂及排采的统一维护，减少了管理成本及地面重复建设费用；节约土地资源，有利于环境保护，大幅度降低了征地费用。目前，涪陵页岩气田大力推行丛式井设计、“井工厂”模式施工、标准化场站设计等措施，力求最大限度减少征地面积。

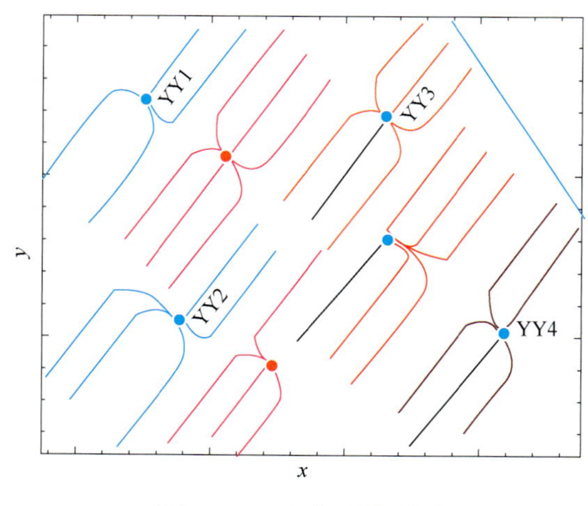

图 8-4-4 “井工厂”模式

由于涪陵页岩气田部分区块属于丘陵地带，限制了采用“井工厂”模式的应用，这无疑增加了开发成本。为了节约成本，也为了方便施工处理，设计采用4口丛式井组成一个小型的“井工厂”（图8-4-4），4口水平井只需一个作业井场，而且可以同时钻井，同时压裂，节约了平整及搬迁井场的费用与时间，从而降低了钻井和压裂作业成本。页岩气压裂的目的是产生复杂的体积缝网，几口井同层位进行拉链压裂的过程中，压裂泵入的流体将导致应力场的叠加和干扰。应力场的叠加和干扰一方面加剧了缝内净压力的增加，产生应力阴影；另一方面，会导致裂缝在扩展过程中储层岩石的相互挤压、滑移和破碎，形成更为复杂的裂缝网络。因此，此类区块的页岩气丛式水平井组可以采用同步拉链式压裂，也就是在同一井场，固井完成后，一口井进行压裂，另一口井进行电缆桥塞射孔联作。两项作业交替进行，从而节约了压裂成本及时间，使生产效益最大化。

3）裂缝参数优化设计

考虑机理模型为200×100网格，网格大小为10m×10m，在机理模型的基础上建立不同裂缝半长、裂缝间距及裂缝导流能力等参数，通过模型动态模拟，模拟不同裂缝参数变化对应的产能变化。

（1）裂缝半长优化。

设置裂缝半长分别为50m、100m、150m、200m和250m的模拟优化方案，通过模拟计算分析，随着裂缝半长的增大，产气量逐渐增加，但当裂缝半长超过200m时，产气量几乎不再增长。依据统计学正态分布原理，200m为水力压裂最优裂缝半长，该裂缝半长能够最大化地增加水平井的产气量。

（2）裂缝间距优化。

设置裂缝间距分别为40m、60m、80m、100m和150m的模拟优化方案，通过模拟计算分析，裂缝间距由40m增大到100m，产气量逐渐增加，当裂缝间距由100m增大到150m时，产气量出现一定程度的降低。说明压裂造缝过程中，压裂裂缝间距存在最优距离。否则，如果裂缝间距过大，压裂形成的缝网未能充分沟通周围的天然裂缝及孔道，形成未波及区域，将降低最终采收率；相反，如果压裂裂缝间距过小，会出现重复多次压裂区域，压裂施工的经济性较差，同时，重复的裂缝网络之间会形成流动干扰，降低渗流效率。依据统计学正态分布原理，100m为水力压裂最优裂缝间距，该裂缝间距能够最大化地增加水平井的产气量。

（3）裂缝导流能力优化。

设置裂缝导流能力分别为$10\times10^{-3}\mu m^2\cdot m$、$20\times10^{-3}\mu m^2\cdot m$、$50\times10^{-3}\mu m^2\cdot m$、$80\times10^{-3}\mu m^2\cdot m$、$120\times10^{-3}\mu m^2\cdot m$的模拟优化方案，通过模拟计算分析，裂缝导流能力由$10\times10^{-3}\mu m^2\cdot m$增大到$80\times10^{-3}\mu m^2\cdot m$，再到$120\times10^{-3}\mu m^2\cdot m$，产气量逐渐增加，说明裂缝导流能力对产气量有一定的影响。依据统计学正态分布原理，$120\times10^{-3}\mu m^2\cdot m$为水力压裂最优裂缝导流能力，该裂缝导流能力能够最大化地增加水平井的产气量。

4）开发方案设计

在对研究区块地质特征进行研究的基础上，结合气藏工程相关评价方法，同时考虑页岩压裂开发产量稳产期特征，以及地面工程处理设备的正常运行效率和整个区块开发的经济效益后，确定部署了以下开发方案。

（1）开发方案一。

开发方案一：分批次衰竭开发，以丛式水平井5000m×800m井网开发为主（表8-4-2），同时结合部分水平井的衰竭式开发，开发层位为五峰-龙马溪组页岩储层。

增产方式：水力压裂造缝，裂缝半长为200m，裂缝间距为100m，裂缝导流能力为$120\times10^{-3}\mu m^2\cdot m$。

井型：丛式水平井，水平段长度为1000m，靶前位移为1500m。

表 8-4-2　开发方案一部署情况

第一批方案	开发层系	五峰-龙马溪组页岩储层
	开发方式	衰竭式开发
	井型	丛式水平井与水平井
	增产方式	水力压裂
	井网	交错式井网，5000m×800m
	井数	生产井 15 口
	生产要求	气藏单井废弃产量：522m^3/d； 废弃压力：3. 149MPa
	开发年限	30 年
	开发起始时间	2013 年 7 月
第二批方案	开发层系	五峰-龙马溪组页岩储层
	开发方式	衰竭式开发
	井型	丛式水平井与水平井
	增产方式	水力压裂
	井网	交错式井网，5000m×800m
	井数	生产井 16 口
	生产要求	气藏单井废弃产量：522m^3/d； 废弃压力：3. 149MPa
	开发年限	30 年
	开发起始时间	2017 年 12 月
第三批方案	开发层系	五峰-龙马溪组页岩储层
	开发方式	衰竭式开发
	井型	丛式水平井与水平井
	增产方式	水力压裂
	井网	交错式井网，5000m×800m
	井数	生产井 14 口
	生产要求	气藏单井废弃产量：522m^3/d； 废弃压力：3. 149MPa
	开发年限	30 年
	开发起始时间	2022 年 2 月

井数：第一批方案生产井 15 口，其中，丛式水平井 10 口，水平井 5 口(包括 YY4 井、YY5 井)；第二批方案生产井 16 口，其中，丛式水平井 12 口，水平井 4 口(包括 YY3 井、YY2 井)；第三批方案生产井 14 口，其中，丛式水平井 10 口，水平井 4 口(包括 YY1 井)。

模拟计算三批开发井的典型井(8A 井、8B 井、8C 井)的开发指标，预测日产气量如图 8-4-5 所示。3 口井产量变化与典型的页岩气开发产量特征相符，有一定的稳产期和递减期，且稳产时间较短，每口井约 2~3 年，稳产期过后产量递减较快，以较小的产量稳产多年。从图中 8A 井的日产气量可以看出，初期稳产情况较好，稳产时间约 3 年，在经历短暂的产气高峰后，日产气量出现快速递减。因此，认为该区块第一批衰竭开发方案的稳产时间约为3年，其后，考虑到地面工程处理容器的额定容量，确定第一批衰竭开发井产量衰竭一年半后的时间作为第二批井开井生产的调整起始年限；从图中8B井的日产气可以看出，其同样初期稳产情况较好，稳产时间大约一年半，稳产过后产量大幅下降，产量衰减两年后的时间作为第三批井开井生产的调整起始年限。

开发方案一预测总产气量为144.22×$10^8 m^3$，总返排液量为206.29×$10^4 m^3$，预测期末采出程度为28.06%。整个研究区块的日产气量如图8-4-6所示。从整个区块的日产气量图可以看出，每批井衰竭开发的初期都有较好的高产稳产期，稳产时间为2~3年，当每批井衰竭开发至产量较低时，开始后面批次井的开发，保证这个区块的产量稳步上升且维持在较高值，同样，多批次开发也可以保证地面工程各处理容器长时间高效运行。

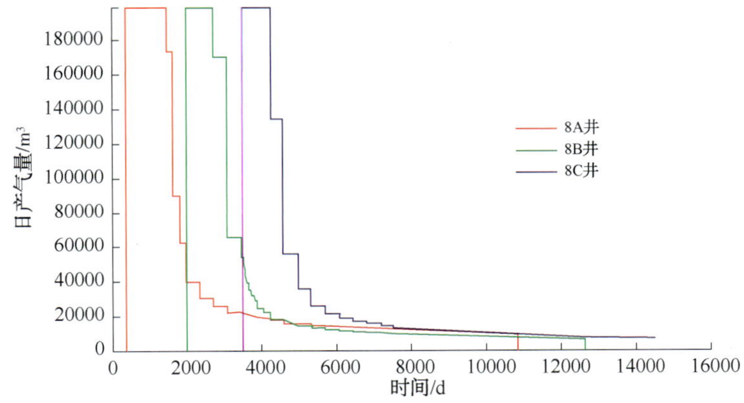

图8-4-5 分批衰竭开发典型井日产气量预测图

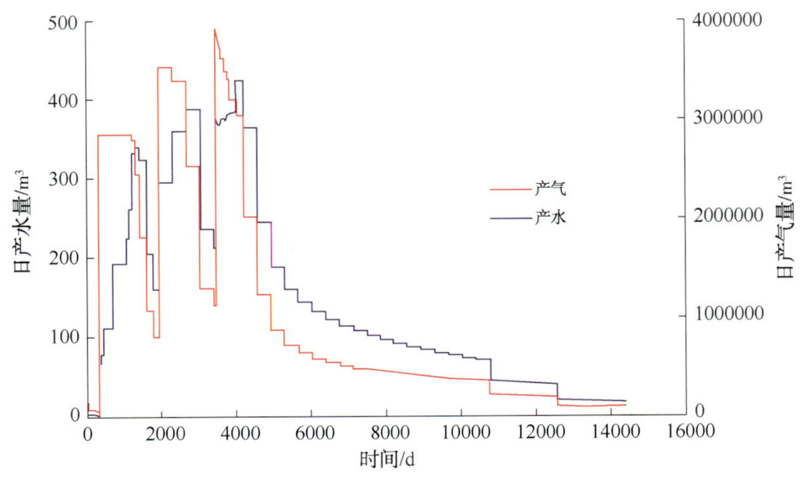

图8-4-6 分批衰竭开发区块日产气、日产水量预测图

(2) 开发方案二。

开发方案二：整体衰竭开发，以丛式水平井5000m×800m井网开发为主(表8-4-3)，同时结合部分水平井的衰竭式开发，开发层位为五峰-龙马溪组页岩储层。

表 8-4-3 开发方案二部署情况

整体开发方案	开发层系	五峰-龙马溪组页岩储层
	开发方式	衰竭式开发
	井型	从式水平井与水平井
	增产方式	水力压裂
	井网	交错式井网，5000m×800m
	井数	生产井：45 口
	生产要求	气藏单井废弃产量：522m³/d； 废弃压力：3.149MPa
	开发年限	30 年
	开发起始时间	2013 年 7 月

增产方式：水力压裂造缝，裂缝半长为 200m，裂缝间距为 100m，裂缝导流能力为 $120\times10^{-3}\mu m^2\cdot m$。

井型：从式水平井，水平段长度为 1000m，靶前位移为 1500m。

井数：整体开发方案生产井 45 口，其中，从式水平井 32 口，水平井 13 口(包括 YY1 井、YY2 井、YY3 井、YY4 井、YY5 井)。

开发方案=预测总产气量为 $142.21\times10^{8}m^{3}$，总返排液量为 $194.12\times10^{4}m^{3}$，预测期末采出程度为 27.67%。整个研究区块的日产气量如图 8-4-7 所示。

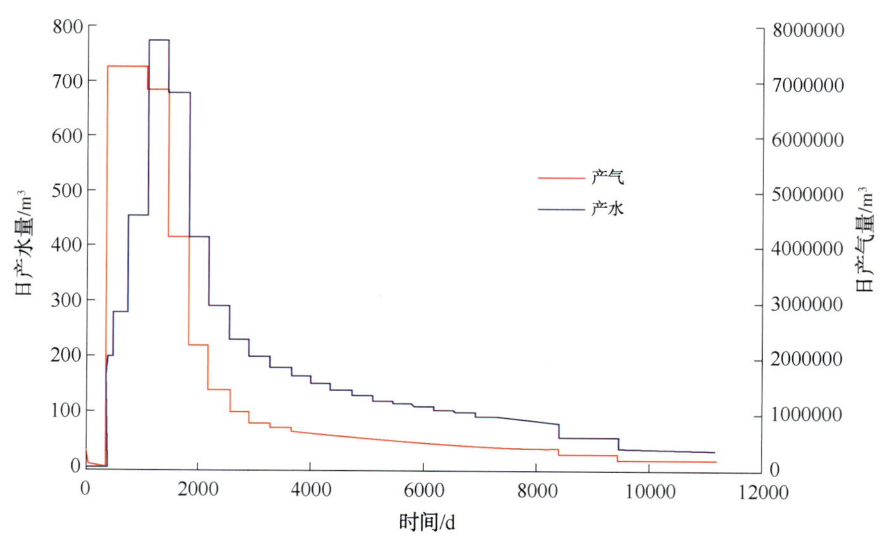

图 8-4-7 整体衰竭开发区块日产气、日产水量预测图

5）采收率确定

（1）类比法。

类比法是对比地质条件和开发条件相似，且已获得采收率的页岩气田，从而得到本气田的采收率的一种简单方法。该方法简单易行，但要找到与本区块地质条件相似、开发方式相近的页岩气田难度较大。表 8-4-4 所示为国外部分已开发页岩气田的生产数据。

表 8-4-4 国外部分已开发页岩气田生产数据

生产参数	巴涅特气田	费耶特维尔气田	海恩斯维尔气田	马塞勒斯气田	伍德福德气田
原始地质储量/$10^8 m^3$	92541	14716	202911	424500	42450
估计可采储量/$10^8 m^3$	5377	1415	9622	23772	2830
采收率/%	5.8	9.6	4.7	5.6	6.7

由于常规的页岩储层渗透率一般为 $10^{-6}\mu m^2$ 数量级，而本小节所涉及研究区块的平均渗透率达到 $0.25\times10^{-3}\mu m^2$，如果类比常规的页岩气藏，采收率误差会很大，故通过类比定容致密性气藏（$K<1\times10^{-3}\mu m^2$）采收率为 30%～50%，确定该研究区块的采收率约为 20%～30%。

（2）数值模拟法。

气藏数值模拟法是依据页岩气产出机理，通过建立地质模型和数学模型，应用计算机来预测储层条件下页岩气井的产能及采收率。该方法比较适用于页岩气勘探程度较高的地区，其预测结果通常比较可靠，可以指导页岩气的勘探开发部署。通过建立该区块的地质模型，采用 Eclipse 数值模拟软件进行数值模拟，计算得该区最终采收率为 28%。

参 考 文 献

[1] Huang T, Guo X, Chen F. Modeling transient flow behavior of a multiscale triple porosity model for shale gas reservoirs[J]. Journal of Natural Gas Science and Engineering, 2015, 23: 33-46.

[2] 孙海，姚军，孙致学，等. 页岩气数值模拟技术进展及展望[J]. 油气地质与采收率，2012，19(1)：46-49.

[3] Ted W A, Michael G J, John L W, et al. An analytical model for history matching naturally fractured reservoir production data[R]. SPE 18856, 1990.

[4] 郭肖，黄婷. 页岩气藏压裂井流动规律研究[M]. 北京：科学出版社，2017.

[5] 郭肖. 页岩气渗流机理及数值模拟[M]. 北京：科学出版社，2016.

[6] 孙海成，汤达祯，蒋廷学，等. 页岩气储层裂缝系统影响产量的数值模拟研究田[J]. 石油钻探技术，2011，39(5)：63-67.

[7] Freeman C M, Moridis G J, Blasingame T A. A numerical study of microscale flow behavior in tight gas and shale gas reservoir systems[J]. Transport in Porous Media, 2011, 90: 253-268.

[8] 姚军，孙海，樊冬艳，等. 页岩气藏运移机制及数值模拟[J]. 中国石油大学学报(自然科学版)，2013，37(1)：91-98.

[9] 李道伦，徐春元，卢德唐，等. 多段压裂水平井的网格划分方法及其页岩气流动特征研究[J]. 油气井测试，2013(1)：13-16.

[10] 张小涛，吴建发，冯曦，等. 页岩气藏水平井分段压裂渗流特征数值模拟[J]. 天然气工业，2013，33(3)：47-52.

[11] 王伟峰. 页岩气藏渗流及数值模拟研究[D]. 成都：西南石油大学，2013.

[12] 谢川. 页岩气井产能评价及数值模拟研究[D]. 成都：西南石油大学，2015.